家庭服务数字化系列培训教材

家居保洁

总主编　尹桂前　贺平则
主　审　贺平则
主　编　白宝荣
副主编　孙文平
编　者（以姓氏汉语拼音为序）
白宝荣　曹秀芳　樊变珍　史贵香
孙文平　王建林　赵利华

科学出版社
北京

内 容 简 介

本书为家庭服务数字化系列培训教材之一。本书编写旨在提升学员综合素养，激发家庭服务内生动力，增强就业竞争优势。本书贯彻“以市场需求为导向，以全面提升职业素养为核心”的编写理念，紧扣行业与学员实际，详细介绍了家庭服务人员在从业实践中应当具有的职业素养。全书在理论阐述的基础上辅以大量案例、链接，力求科学系统、简明实用，利于学员思考与领悟。

本书可供相关从业者培训使用。

图书在版编目（CIP）数据

家居保洁/白宝荣主编. —北京：科学出版社，2019.4
家庭服务数字化系列培训教材/尹桂前，贺平则总主编
ISBN 978-7-03-060907-6

Ⅰ. 家… Ⅱ. 白… Ⅲ. 家庭-清洁卫生-技术培训-教材
Ⅳ. TS975.7

中国版本图书馆 CIP 数据核字（2019）第 052076 号

责任编辑：魏亚萌 李 清 / 责任校对：王萌萌
责任印制：赵 博 / 封面设计：蓝正设计

科学出版社 出版
北京东黄城根北街 16 号
邮政编码：100717
http://www.sciencep.com
涿州市般润文化传播有限公司印刷
科学出版社发行 各地新华书店经销
*
2019 年 4 月第 一 版 开本：787×1092 1/16
2024 年 4 月第十次印刷 印张：13 3/4
字数：326 000

定价：65.00 元

序　言

家庭服务业是以家庭为服务对象，以满足家庭生活需求为目的，以向家庭提供各类劳务为内容的阳光工程和民生事业。大力发展家庭服务业，对于增加就业、改善民生、扩大内需、调整产业结构具有重要作用。

作为21世纪的朝阳产业和现代服务业的重要组成部分，家庭服务业日益得到各级党委和政府的关注和重视。伴随着脱贫攻坚战在吕梁山片区全面打响，吕梁市委、市政府将“吕梁山护工”培训就业作为脱贫攻坚的重要抓手、促进战略性结构调整的重要发展方向，提出要在“十三五”期间，培训就业10万“吕梁山护工”，使其走出大山脱贫致富。近年来，经过不断实践，我们践行以人民为中心的发展思想，坚持以脱贫攻坚统揽经济社会发展全局，始终把扶贫同扶智、扶志相结合，大力开展家庭服务培训就业工作，一大批护工走出吕梁山，融入大城市，实现了脱贫致富的梦想，赢得了社会的普遍认可，“勤劳、诚信、专业”的吕梁山护工品牌叫响全国，已成为吕梁第三产业新的经济增长点。

几年的探索实践，不乏奋斗的坎坷，也收获了成功的喜悦，既展示了全市广大干部群众同心协力、决战贫困的顽强斗志，也彰显了吕梁人民不甘落后、奋发图强的吕梁精神。这一实践成果来之不易，需倍加珍惜。

为了更好地提升培训学员综合素质，根据吕梁市委、市政府的安排部署，我们在充分总结培训实践经验的基础上，组织部分专家学者和一线教师编写了简单实用、通俗易懂、图文并茂、便于学习掌握的家庭服务数字化系列培训教材，分《职业素养》《家居保洁》《家庭餐饮》《母婴护理》《病患陪护》

《养老陪护》六册，仅供家庭服务业培训机构参考借鉴，以期为全国家庭服务业培养更多技能人才、增加人民群众福祉服务。

中共吕梁市委副书记 张广勇

2019年2月15日

前　言

党的二十大报告指出：“人民健康是民族昌盛和国家强盛的重要标志。把保障人民健康放在优先发展的战略位置，完善人民健康促进政策。”贯彻落实党的二十大决策部署，积极推动健康事业发展，离不开人才队伍建设。党的二十大报告指出：“培养造就大批德才兼备的高素质人才，是国家和民族长远发展大计。”教材是教学内容的重要载体，是教学的重要依据、培养人才的重要保障。本次教材编写旨在贯彻党的二十大报告精神和党的教育方针，落实立德树人根本任务，坚持为党育人、为国育才。

家庭服务数字化系列培训教材之《家居保洁》一书，既适用于培训，又可供业余阅读，且能在短时间内较快提高学员的实操技能，从而增强就业竞争优势。

全书共六章，主要阐述了居室保洁，衣物、针织品的洗涤和居家收纳，家用电器的使用与清洁，居室花卉的养护，以及常见宠物的饲养。内容力求通俗易懂，简洁实用，可操作性强，让学员了解现代家庭的生活特点，熟悉并掌握保洁方法和技能，从而提供更好的服务。

在编写过程中，编委成员多次外出考察，请教专家学者，收集整理资料，走访一线金牌护工，经认真调研，反复讨论，制定了编写大纲、内容及要求，大家付出了艰辛的劳动，在此一并表示感激和谢意。

由于编写时间仓促，书中难免存在不足之处，恳请广大读者不吝赐教，提出宝贵意见，以便进一步修改完善。

编　者

2023年9月

目　录

第 1 章　绪论······1
第 1 节　概述······1
第 2 节　家居保洁内容······3
第 2 章　居室保洁······5
第 1 节　清洁用具与清洁剂······5
第 2 节　室内日常保洁······22
第 3 节　家具与门窗的清洁保养······34
第 4 节　地面与墙面的清洁保养······45
第 5 节　灯具和工艺品的清洁保养······59
第 6 节　室内净化与美化······62
第 3 章　衣物、针织品的洗涤和居家收纳······73
第 1 节　衣物洗涤标识和洗涤用品······73
第 2 节　服装面料的辨识······78
第 3 节　服装面料的洗涤、熨烫、晾晒······82
第 4 节　床上用品及窗帘的洗涤与养护······93
第 5 节　鞋帽的清洁养护······100
第 6 节　居家收纳······103
第 4 章　家用电器的使用与清洁······118
第 1 节　家用电器的使用常识······118
第 2 节　制冷电器······120
第 3 节　空调电器······125
第 4 节　保洁电器······133
第 5 节　厨卫电器······143
第 6 节　声像电器······157
第 7 节　保健电器······163
第 5 章　居室花卉的养护······167
第 1 节　常见居室花卉的分类······167
第 2 节　居室花卉的养护流程······169
第 3 节　居室花卉常见病虫害的防治······177

第 4 节　常见居室花卉的养护常识……180
第 5 节　居室花卉美化设计……184

第 6 章　常见宠物的饲养……190

第 1 节　观赏鱼的饲养……190
第 2 节　宠物猫的饲养……197
第 3 节　宠物犬的饲养……203

参考文献……212

第 1 章

绪　　论

学习目标

1. 了解家居保洁的现状。
2. 熟悉家居保洁的基本要求。
3. 掌握家居保洁的概念和具体内容。

第 1 节　概　　述

一、家居保洁的概念

家居保洁的概念众说纷纭，但大体不外乎这样两种含义：广义的概念是指对居室空间和居室内物品进行保洁；狭义的概念是指对居民家庭的环境从事卫生清洁和维护工作，是指通过专业保洁人员和家人使用清洁设备、工具、清洁剂等，对居室内阳台、厨房、卫生间等部位进行保洁，对门窗、玻璃、灶具、洁具、家具等进行针对性的处理，以达到环境清洁、杀菌防腐、物品保养、空气净化、居室美化等目的的活动。

二、家居保洁的分类

家居保洁一般分为开荒保洁、居家日常保洁和深度保洁。开荒保洁一般是指新房装修或粉刷后的第一次全面彻底清洁；居家日常保洁是指入住后的日常清洁维护；深度保洁包括高温消毒和家电清洗，还包括除菌净化养护类的升级保洁。

三、家居保洁行业的现状、存在问题及对策

（一）家居保洁行业的现状

随着社会的不断进步，居民的收入不断提高，生活节奏不断加快，中等收入家庭在城市居民中所占比例不断上升。这些家庭经济条件好，思想观念新，生活品位高，对居室环境保洁服务的需求不断加大，而且要求也不断提高。所以，目前家居保洁市场出现供不应求的情况，尤其在节假日愈发火爆，经常出现用工荒现象。许多保洁员超负荷工

作还是无法满足市场的需求，从而出现了一部分个体临时性保洁员，他们缺乏专业工具和安全保障措施，安全隐患较大，潜在风险比较突出。由此可知，保洁行业发展现状远未达到市场的需求，这是一个很有发展前景的行业。

（二）家居保洁行业存在的问题

1. 行业标准需进一步规范 保洁行业是一个不断发展的行业，需要有与之配合的具体操作性引导和行业规范标准。而目前该行业处于成长阶段，有些政策引导还不够完善；由于保洁公司注册门槛低，技术含量低，需投入资金少，发展迅速，许多公司进入该行业，但因缺少行业规范，服务水平、保洁质量都不能准确考量，给不规范公司以可乘之机，造成良莠不齐的现象，影响了行业的发展。

2. 专业培训机构较少，专业人员较少 只有保洁员具有一定的职业素质，才能提供更好的服务，稳定就业，并起到标准化服务的示范作用，从而使行业更加规范，便于保洁业良性生态发展。但家居保洁行业是一个新兴行业，专业培训机构较少，导致一部分人无法接受专业培训，还有一部分人员接受专业培训的观念淡薄，致使专业人员较少。

3. 技术升级速度慢，计费不尽合理 目前家居保洁业沿袭传统保洁方式，服务水平还处于由低向高发展的阶段，这种状况和居民日益提高的生活水平不相吻合，也影响了技术和产品的升级，拉大了国内保洁服务业在理念和操作上与发达国家的差距。目前保洁行业大多以保洁服务人员的数量和服务时间为依据向客户收取服务费用，而不以为客户提供专业保洁方案的形式收费，这种做法很难保证服务质量，会影响客户利益。

（三）采取的对策

我国家居保洁业处于发展上升的关键阶段，发展中存在不少问题，有待社会和各界人士及专业人员探索和解决。

1. 提高保洁服务企业的自身素质 当前，保洁服务企业要有准确的市场定位，依法经营，透明经营，诚实守信，不断学习，更新理念，增强服务意识，创建品牌，得到社会认可。

2. 发挥行业组织的管理职责和作用 成立专业的保洁协会，构建项目招标交易平台，改进项目价格形成机制，提升职业资格培训的水平，开展企业、从业人员经验推广交流活动，宣传行业品牌，凸显行业协会作用，将保洁服务细分，规范分类标准和行业准入制度，向社会定期公布保洁服务项目的指导价格，让居民合理消费，按服务质量计费付酬。

3. 提高消费者对家居保洁有关服务的认识 由于消费者对家居保洁有关服务了解较少，导致出现要求不合理，盲目投诉的现象，甚至出现恶性冲突，所以提高消费者对家居保洁有关服务的认识很有必要。

4. 基础服务和升级服务相互配合 提高保洁员更高层次的服务技能，使保洁员的工作稳定，收入稳定，从而稳定就业人群，使其逐步向专业化转变。

四、家居保洁业发展趋势

随着社会经济的进一步发展，人们对家居保洁服务的需求日益增多，保洁服务业未来规模将进一步扩大，行业分工越来越细，专业化程度日益提高，个性化服务日渐多样，服务产品加快开发升级并日趋完善，行业资源将得到优化整合，管理服务水平将进一步得到提升，品牌效应得到社会的认可，行业发展会逐步达到国际水平。

第 2 节　家居保洁内容

按现代家政服务业的划分标准，家居保洁涉及日常保洁、衣物清洁整理收纳、电器的清洁和养护，以及花卉的养护和宠物的饲养。随着现代装修业的不断发展和人们对健康理念的日益重视，家居保洁行业衍生出了许多新内容，如室内空气净化和居室美化等。

一、家居保洁的具体内容

1. 日常保洁　包括卧室、书房、客厅、厨房、卫生间、阳台、楼梯等基础设施表面的清洁和养护，以及室内物件、家具、沙发、地毯、地板、墙壁等的清洁和保养。

2. 衣物清洁整理收纳　除衣物材质介绍及洗涤保养以外，着重突出了收纳整理的科学性方法，以及拓展空间合理收纳的具体方法。

3. 电器的清洁和养护　介绍了常用电器的清洁和养护，还介绍了一些家用保健电器和新型智能电器的养护。

4. 花卉的养护　包括了一些居家常见花卉的清洁养护，并提到了花卉对居室的影响，如净化空气、美化环境、陶冶情操等。

5. 宠物的饲养　主要介绍了宠物猫、宠物犬和观赏鱼的喂食、清洁等。

6. 室内空气净化　提到了室内空气污染的来源和防范措施。

7. 居室美化　从家居软装角度入手，讲述了居室内部常见软装材质、色彩、摆放方式等的科学平衡和合理搭配。

二、家居保洁基本要求和方向

家居保洁是一件繁杂费力的事，说来是小事，做来不容易。看起来杂乱无章的家务事也是有规律可循的。人们在长期的实践中积累了丰富的经验，这些宝贵的经验成为后来者可以借鉴学习的东西。

保洁过程中应遵循从上到下，从里到外，从前到后，先简后繁，先急后缓，先整体后局部，先清洁再除垢的顺序。保洁工作要求从业人员学会识别家居物品的材质，科学选择不同类型的清洁剂和清洁工具，按照顺序对居室进行全面的清洁养护，从而达到居室干净卫生，清新亮丽，整齐美观，令人身心愉悦的目的。

自测题

1. 简述家居保洁的现状。
2. 简述家居保洁的重要内容。
3. 简述家居保洁的基本要求。

第 2 章

居 室 保 洁

学习目标

1. 了解居室保洁所涉及的一些设备的使用方法，以及居室空气净化和美化方面的基本知识。
2. 熟悉常用工具、清洁剂的使用方法，以及墙壁、灯具、饰品和工艺品摆件等的清洁保养方法。
3. 熟练掌握居室清洁的流程和清洁方法，以及家具、门窗、地板的清洁保养方法。

家居保洁是家务劳动中涉及面最广的工作之一，也是保洁员、家政服务员的日常事务和必修课。简单的家务劳动中包含了很多的科学知识，具有一定的规律性，涉及很多的经验和技巧。这些技巧对规范、合理、有序、高效地完成家居保洁工作，打造一个干净、整洁、舒适的家居环境，显得至关重要。

第 1 节　清洁用具与清洁剂

清洁用具在日常生活中很重要，选择正确的清洁用具可使我们的清洁工作变得简单、高效。常用的清洁用具有许多，如擦拭用具、去污用具、除尘用具、开荒用具、攀高用具等。使用清洁用具时，要注意安全，使用后要收纳放置好。

一、常用清洁用具

清洁用具可以分为清洁工具和清洁设备两种，常用的清洁用具见图 2-1。

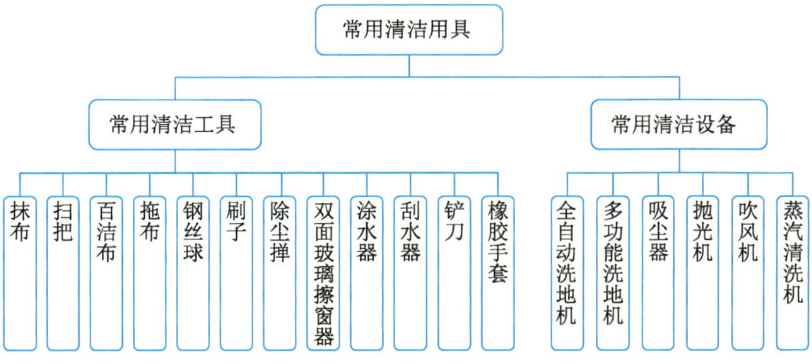

图 2-1　常用清洁用具

（一）常用清洁工具

1. 抹布　是最常用的清洁保养工具。常用的抹布有超细纤维抹布和棉质抹布。超细纤维抹布使用较多，具有吸水性好、不掉毛、耐洗涤的优点；棉质抹布吸水性好，柔软，使用也很广泛。此外，还有无纺布、植物纤维等材质的抹布。无纺布抹布由聚丙烯材料制成，多为一次性抹布，使用多次后易撕破，吸水性好、快速去污、不褪色、轻松吸油、用完即扔、干净又方便，多用于清洁厨房、锅碗油污，还可用来吸去油炸食物表面的油脂。植物纤维抹布柔软、吸水性好、不沾油、绿色环保，是洗碗的最好选择。

使用说明：

（1）抹布根据湿润程度分为干抹布和湿抹布。干抹布适用于高档漆面、铜面及不锈钢面等不宜用水的表面，操作时要轻擦，以去除细微灰尘。湿抹布用于擦拭物体表面留下的湿污垢、水渍时，一旦物体表面有湿润感，应立即更换；用于去除物品表面的灰尘、污垢时，一般要求抹布潮湿，即拧不出水分，便于一次性完成擦拭；用于去除干涸性的污垢时，抹布的含水量可多一些，便于把污渍泡松擦除。抹布脏了不要反复使用，应立即清洗，保持抹布清洁。

（2）利用颜色等来区分抹布的使用场合，擦拭家具、饮食用具、灶台、洗手间、地板等的抹布必须严格区分。避免一块抹布擦拭全室的情形。

（3）抹布要对折，小抹布可对折 2 折成 4 层 8 面，大抹布对折 3 折成 8 层 16 面，使其正好比手掌大一点。折好的抹布用脏一面后再用另一面，从而保证抹布干净，减少洗抹布的次数，提高工作效率。

2. 扫把　又称扫帚、笤帚，是最常用的清洁工具，主要有塑料丝扫把、鬃毛扫把、金丝芒草扫把、高粱穗扫把等。

使用说明：

（1）扫把不离地面，稍用臂力向下压，要稳、沉、重、慢，不能将灰尘扬起。

（2）不要踩垃圾，从狭窄处往宽处扫，从边角向中间扫，由室内向门口扫，及时将垃圾扫入簸箕内，不要总是推着垃圾、灰尘往前走，以免再次污染地面。

3. 百洁布（图 2-2）　是一种塑料纤维清洁工具，具有多孔性和强韧性，主要适合清洁卫生洁具、玻璃、塑料等表面坚硬的物品。由于其有一定的摩擦性，对于一些表面要求较高的物品，如高档家具、屏幕等不要使用。

使用说明：

图 2-2　百洁布

（1）清除大面积的污垢，将百洁布蘸满清洁剂，轻握后，用手掌将整块百洁布压住，来回擦拭。

（2）对于顽固的局部污垢，用手指顶住百洁布擦拭，以增大百洁布的摩擦力。

（3）对于小块凹坑内的污垢和角落位置的污垢，则可将百洁布折叠，形成一个锥形，以其锥尖部分深入污垢处擦拭。

（4）百洁布使用后，应漂洗干净，不拧干，自然滴水晾干为好，可保持其纤维的弹性。

4. 拖布 又称拖把、墩布。从拖把头的材质上分有棉条拖把、棉线拖把、胶棉拖把、仿鹿皮拖把、纤维布拖把等；从拖把头的形状上分有圆形拖把、扁形拖把、平板拖把等。常见拖把如图 2-3 所示。

图 2-3 常见拖把

A. 甩桶拖把；B. 棉拖把；C. 海绵拖把；D. 平板拖把

拖把一般分为湿拖把和干拖把。湿拖把用于扫帚清扫后再一次除去灰尘和污垢，使用时应把拖把布拧干，使其不滴水；干拖把用于擦去地面上的水迹或擦亮地面，使用时拖把布不能沾有灰尘。

使用说明：

（1）按照从左到右，从前到后的顺序，或者从四边向中间的顺序。

（2）先将墙壁踢脚处顺着擦一次，注意不要碰到墙壁。不得遗漏四边死角和摆放物下的空间，可移动的摆放物应移动后拖净地面，再将摆放物移回原位。

（3）室内和室外的拖把要分开，不可混合使用。

（4）在移动拖把时，不要扛在肩上或在地面上拖着走。

（5）作业完成后，必须把拖把布洗净，如有必要，加洗涤剂洗净，理顺，晾起，以免细菌滋生和腐烂。

5. 钢丝球 是将不锈钢削成极薄的丝带卷曲而成的团状清洁工具，有一定的硬度，通过反复强力摩擦可以强力清洁物体表面污垢。

使用说明：

（1）新钢丝球用前煮一下，去除碎屑。

（2）可蘸清洁剂擦拭建筑物装饰材料的硬表面，如不锈钢灶台等厨房用具，注意不可用力太大，否则可能会损伤物品表面，也易使钢丝球失去弹性。

（3）对于不粘锅、电饭锅、铝锅、木地板等忌用，易损坏表面。

（4）使用钢丝球时，应戴橡胶手套，以免损伤手部皮肤。

（5）使用后，及时清洗，晾干备用。

6. 刷子 日常生活中的刷子按用途分为锅刷、奶瓶刷、杯刷、板刷、马桶刷、牙刷、鞋刷等，一般是用毛、棕、塑料丝、海绵、金属丝等原料制成的。常见刷子如图 2-4 所示。

A B C D

图 2-4 常见刷子

A. 棕毛刷；B. 窗槽刷、铲；C. 植物纤维不沾油刷；D. 杯刷

使用说明：根据不同的场合正确选择不同形状的软毛或硬毛刷子。刷子用完后，应冲洗干净，甩出、沥干水分，不要扭绞刷子从而造成刷子脱毛或损坏。

7. 除尘掸（图 2-5） 有超细纤维尘掸、羊毛掸、珊瑚绒掸、鸡毛掸、棉线掸等，主要用于清除高处或立面灰尘，如天花板、墙面、家具及较难触及之处的灰尘。

A B C

图 2-5 除尘掸类

A. 超细纤维尘掸；B. 羊毛掸；C. 珊瑚绒掸

使用说明：

（1）应尽量贴着被清扫的表面，不使灰尘扬起。

（2）及时抖落黏附在除尘掸上的灰尘。纤维除尘掸、羊毛掸较脏的时候可以水洗。

（3）鸡毛掸用得比较少，其顶部的羽毛脱落过多，露出中间细杆时，不可再用，以免划伤物体表面。鸡毛掸不可水洗。

8. 双面玻璃擦窗器（图 2-6） 有两片，带绳子的一片在玻璃外侧使用，带手柄的一片在玻璃内侧使用，每一片都有白色棉片和橡胶刮条。本品属于强磁产品，有单层玻璃擦窗器、双层玻璃擦窗器、三层玻璃擦窗器。

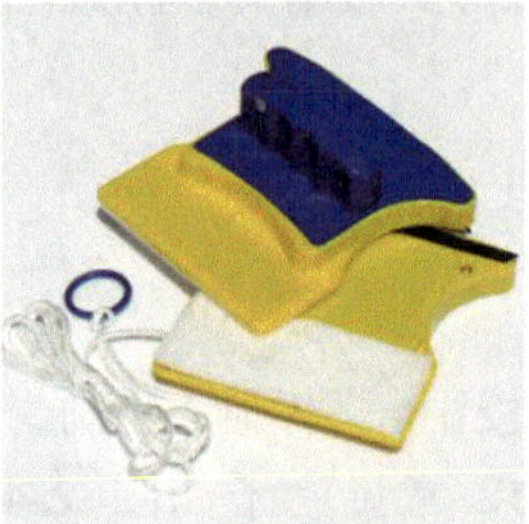

图 2-6 双面玻璃擦窗器

9. 涂水器（图 2-7） 又称羊毛套，由毛头、支架、杆组成，毛头一般用白色吸水性较强的材料制成，形似羊毛，故名羊毛套。

使用说明：使用时，将毛头在水中或配好的清洁剂溶液中浸湿，从上到下在玻璃上反复擦拭，从而给玻璃上水，清洗玻璃，最后用刮水器将水分刮干。

10. 刮水器（图 2-8） 分为短柄刮水器、带伸缩杆的刮水器和带平板擦的刮水器。刮水器是清洁玻璃和建筑装饰墙不可缺少的工具，由刮水器架和橡皮胶条组成，通常为45厘米长，橡皮胶条光滑平整、柔软有韧性。

使用说明：

（1）从上到下，一刮到底，中途不要停留，否则会形成一道道污垢。刮下的脏水用毛巾擦去。

（2）刮水器的刮擦平面要平整，胶条无凹口或裂缝，如不平整，不能再用。

（3）长柄的刮水器配合涂水器可以刮高处的玻璃、卫生间瓷砖墙面、建筑物外饰墙等。

（4）储存时，橡胶刮片朝上放置，不要朝下放置在地面上，以防老化加快。

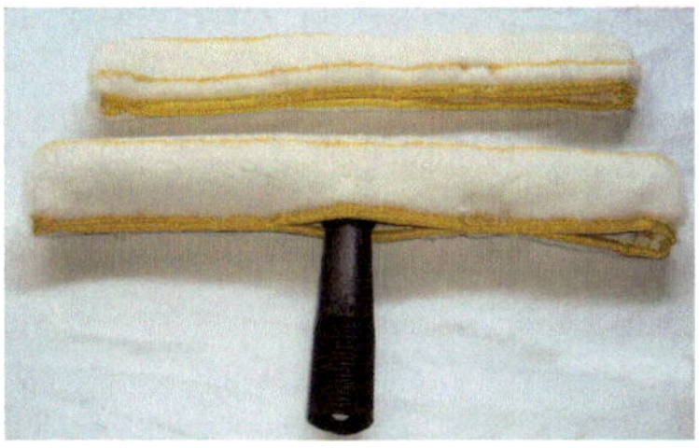

图 2-7 涂水器

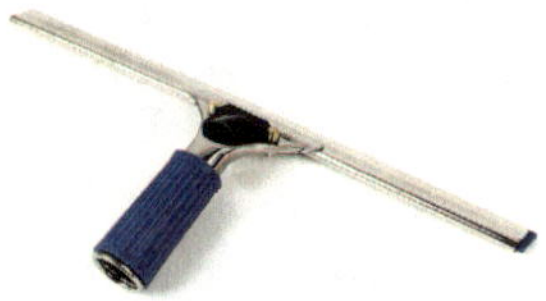

图 2-8 刮水器

11. 铲刀（图 2-9） 用于清除地面、墙壁或玻璃上凝固残留的沙石、水泥、油漆、涂料、口香糖、小广告等顽固污垢，方便耐用，省时省力，多用于宾馆、楼道等场合的污垢铲除。

使用说明：金属铲刀上半部是握把，并有伸缩杆能加长，下半部是金属制成的两块夹铁，夹有一片地板铲刀刀片，刀不用时戴上安全帽，防止刀片划伤身体。

腻子刀、塑料铲刀也可用来刮擦污垢。

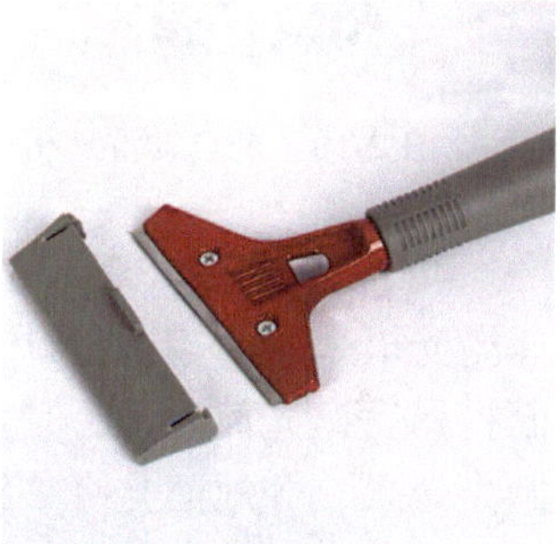

图 2-9 铲刀

12. 橡胶手套 有防水、防寒的作用，有内层加绒和不加绒两种。加绒橡胶手套的内层添加坚固绒里吸汗不粘手，穿脱更容易，掌面带有防滑条设计，十分适合劳作。橡胶手套适用于洗碗、洗衣服及打扫卫生，对手起一个良好的保护作用，也可防止清洁剂对手的伤害。

使用说明：手套尽量避免同酸性物质、汽油等接触，不要曝晒；长时间不用橡胶手套时，要用滑石粉涂抹，不要重压，可以延长使用寿命，但时间过长橡胶还是会变质发黏，所以不要过多储存。

（二）常用清洁设备

1. 全自动洗地机（图 2-10） 由控制柄、污水箱及高效吸刷组件组成，是一种对硬质地面进行清洗同时吸干污水，并将污水带离现场的清洁机械。硬质地面一般为水磨石、大理石、花岗岩、人造石、地砖、PVC、环氧树脂等材质。全自动洗地机可用于超市、办公室、停车场、酒店等场合。

2. 多功能洗地机（图 2-11） 由针盘（配合百洁垫）、洗地刷、电子打泡水箱、百洁垫组成，具有洗地、洗地毯、起蜡、低速抛光四大功能，用于大理石、花岗岩、地毯、瓷砖、木地板等地面的清洗、抛光。多功能洗地机配有地刷（硬刷用于硬质地面清洗，软刷用于地毯清洁）、几种百洁垫（可洗地板、低速抛光），可根据不同的操作来更换刷盘的刷子。

3. 吸尘器 常见的吸尘器类型有两种：干式吸尘器与干湿两用吸尘器。

干式吸尘器有地板刷式、扁毛刷式、圆毛刷式、缝吸嘴式等不同吸嘴，根据不同的场合选用不同吸嘴，可对地板、地毯、缝隙、墙壁、窗帘等物体吸尘，尤其对于地毯的除尘来说，吸尘器是不可或缺的清洁工具。干式吸尘器不能吸液体。手持式吸尘器是干式吸尘器的一种，可充电，无绳，机身小巧，可手持，用于清洁车内饰、车载物品，家用沙发、床铺等的缝隙，方便、轻巧。缺点是吸力较小。

干湿两用吸尘器，又称吸尘吸水机（图 2-12），既可以吸干的污垢，又可以吸水渍。

图 2-10　全自动洗地机

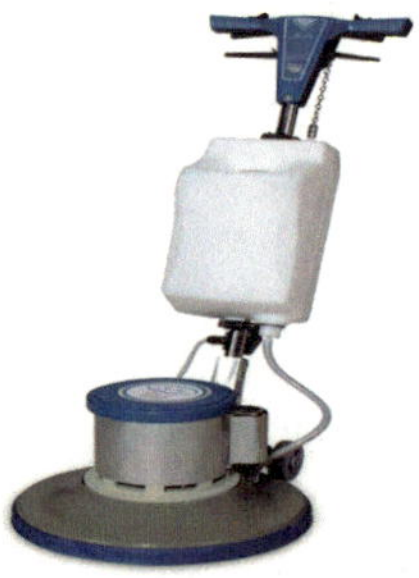

图 2-11　多功能洗地机

图 2-12　吸尘吸水机

4. 抛光机（图 2-13） 由底座、抛盘、抛光织物、抛光罩/盖等基本元件组成。高速抛光机采用手控式设计，操作灵活简单，安全可靠，运行有力，转速高，专为各类地面打蜡后抛光而设计，采用直线前行及左右前行操作系统，进退自如，保证达到最好的抛光效果，令地面光亮如镜，可用于木地板、大理石等地面。

5. 吹风机（图 2-14） 又称热风机、吹干机，其冷风功能加速空气的流通，吹干地板，给室内换气；热风功能使地毯清洗后迅速干燥，减少地毯霉菌的滋生，去除地毯清洗后的异味。吹风机可在超市、工厂、商场、酒店、公共卫生间等场合使用。

图 2-13　抛光机

图 2-14　吹风机

6. 蒸汽清洗机（图 2-15）　通过高温产生的蒸汽，消除各种顽固油渍污物，同时将附着在物体上的各种细菌、螨虫、微生物和病原体完全消除掉。蒸汽清洗机附有喷嘴、毛刷等多种功能便捷的配件，无需任何清洁剂，快速、高效除污杀菌，还可以清洗任何细小的间隙和孔洞，剥离并去除油渍和残留物，达到高效、节水、洁净、干燥、低成本的要求，可代替昂贵的干冰清洗。蒸汽清洗的优点是省水，减少各种清洁剂的使用，环保，安全。

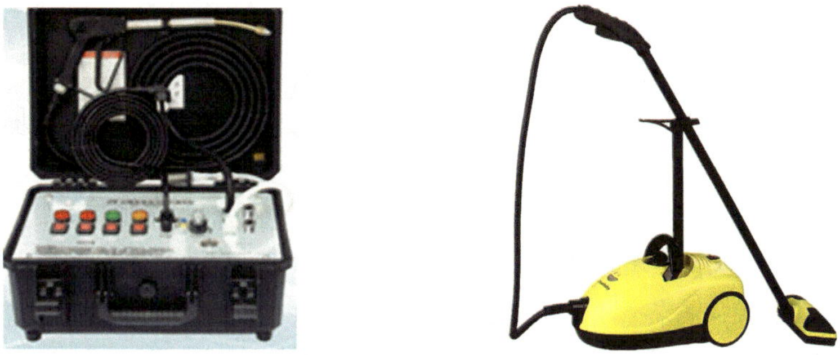

A　　　　B

图 2-15　蒸汽清洗机

A. 家电蒸汽清洗机；B. 多功能蒸汽清洗机

油烟机、冰箱等电器的清洗，布沙发、皮沙发的清洗，地毯、窗帘等织物的清洗，床铺除螨，玩具、卫生洁具等清洁都可以用高温蒸汽来完成，还有杀菌、消毒的效果。

二、清洁剂的使用

清洁剂会使清洁对象更干净，清洁工作更容易进行，有的会形成保护膜，消除、减少尘污的附着力，有的能滋养物品，防止物品受潮、干裂，产生光泽，美化外观，延长物品的使用寿命。

常用清洁剂的分类：按清洁剂的形态来分，可分为固体清洁剂、液体清洁剂、气体清洁剂、泡沫清洁剂等；按化学性质来分，大致可分为酸性清洁剂、中性清洁剂、碱性清洁剂、上光剂、有机溶剂（图 2-16）。

- 常用清洁剂
  - 酸性清洁剂：草酸、柠檬酸、洁厕液、螺栓松动剂、瓷砖清洁剂
  - 中性清洁剂：全能清洁剂、洗洁精、洁而亮、地毯清洁剂
  - 碱性清洁剂：小苏打、碱面、去污粉、玻璃清洁剂、油烟净、管道通、起蜡水
  - 上光剂：家具蜡、地板封地蜡、面蜡、擦铜水、不锈钢上光剂
  - 有机溶剂：酒精、牵尘剂、天那水、万能除胶剂、布艺清洗剂

图 2-16　常用清洁剂

（一）酸性清洁剂

酸性清洁剂的 pH 小于 7，多为液体，有杀菌、除味、除水垢、除锈的作用，多在卫生间使用，此清洁剂使用时大多需要稀释，并在戴手套等防护品的情况下进行操作。

1. 草酸 是无色晶体或白色粉末，为有机中强酸，有腐蚀性，对皮肤、黏膜有刺激和腐蚀作用，稀释后使用，浓度太高会腐蚀物品。草酸可除锈、除水垢、除水泥污垢等。不建议在木地板、大理石、金属表面使用。

（1）清洗瓷具有奇效，可用于清洗浴缸、马桶、洗面盆、瓷砖等。

（2）衣服上一些洗衣粉洗不掉的污垢可尝试用稀草酸洗。

2. 柠檬酸 是无色半透明晶体或白色粉末，为有机中强酸，分为工业级柠檬酸和食用级柠檬酸，具有杀菌、清洁的作用。柠檬酸稀释后可清洗用水设备，效果比乙酸好很多，如饮水机、加湿器、电水壶、奶瓶、挂烫机、电热水器、煮蛋器等，可软化水质，除水垢，所以也被称为除垢剂。除垢剂与水配兑比例为 1∶20，可根据水垢严重程度适当调节比例；将配制好的除垢剂溶液倒入器具，浸泡水垢，如果水垢严重，适当延长浸泡时间或进行适当加热；溶液尽量掩盖水垢部分，待气泡减少时及时倒掉溶液；用清水反复冲洗几次即可。

3. 洁厕液 有洁厕灵、洁厕剂等多种产品。由多种温和酸、表面活性剂、釉面保护剂等复合而成，属弱酸性产品。洁厕液能有效去除污垢、水垢、铁锈、尿渍等，具有去污快、省力、保护瓷釉、除臭等功能。使用时，把洁厕液洒到瓷具表面，用刷子刷洗，然后用水清洗干净，重度污垢可浸泡一会再处理。

4. 螺栓松动剂 又称万能防锈润滑剂，是酸性清洁剂，可松锈、润滑、清洁、消声。螺栓松动剂能迅速渗透金属的生锈部位，清除锈渍，去除湿气，同时形成保护膜，使材料表面保持长久润滑，有效防止生锈。

5. 瓷砖清洁剂 是酸性清洁剂，含草酸、表面活性剂等成分，瓷砖清洁剂去污效果独特，用途广，本品能迅速彻底清除各类瓷具表面的金属划痕、铁锈水垢、水泥垢、涂料腻子粉、肥皂垢、饮品渍、油渍等污渍，也适用于铝合金、铝塑板、塑料等表面污垢的清洗，可有效清除抛光砖出厂时表面的蜡层，不损砖面。

使用说明：

（1）瓷砖清洁剂使用时，首先在不明显处试用。使用时建议戴施工手套。

（2）禁止用于石材、木材、金属等表面，禁用于深色及黑色光面瓷砖表面。

（3）喷涂于瓷砖表面，要停留片刻，停留时间视产品说明，不能时间过长或过短，随后用刷子或百洁布、抹布擦拭，然后用清水过净。

（二）中性清洁剂

中性清洁剂的 pH 约等于 7，有液状、粉状、膏状、泡沫状等形态，含合成化合物，因其不腐蚀物品，对人体皮肤及需要清洁的物品副作用小，用途较广，对特殊污垢作用不大，在家庭中使用较多。

1. 全能清洁剂 多功能泡沫清洁剂、全能水、多功能清洁膏等略带微碱性或酸性，含表面活性剂。本类清洁剂使用范围广，可用于瓷砖、地面、玻璃、镜面、墙面、浴缸、洗手盆、汽车内饰、门窗、地毯等。清洁后最好用清水抹布过净。

2. 洗洁精 由表面活性剂、香精、泡沫剂等化学成分组成，性质温和，泡沫柔细，分解油污迅速，能快速去污、除菌，成本低廉，散发淡雅香味。

3. 洁而亮 特强去污液，温和磨砂型产品，可用于清洁搪瓷、陶瓷、地面、塑料、玻璃、不锈钢、铝合金等表面严重污渍。将洁而亮挤压在海绵或湿抹布上，进行擦拭，然后过水擦拭，对于顽固污渍，多次擦拭。因其含有磨砂成分，应避免在表面光洁度较高和质地较软的物体表面上使用。不可用于电视屏幕、高档家具等的表面。

4. 地毯清洁剂 俗称地毯香波，是一种专门用于洗涤地毯的中性清洁剂，因含泡沫稳定剂的量不同，可分为高泡和低泡两种形式，低泡地毯清洁剂一般用于湿洗地毯，高泡地毯清洁剂用于干洗地毯，使用时均需用水稀释。低泡地毯清洁剂宜用温水稀释，去污效果更好。

（三）碱性清洁剂

碱性清洁剂 pH 大于 7。此类清洁剂能很好地去除物体表面的各类酸性污垢、机械油污和动植物油渍等，在家庭保洁中，多用于厨房的清洁。

1. 小苏打 学名碳酸氢钠，环保清洁剂，为白色细小晶体，去污效果好，使用十分广泛。它的清洁作用主要有如下几点。

（1）小苏打水溶液可除果蔬上的农药，一匙小苏打放入一盆水中，把果蔬放进去浸泡一会，再用清水清洗即可。

（2）厨房垃圾筒周围、宠物窝旁边、车内、冰箱内、鞋内放些小苏打都可以抑制细菌的繁殖，除味。

（3）用小苏打洗餐具，不用担心残留的问题，干净又安全。

（4）在湿抹布上撒一点小苏打，擦拭微波炉、电冰箱、烤箱等电器内部及外壳，清洁效果好。

（5）地毯上洒了饮料或者有呕吐物，在快速用纸巾或抹布擦拭后，可把小苏打倒在上面，让小苏打把水分和味道充分吸收后，再用吸尘器把小苏打吸走。

（6）擦洗不锈钢制品、铜制品、铁制品、玻璃制品、陶制品、瓷具等都有很好的效果，如锅底、燃气灶等有难以去除的积垢，可用小苏打去除。

（7）用海绵蘸 1∶1 的小苏打水溶液，可去除墙上的污渍和蜡笔痕迹。

另外，橘子皮+小苏打=超强去污，将橘子皮和 3～4 匙小苏打放入瓶子中加满凉白开水，放置冰箱 24 小时即可形成超强去污液；或者将橘子皮在水中煮沸转小火再煮 15 分钟后，与小苏打以 200∶1 的方式混合，是非常好的清洁剂。

2. 碱面 学名碳酸钠，为白色细小晶体，碱性较强，不适合清洁油漆性表面，会使油漆变干、龟裂。它的清洁作用主要有如下几点。

（1）碱水煮毛巾，可使毛巾干净、柔软。

（2）织物上的霉斑、药膏渍可用淡碱水搓洗。

（3）洗油污效果很好，再配上热水有更好的效果。

3. 去污粉 主要含工业小苏打、活性剂、白土、细沙等成分，适合于清洁坚硬的表面，如金属、瓷砖、厨具、卫浴洁具、塑料、玻璃器皿等物品上的油污、污渍、水垢、水锈等，有很好的去除效果，是宾馆、饭店、家庭常用的清洁剂，不适合用在高档物品上。

使用时，先用水湿润需清洁物品表面，均匀洒上去污粉，用抹布擦拭，或用水湿润抹布，蘸上去污粉擦拭，严重的污渍还可考虑用百洁布甚至钢丝球擦拭。

4. 玻璃清洁剂 一般呈中性或呈碱性，可溶解悬浮于玻璃上的多种污渍，并在玻璃表面留下适合的保护膜，能够除污、防雾、防污，去污力强，无须过水，不留痕迹。有桶装和高压喷罐装等规格，有的需要兑水，有的不需要，使用时以产品说明为准。玻璃清洁剂适用于玻璃、镜子、瓷砖、淋浴房、不锈钢等，不适用于油漆面。

5. 油烟净 是碱性清洁剂，主要含表面活性剂、乳化剂、金属光亮剂等，适用于油管、烟道、吸油烟机、厨房电器等。

图 2-17　油烟净喷嘴

使用说明：

（1）油烟净

1）将本品喷在油渍表面，停留 5～10 分钟，用抹布擦去。

2）使用时，避免原液与皮肤长时间接触，最好戴上手套。多数油烟净气味较大，使用时请保持室内通风。

3）如不慎入眼，请立即用大量清水冲洗并就医，若误食，请立即饮大量清水并就医。

（2）油烟净喷嘴（图 2-17）

1）打开喷雾，将喷嘴旋转至“开”或“SPRAY”向上。

2）使用喷雾，距离约 15 厘米处将产品喷向污渍表面。

3）加大喷雾，将喷雾旋转至“STREAM”向上。

4）关闭喷雾，将喷雾旋转至“关”或“OFF”向上。

6. 管道通 属碱性清洁剂，适用于厨房水槽、洗脸台、浴缸、地面排水口、马桶等的铸铁下水管道、PVC 下水管道。能溶解毛发、油垢、菜渣等堵塞物，对金属异物堵塞无效。本品主要用于日常维护、轻微堵塞。

使用说明：

（1）建议日常使用，以防管道堵塞，将本品倒入管道内，用热水冲洗。

（2）如有堵塞，适当加量，停留时间以产品说明为准。

（3）有的产品在使用时，可能会发生喷溅，注意眼睛、皮肤与作业区保持一定的距离，建议 60 厘米以外。

7. 起蜡水 气味稍微刺鼻，碱性强，通常由溶剂和表面活性剂构成。本品富含特殊溶剂，能迅速彻底地去除地板上的旧蜡和污垢等，使地面恢复清洁，除蜡洗地一次完成，主要适用于各种塑胶地板、大理石、水磨石、花岗岩等地面。使用时，将本品稀释后涂于地面，5～10 分钟后，用洗地机进行去蜡。操作时需要戴胶质手套，若不慎触及皮肤或眼睛，应立即用清水冲洗。使用后应用清水反复清洁地面并干燥后，才能上蜡。

（四）上光剂

上光剂可以使物体表面发出光泽，同时还能保护物品。

1. 家具蜡 是一种用于家具、地板等漆面抛光处理的保养剂，能除去家具表面的污垢，具有清洁上光的功能，可去除表面轻微的划痕和研磨痕迹，并可在家具表面形成一层光亮的保护膜，防氧化，防紫外线，使家具呈现更加光滑亮丽的色彩。

2. 地板封地蜡 是地板底层保护剂，能渗入石材颗粒深部，形成一层高强度的保护膜，防止石材粉化和抵御多种化学品、油污对地板的渗透，对不平整的地面，如缝隙、针孔等，可起到填充的作用。一般情况下，1 升地板封地蜡可施工 50 平方米左右的地面。

3. 面蜡 是地板表面保养剂、光亮剂，为乳液状，含有蜡和聚酯胶的成分，一般在使用地板封地蜡以后再使用，能和封地蜡很好地结合，在地板表面形成一层有光泽的保护层，起到耐磨、防水、耐溶剂的作用，并具有防滑的功能。有的面蜡免抛光，有的面蜡要求抛光，适用于大理石地板、花岗石地板、塑料地板、木地板、水磨石地面。

4. 擦铜水 呈水状，对铜、锌、锡、金、银等制品均有优异的清洁、防锈和擦亮功效，用后可除去污渍，令金属产生夺目光泽。使用时，用软布蘸上本品在物品上来回擦拭，稍干后用干净软布擦亮。

5. 不锈钢上光剂 呈弱碱性，专门用于不锈钢表面的清洁保养，使用后能使不锈钢表面形成一层保护膜，去污力强，明亮有光泽，具有除污、防尘、防手印、防氧化等功能。使用时，将不锈钢上光剂直接喷在物品表面，用干净的抹布或软刷来回擦拭，至表面光亮即可，用于水龙头、水槽、淋浴花洒、电梯、护栏、门把手等不锈钢的清洁。

（五）有机溶剂

有机溶剂如三氯乙烯、异丙醇、酒精等，能溶解一些不溶于水的物质（如油漆、油脂、树脂、橡胶、蜡等有机化合物），呈中性，溶剂为挥发性液体，主要用于清洁怕水的物体表面的污渍，不用稀释。

1. 酒精 学名乙醇，是一种无色透明、易挥发、易燃烧的液体。

（1）可清洁一些衣服上的圆珠笔或中性笔划痕。

（2）可清洁电子零件。

（3）可清洁、消毒伤口、物品、卫生洁具等。

（4）清洗玻璃窗户时，将半杯酒精和一杯水及 1/3 杯的白醋搅拌均匀放在喷瓶中，将混合水喷在玻璃窗户上，用抹布擦干净即可。

（5）清洗布料沙发时，将酒精装在喷瓶里，对着布料脏的地方喷，然后用海绵擦洗或用软刷子刷，最后用干布擦净。

2. 牵尘剂 又称静电吸尘剂，是油基配方，用于日常地面清洁，恢复地面光泽。使用时，把牵尘剂喷到尘推的棉头或拖把布上，最好浸透、风干 12～24 小时后再拖地，这种方法处理的拖把拖地时容易将地板上的灰尘沾到拖把布上，拖把布脏后，摇动拖把布，灰尘极易与拖把布分离，可用于各种打蜡地面、光洁地面，使用后的地面干净光亮，省去了天天清洗拖把的麻烦。

3. 天那水 又称香蕉水、稀料、天拿水、信纳水，是无色透明易挥发的液体，有浓烈的香蕉气味，有毒，微溶于水，能溶于各种有机溶剂，易燃，主要用作喷漆的溶剂和稀释剂，用于溶解、稀释油漆和胶类。

用毛巾蘸取少量天那水，擦拭油漆处，直到其溶解，再用毛巾擦干净。要轻拿轻放，存放于干燥阴凉处，远离火源，用后盖严，以防挥发。

4. 万能除胶剂 适用于清除玻璃、金属、陶瓷、地毯、地板等处的口香糖胶、油性斑渍、墨渍、双面胶渍、轮胎印渍等多种污渍。

使用时，将万能除胶剂喷洒于胶渍处，停留 5～10 分钟，用铲刀或抹布即可去除，或用刷子刷洗后过水即可。如果口香糖粘在地毯上，可用冰块敷于口香糖上，将其脆化除去大部分，再用除胶剂滴在抹布上，在胶渍残渣处由外向内擦，使胶块脱离，再用清水将地毯上多余的溶剂除去。

5. 布艺清洗剂 是一种液态的用来洗涤布制品、衣物、布艺家具等物品的清洁剂，含有多种表面活性剂，去污力强，免水洗，适合于地毯、窗帘、布沙发、桌布、布艺毛绒玩具、衣服、墙布、床垫等物品的干洗清洁。

使用方法：

（1）将布艺清洗剂喷在污垢点。

（2）用干净的毛巾湿润拧干，打圈擦拭污垢，顽固污渍用刷子刷洗。注意不要扩大擦拭范围，以免扩大污渍范围。

（3）用干净的湿毛巾在污渍处把残留污渍擦干净，晾干。

【实操】 尘推

1. 操作准备 尘推（图 2-18、图 2-19）、牵尘剂、铲刀、扫把、簸箕。

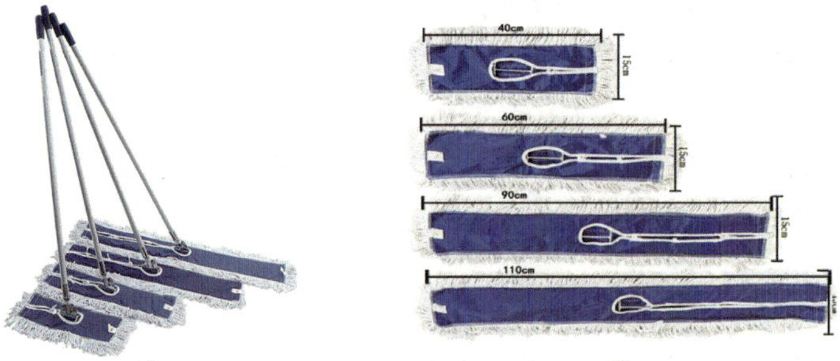

A B

图 2-18 尘推

A. 尘推；B. 尘推棉头

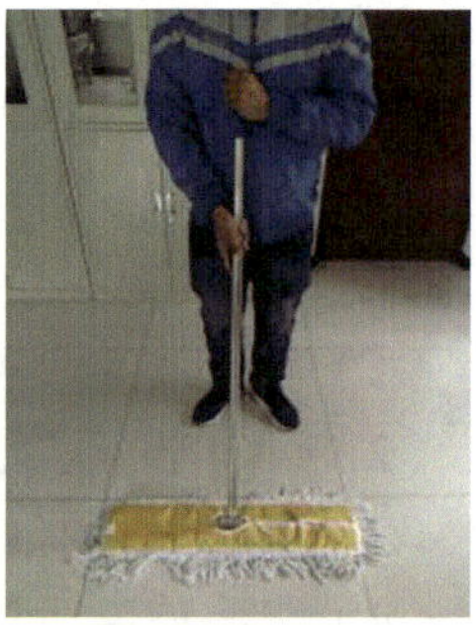

图 2-19 尘推握法

2. 操作步骤（图 2-20）

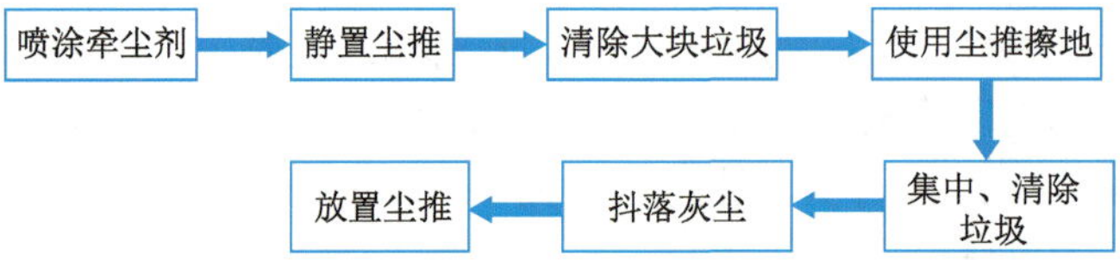

图 2-20 使用尘推清洁的操作步骤

（1）喷涂牵尘剂：把牵尘剂喷洒在尘推棉头上。

（2）静置尘推：将尘推放置 12～24 小时，让尘推完全吸收牵尘剂。

（3）清除大块垃圾：清除地面大块垃圾，用铲刀去除胶渍等。

（4）使用尘推擦地：用一只手的大拇指放在尘推顶端，另一只手握住下方 30～40 厘米处，尘推杆与地面成 45°，向前沿直线推行，不用弯腰；较脏的地方要反复推；转弯时尘推棉头的内侧不动，外侧转动。

（5）集中、清除垃圾：将尘土、垃圾推至某处集中，再用扫帚、簸箕清走。

（6）抖落灰尘：等灰尘达到一定程度后抖一抖即可，使用后无须水洗。

（7）放置尘推：使用后的尘推不可放在地板上，可在尘推下垫防油的塑料布，或将尘推置于架子上，以免牵尘剂污染地板。

3. 注意事项

（1）尘推应避免在潮湿或地面有液体的环境下使用。

（2）适用于较清洁的平整地面，吸附地面的灰尘和沙粒。

（3）喷洒牵尘剂一段时间后，可再次喷涂，大约可用 20 天，吸尘效果不好时，用碱性洗涤剂把尘推彻底洗干净，晾干后重新喷涂牵尘剂。

链接

绿色清洁剂

①小苏打；②茶叶有吸附异味的作用，是天然的空气清新剂；③食盐有清洁、吸附的作用；④食醋可清除茶渍、咖啡渍、水垢，还可清洁家具、地毯等；⑤淘米水被称为“天然洗洁精”，可洗碗碟、洗菜、擦地板等；⑥柠檬汁可用来清洗饮水机、加湿器等，能避免化学清洁剂残留；⑦发酸的牛奶是良好的木地板清洁剂；⑧香蕉皮能擦拭皮沙发、皮包、皮鞋上的污渍；⑨鸡蛋清，用一块干净的绒布蘸些鸡蛋清擦拭脏了的真皮沙发或皮包的真皮表面，既去除污渍，又能使皮面恢复光亮；⑩纸巾可以吸附擦拭污物。

【实操】 用柠檬或白醋清洁饮水机流程

1. 操作准备 一瓶白醋或一个柠檬、一台饮水机、一个碗、一个桶。

2. 操作步骤（图 2-21，表 2-1）

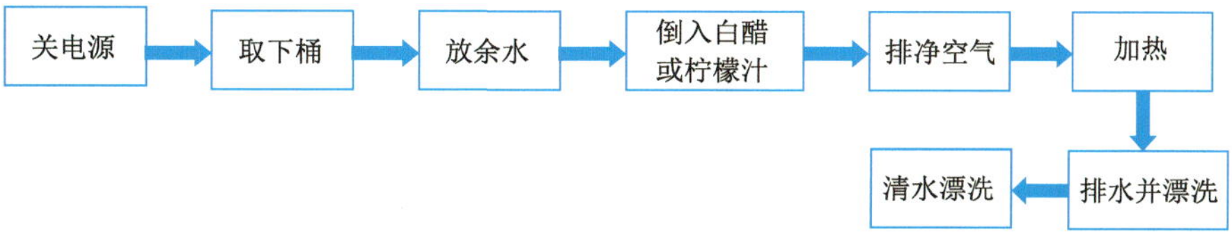

图 2-21 清洁饮水机流程

表 2-1　饮水机清洁

序号	步骤	图示
1	把饮水机的电源拨下	
2	把矿泉水桶移开	
3	把两个水龙头打开，把饮水机里的余水放净	
4	把饮水机的塑料坐垫移开	
5	往饮水机里倒白醋或柠檬汁（把柠檬一切为二，把柠檬汁挤到碗里，按 1：10 的比例加入清水）	
6	打开水龙头，看看是否有液体流出，把空气排净	
7	插上电源，加热 1 小时	
8	打开水龙头，从热水管和冷水管放出加热后的白醋或柠檬汁，并用清水冲洗两次即可	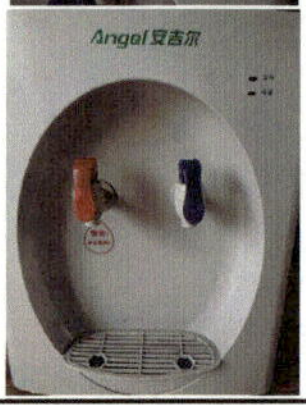

三、常用消毒法

消毒是指清除或杀灭人体表面或外环境中的病原微生物或其他有害微生物，使之达到对人体无害的程度，可使用化学方法、物理方法、生物方法（图 2-22）。

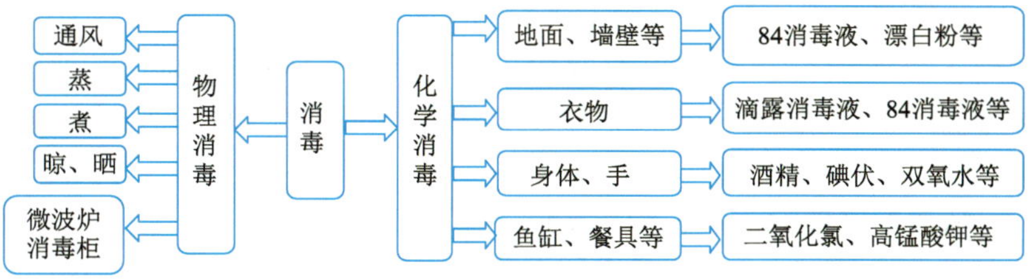

图 2-22　常用消毒方法

生物方法消毒是利用生物因子去除病原体，作用缓慢，而且灭菌不彻底，较少使用。

物理消毒在家庭中使用较多，如定时为居室通风，定期用蒸、煮的方式消毒餐具、毛巾，定期晾晒被褥、拖把，使用微波炉、消毒柜消毒，经常打扫居室，清除死角污垢，防止细菌滋生等，它们都是很好、很实用的方法，应大力提倡，能物理消毒就尽量不要化学消毒。

化学消毒指使用了化学药物即消毒剂消毒。消毒剂由于化学成分不同，消毒对象也不尽相同，使用时要注意与水的稀释比例，仔细阅读说明书。

（一）消毒剂的使用

1. 84 消毒液　主要成分是次氯酸钠，有刺激性气味，无色或淡黄色液体，有效氯含量为 5.5%～6.5%。84 消毒液被广泛用于宾馆、医院、食品加工行业、家庭等的卫生消毒，有腐蚀性，手直接接触会感到轻微疼痛，所以使用时要求戴手套。本品除了能消毒外还能漂白，是高效、速效、广谱、杀菌、去污力很强的含氯消毒剂。

使用说明（以蓝月亮消毒液为例）：

（1）对衣服、墙壁、地面、便器等一般物品表面和公共场所环境进行消毒时，消毒剂与水的比例为 1∶29，可擦拭、喷洒、拖洗物品表面后用清水洗净，也可浸泡物品 20 分钟后洗净。

（2）对餐饮具消毒时，消毒剂∶水=1∶9，被消毒物品应该全部浸没在消毒液中，浸泡 20 分钟后用清水洗净。

（3）可用于棉、涤纶等材质的浅色织物的漂白，不可用于彩色织物，防止其漂白、褪色，消毒剂与水的比例为 1∶29，漂白后过水洗净。毛、麻、尼龙、皮革、丝织品禁用，会造成破坏或使之发黄。

（4）本品现用现配，一次性使用，勿用 50℃以上的热水稀释。

（5）84 消毒液不要与其他洗涤剂（如洁厕净）混用，以免发生反应，增大氯气的含量而引起氯气中毒。

2. 漂白粉　白色或灰白色颗粒或粉末，为强氧化剂，有效成分是次氯酸钙，有效氯含量为 30%～38%，能溶于水，溶液呈浑浊状，有大量的沉渣，是应用较多的含氯消毒剂。对皮肤、金属等有腐蚀性，使用干粉时要戴手套。本品主要适用于餐具、便池、便器、痰盂及自来水、井水、泳池、疫区、畜及禽养殖地面等的消毒，还可以用来消毒、漂白衣物、木材等。本品应存放于干燥、阴凉通风处。

（1）白瓷砖变黄，或有难以清除的污渍时，可考虑用漂白粉清洁。

（2）对棉、涤纶等材质的浅色衣服漂白效果很好，如果衣服不怕烫，水温越高效果越好。本品不适合毛线、呢料、真丝、绸缎衣料的漂白，对油污、串色漂白效果不好。

（3）可对泳池的水进行清洁，消毒浓度为 10 克/立方米。

（4）对衣服、被褥、毛巾、玩具进行消毒，使用 1%浓度的漂白粉溶液，浸泡 30 分钟消毒后过水漂清。

（5）对房屋、墙壁、地面、空气消毒，使用 4‰～1%浓度的漂白粉溶液，进行喷洒或擦洗。

（6）5%～20%漂白粉溶液，可用于猪舍、养殖用具、地面、粪便污水等消毒。

3. 滴露消毒液　与威露士消毒液的主要成分都是对氯间二甲苯酚。对氯间二甲苯酚为咖啡色，遇水变白，不伤害物品，对口腔、喉咙和胃部有刺激性和腐蚀性，主要适用于衣物、家居、皮肤的消毒。

使用说明：

（1）消毒液稀释后再使用，可以用于家居卫生清洁，如拖地板、洗厕所。

（2）消毒衣物时，先把消毒液稀释，浸泡衣物 3～5 分钟后简单漂洗，再用洗衣液或加酶洗衣粉正常洗。两者最好不要同时用。如果是不加酶的洗衣粉，则可与滴露消毒液同时使用。

4. 高锰酸钾　又称 PP 粉，为黑紫色固体，它是一种强氧化剂，具有很强的腐蚀性，使用时，不要直接用手接触，以免烧坏皮肤。只有配成合理浓度时，才可直接接触。0.1%的高锰酸钾水溶液可用于溃疡、鹅口疮、脓肿、创面清洗，也可用于消毒餐具、瓜果蔬菜，浸泡至少 5 分钟后用清水冲洗干净。

5. 碘酒、碘伏　碘类消毒剂属中效消毒剂，速效、低毒，杀灭细菌繁殖体、真菌和部分病毒，可用于皮肤、黏膜消毒，医院常用于外科洗手消毒。碘酒具有强大的杀菌作用，可消炎退肿，对皮肤有刺激作用，用于皮肤消毒后，要用酒精脱碘。碘伏对皮肤刺激性很小，可用于皮肤、黏膜破损伤口的消毒，如烧伤、冻伤、擦伤等，适合家居常备，还可用于卫生间的消毒。

6. 过氧化氢　纯过氧化氢是淡蓝色的黏稠液体，可任意比例与水混溶，是一种强氧化剂。过氧化氢水溶液俗称双氧水，为无色透明液体，日常用的双氧水浓度等于或低于 3%，是极弱的酸，用于清洗伤口、杀灭局部菌、手部消毒，使用时会有灼烧感，用完后用清水清洗即可。

若厨房下水道有异味，可购买双氧水加水加洗衣粉倒进下水道，可去污，消毒，杀菌，祛除异味。

7. 二氧化氯片　杀菌灭藻效果好，作用快，使用安全、高效、广谱，快速杀灭致病微生物。

本品用于卫生洁具、拖把、饮水机、餐具、宠物窝、鱼缸等家居物品的消毒，使用时按说明书配比要求，先加水后加药片，切勿颠倒，溶解后浸泡、喷洒或擦拭。还可用于鱼病的治疗、空气杀菌、改良水质、屋内及车内除异味等。

（二）消毒剂使用注意事项

1. 购买消毒剂时看清批号和字号。购买消毒剂要到正规的药房、超市购买正规厂家的合格产品，消毒剂分为“消”字号和“药”字号，处理伤口或给皮肤消毒应用“药”字号，对一般物品消毒用“消”字号即可。

2. 坐拥挤的公交车、地铁，特别是从医院回来，可对手、衣物用消毒剂消毒。对于经常接触的物体表面，如门把手、楼梯扶手、脚垫、卫生间应定期消毒。宠物的窝、用具应经常消毒。

3. 很多消毒剂在使用时需要注意防护，如对眼睛、手、呼吸系统等器官的防护，必要时需佩戴防护品。

4. 消毒剂配制要准确，应该严格遵守各种消毒剂的使用说明。各种消毒剂不要随便混合使用。

5. 消毒剂使用后要清除。大多数消毒剂有一定的副作用，使用后要清除消毒剂。例如，室内空气消毒后，要开窗通风换气；物体表面消毒后，要用清水擦洗。

6. 家庭中的消毒剂要放置妥当，保留好标签及说明书，存放于阴凉、干燥、通风处，避免老人、儿童误触、误食。如果误触，应立即擦拭、清水冲洗；如果误服，应立即口服 100～200 毫升的牛奶或生蛋清并尽快就医。

第 2 节 室内日常保洁

室内日常保洁就是清洁和保养人们饮食起居的场所。其范围一般分为卧室、客厅、厨房、卫生间、阳台等。要求在保护物品安全的基础上，遵循从上到下、从里到外、从左到右、从前到后的清洁顺序，适当、科学、合理地使用工具和清洁剂，局部处理与全面清洁相结合，日常清洁和定期清洁相结合，在清洁的过程中将物品以一定形式整理收纳，使整个居室整洁美观。

因本章后续几节详述了家具与门窗、地面与墙面、灯具与工艺品、床上用品与窗帘的清洁保养，故本节不再赘述，只具体介绍室内各位置特有的项目。

一、卧室清洁

卧室是居室中重要的组成部分。通常人一天中 1/3 的时间停留在卧室。其清洁涉及以下方面。

（一）清洁项目

卧室的清洁项目如图 2-23 所示。

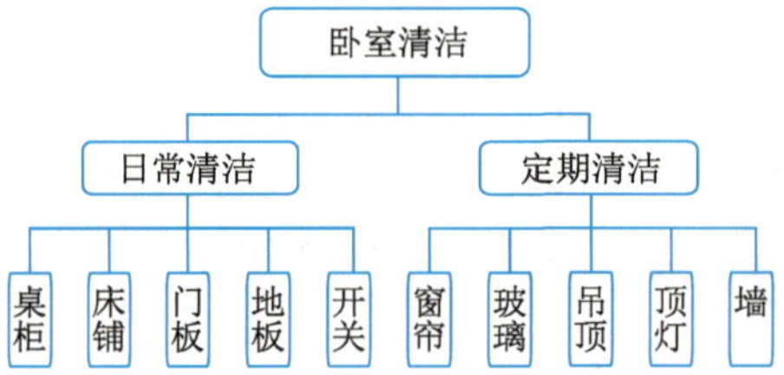

图 2-23　卧室清洁项目

（二）床铺整理

床铺整理是卧室清洁的重要环节，床铺整齐利落卧室就宽敞舒适，否则拖拉烦琐、杂乱无章。床铺整理步骤见图 2-24。

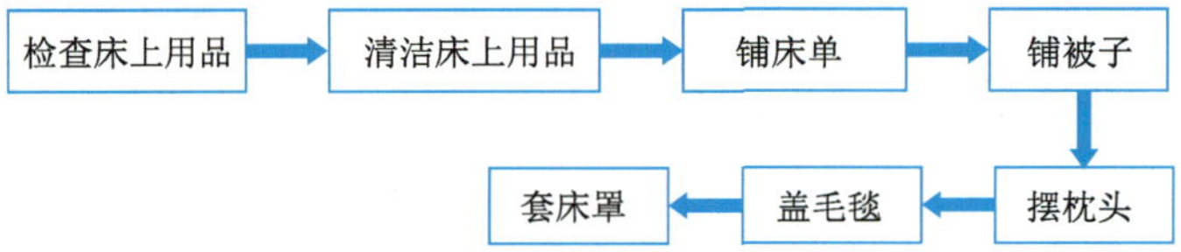

图 2-24　床铺整理步骤

【实操】　床铺整理

1. 操作准备　工服、围裙、手套、床刷、无绒抹布。

2. 操作步骤

（1）检查床上用品：如床单、被罩、枕巾等，若有污渍要及时清洗。

（2）清洁床上用品：用床刷将床上用品扫干净，并用无绒抹布擦净床靠背及床腿等部位。

（3）铺床单：有如下两种方法。

1）四角压紧法（图 2-25）

A. 将床单沿床垫中线铺开，宽松拉下，保持拉下的两边宽度一致。

B. 将超出床垫厚度部分在两角处分别按 45°或 90°沿床垫棱折叠，压入床垫底下，并保持平实。

C. 成形角在床垫两侧位置的两边相向体现。

2）宽松铺法：将床单沿床垫中线铺开，向床垫左右两侧铺展，宽松垂下，保持垂下的两边宽度一致。

（4）铺被子：通常有折叠法和平铺法两种铺法。把被子平铺床上，三边自然下垂。靠床头开口边折起，以枕头宽度为参考；两侧垂下部分宽度相等，称折叠法。开口边紧靠床头铺平，其余三边自然下垂。同样要求两侧垂下部分宽度相等，称平铺法。

（5）摆枕头：枕头拍打匀实整齐居中摆放于床头，并把枕巾盖好。有时枕巾收入柜中。如被子毛毯折叠并有靠包或抱枕，枕头压住靠包立于床头，抱枕居中摆放于前。

（6）盖毛毯：毛毯与铺被方式类似，通常有折叠法和平铺法两种铺法。将靠近床头的一边向被外折叠，折叠宽度比被子折叠宽度略窄，压于被子折头之下，称折叠法。也可平铺置于被子之上，按床规格从前到后铺开。

（7）套床罩：最后套上床罩。床罩常用于被子毛毯平铺之时。有时也用床盖替代。

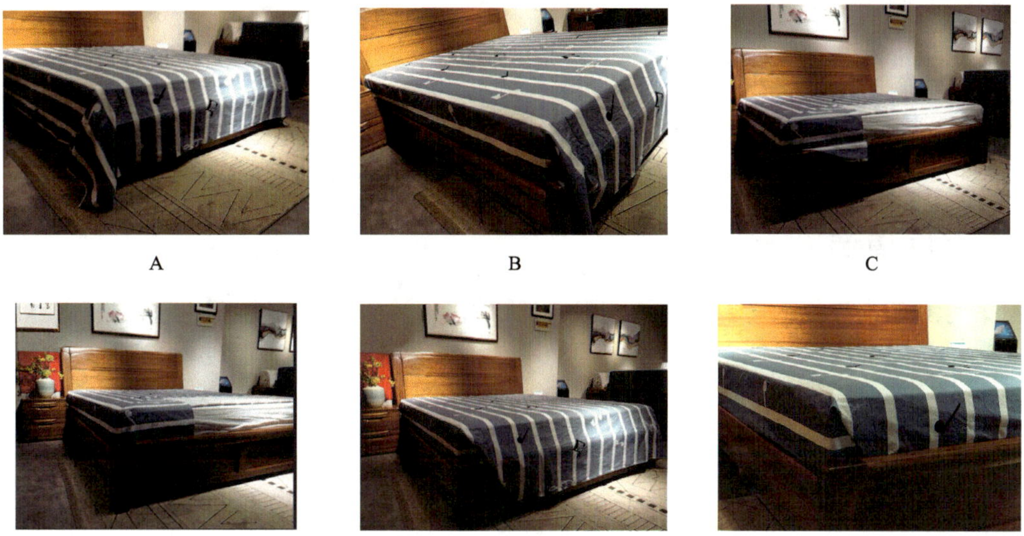

A B C

D E F

图 2-25 床单角 45°压紧法折法

A. 平铺床单；B. 侧边折进垫底；C. 床单头折成两 45°边；D. 下边折进垫底；E. 上边自然下垂；F. 超出部分压入垫底

链接

床盖、床笠和床裙

床盖是做工复杂一点的床单。即在床单的 3 个边上贴一层面料，挂上装饰线，并把 2 个角做成圆形，因有贴边，显得好看并容易下垂。绗棉后叫绗棉床盖。

床笠是直接套在床垫、褥子、床上的布质罩子，主要是包裹床垫，方便清洗。床笠尺寸一般由床的大小决定，如 1.8 米×2 米的床配 1.8 米×2 米×25 厘米的床笠，1.5 米×2 米的床配 1.5 米×2 米×25 厘米的床笠。

床裙是直接盖于床上的床罩，专门用于保护床板和床帮，以减少对其磨损。

（三）床垫清洁养护

1. 定期用床刷和吸尘器对床垫除尘。
2. 定期清洗床笠或床垫覆盖物。
3. 为了确保床垫均匀受力以延长其使用寿命，每隔几个月应当将床垫前后左右进行调整；如果床垫两面完全相同，也可翻转床垫，正反面轮换使用。
4. 不要在床上跳跃，否则会加速床垫老化。
5. 如果条件允许，可把床垫搬到室外通风晾晒，效果更好。

（四）清洁物品整理和归位

卧室清洁完成后，把清洁时所用到的服装及用品清洗干净放回原位，然后关好卧室窗户和门。

链接

1. 清理垃圾的范围应包括烟灰缸、茶盘、水杯和废纸篓等（未熄灭的烟头切记及时处理；垃圾袋里的危险物品要妥善处理并及时更换垃圾袋）。

2. 清洁梳妆台桌面时，要擦拭化妆品瓶罐，并放到适当位置。

二、客厅清洁

客厅是待人接物的场所，清洁范围大且物品庞杂。客厅也是展现主人性格和爱好的地方，清洁整理时既要使常用物品便于使用，还要做到安全整洁起到美化作用。

（一）清洁项目

客厅清洁项目见图 2-26。

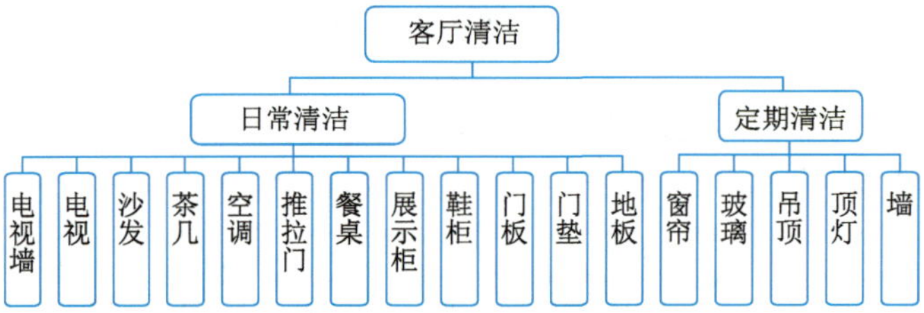

图 2-26　客厅清洁项目

链接

客人来访快速清洁整理法

1. 准备拖鞋，鞋柜附近杂物收纳规范整齐。

2. 整理玄关衣帽架和临时挂衣物处。

3. 沙发、座椅、茶几等清理干净。

4. 把水果提前清洗好放入盘中，与水杯等放在茶几或餐桌上。

5. 卫生间镜面、面盆、梳妆台包括水龙头、马桶与地板等清洗干净。洗漱用品准备好。

6. 如客人需住宿，要提前将客房床铺整理好，地板擦干净。

（二）鞋柜清洁

鞋柜是客厅中实用性很强的家具，鞋柜一般安放于客厅门口，方便主客脱鞋换鞋，避免给室内带进尘土泥沙。做好鞋柜清洁整理，会使客厅整洁干净无异味，主客都有好心情。其清洁整理的方法与展示柜、酒柜、玄关柜、衣帽柜等有许多相似点。下面以鞋柜为例，谈一下这类柜子的清洁整理步骤（图 2-27）。

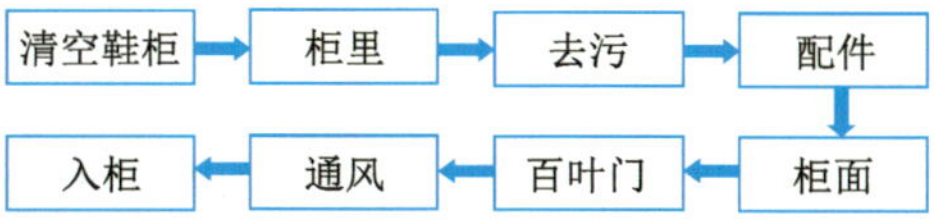

图 2-27 鞋柜清洁步骤

【实操】 鞋柜清洁

1. 操作准备

(1)塑料手套、工装、围裙。

(2)家具清洁剂、配件保养精油、护理精油、两块无绒抹布、百叶窗刷。

2. 操作步骤

(1)清空鞋柜:清出鞋柜里存放的鞋子,放在脚垫上。

(2)柜里:用无绒抹布将柜里由上到下一排一排擦拭。

(3)去污:污渍用无绒抹布蘸取家具清洁剂去除。

(4)配件:五金配件及金属拉手用干无绒抹布擦拭,并定期用配件保养精油涂抹擦净,使之灵活转动且防锈抗氧化。

(5)柜面:按柜顶—两侧—柜腿的顺序擦拭干净,并定期用护理精油对柜面进行保养。

(6)百叶门:用百叶窗刷蘸取家具清洁剂擦拭。

(7)通风:清洁完成后,最好打开柜门,通风 20~30 分钟,让柜子保持干燥无异味。

(8)入柜:将清理干净的鞋子入柜。

(三)注意事项

1. 切忌使用普通水、湿布、硬布抹擦柜面、镜面和玻璃,切忌用酒精擦拭板面,板面切忌与酸碱、油脂物质接触。

2. 不可用锤等硬物在柜面上敲击物品,更不可用刀在板面上划割物品。

3. 如发现贴面板有局部开缝,应及时修理,否则裂缝将会开大,甚至出现变形,导致柜子彻底损坏。

4. 木制柜面可用上光蜡保护家具漆膜,使其免受潮湿、划伤、灼伤。使用时,先用一块棉布将适量上光蜡涂开,再用一块干布,分块将蜡擦均匀,防止留下蜡痕。

三、厨房清洁

厨房是处理食物的地方,每天离不开油盐酱醋,油烟是重要的污染源。清洁保卫战从战胜油污开始(图 2-28)。

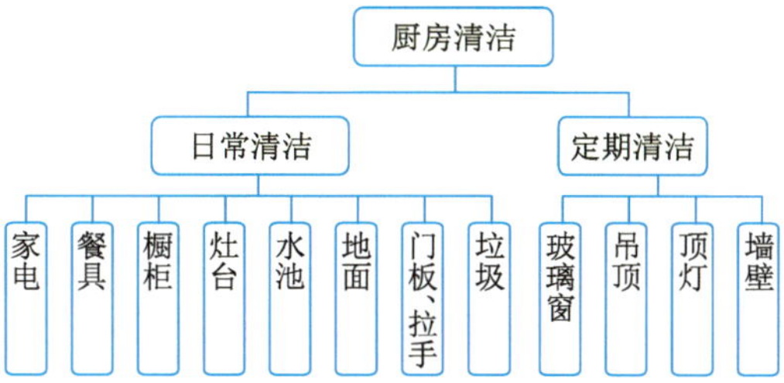

图 2-28 厨房清洁项目

（一）玻璃窗

1. 玻璃上的重度油腻可先用热水兑入重油污清洁剂或油烟机清洁剂刷擦，再喷上玻璃水等清洁剂，借助玻璃器、玻璃刷等工具清洁。

2. 可拆卸的纱窗可以放入卫生间、浴室或大盆中冲洗，沥干。

（二）吊顶

1. 厨房吊顶的面板，一般是拉丝板或纳米板，它们都有很好的抗污性，如果清洁次数频繁只需用海绵拖把或平板拖把等工具采用先湿后干的方法擦拭干净。如果长时间未清洗，可在海绵拖把或平板拖把上喷洒重油污清洁剂、洗洁精等擦拭。

2. 不要用硬物，如金属球之类的物品擦洗，以免留下划痕。

3. 适当用力以保护吊顶平整，吊顶板中间部位用力可以稍大，四周需轻擦，以免影响集成吊顶的平整度。

4. 注意照明电路不要沾水，灯具可用微湿抹布蘸取小苏打、白醋或牙膏轻擦，不能让水分留在灯座上。

（三）墙壁

1. 墙壁可用湿布蘸清洁剂从上到下擦洗。

2. 瓷砖接缝需小心擦拭。

3. 整个墙面需先湿后干，直到无油污、不粘手、无水渍、无水痕、有光泽为止。

（四）家电

冰箱等常用电器的清洁参见第 4 章电器部分。

（五）餐具

1. 原则

（1）尽量用可食用的物品作为餐具清洁用品。

（2）小心轻放，减少物品之间的摩擦以免损坏物品。

（3）收纳时尽量采用原包装和原方式包装。

2. 顺序　先洗不沾油的餐具，后洗沾油的餐具。有的餐具可直接用流动水冲洗，如酒杯、酒盅、部分凉盘等；比较油腻的餐具，可用小苏打、鸡蛋皮、淘米水等加入温水刷洗；重度油腻的餐具，可用餐巾纸直接蘸取面粉擦拭，然后再用碱水或小苏打水清洗。医用酒精用于餐具和冰箱内物品的清洁既可清洗干净又可消毒（图 2-29）。

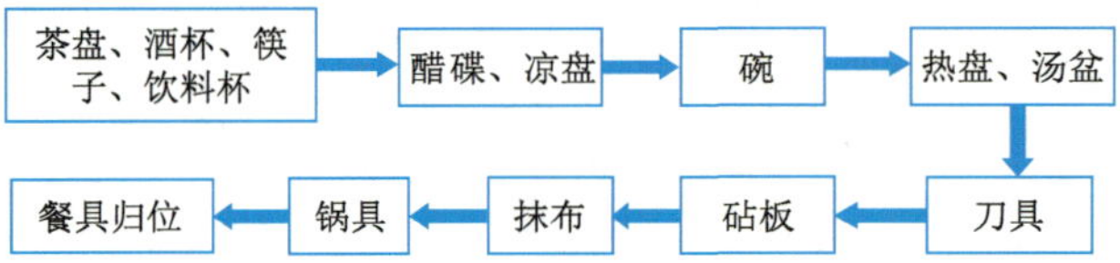

图 2-29　餐具清洗步骤

【实操】 餐具清洁整理

1. 操作准备 工装、围裙、塑料手套、淋水架或淋水筛、洗碗擦、长柄椰棕刷、钢丝刷或铜丝刷、餐巾纸若干、百洁布或刷锅布、抹布（如木纤维布）干湿各一、灶台布干湿各一、食盐、面粉、小苏打或碱面、洗洁精、重油污清洁剂。

2. 操作步骤

（1）茶盘、酒杯、筷子、饮料杯：茶盘等泡茶的茶漏和茶杯等，用洗碗擦蘸取食盐擦洗。酒杯、盅、筷子用流动的水冲洗干净。饮料杯较为油腻时，可用面粉先擦后冲。

（2）醋碟、凉盘：较脏，用洗碗擦蘸取小苏打或碱面清洗。

（3）碗：洗法如上，不锈钢碗洗后需用柔软的干抹布（如木纤维布）擦拭干净，防止留下水痕。

（4）热盘、汤盆：先用餐巾纸蘸取面粉擦拭，然后将小苏打或碱面加入温水中用洗碗擦清洗，再用清水涮净，控入淋水筛，干后收纳归位。

（5）刀具：随手冲净擦干归位。

（6）砧板：可涂洒清洁盐或食用盐用长柄椰棕刷蘸热水快刷快冲，立式放置阴干。

（7）抹布：采用蒸煮的方式消毒，可加入一定量的小苏打或碱面，既可清洁干净又可杀菌消毒。

（8）锅具：可在锅具中注入一定量的热水用长柄椰棕刷蘸取适量面粉、小苏打等刷洗，少用钢丝刷。清洁外底油腻焦状物，可将小苏打、白醋、洗洁精喷涂在锅底放置几分钟后刷洗；擦拭时抹布要有里布和外布之分，外布可用灶台布，里布可用擦碗的抹布。如果锅外清理不干净，会影响煮饭速度和饭菜味道，同时费气费电。

1）铁质锅具清洁：通常用百洁布或刷锅布及洗洁精等清洁用品，只要尽量顺着金属纹理刷洗就可清洁干净。

A. 铁质锅具去铁锈：将铁质锅具放在炉子上加热，刷去铁锈擦干即可。也可用纱布包茶叶渣擦拭，或用淘米水浸泡数小时，然后用清水洗干净。

B. 铁质锅具的保养：铁质锅具使用多年后一定会变黑，这是养锅层出现，不必特别维护。铁质锅具通常每使用一段时间就需“养锅”。方法是清洁后，在铁质锅具上涂一层食用油放在火上烤干，生成养护层。如果让养护层留在表面，既可防锈又可保护锅具表面，而且可延长锅具的使用寿命。

C. 铁质锅具防锈法：铁质锅具容易生锈，用完要马上清洗干净，控干水分并擦干。

D. 去腥法：如果铁质锅具等有腥味，可以用面粉或菜叶煮开刷洗，然后倒掉冲净即可。

E. 去水垢：可用鸡蛋皮或土豆皮煮开后刷洗。

2）高压锅：如锅内有重度烧焦，尽量少用钢丝刷和洗洁精，可以用番茄酱或西红柿熬煮成浆刷洗。轻度熏烤的痕迹，可用小苏打、白醋和洗洁精混合液刷洗。

3）砂锅、汤锅

A. 烹饪时要逐渐加温，不能开始就用大火烧，以免绽裂。

B. 砂锅离火时，用隔热垫将锅架起来，使锅底悬空，均匀散热，自然降温，以免砂锅产生裂痕。

C. 新买来的砂锅，首次使用，最好熬煮面汤或稀粥，倒出后不要刷锅，将锅放在炉边烧一下，使锅里的面糊干结堵住微小的砂眼，再洗净。

D. 砂锅中的油污，可用茶叶渣擦拭，也可用面粉、小苏打或盐擦拭，然后清水涮净。

（9）餐具归位：餐具控水后放回碗架或按原包装装好入柜。

（六）橱柜

1. 清理柜中存放的调料罐和袋装物品，检查是否过期，将过期物品淘汰，临期物品分放一边。

2. 木质橱柜采用微湿的抹布擦洗柜内，如有污物，用木质家具清洁剂等擦净。不锈钢柜子用海绵擦或百洁布蘸取少许酒精或盐水等清洁剂，擦洗四壁及角落，再用清水擦净，换干布擦干。

3. 把容器与包装袋表面擦干净，同时检查调料是否有变质污浊，必要时需放入盘中仔细查看。

4. 碗碟码放整齐，分类整理，清洁有序。

5. 把柜子外面、底部、柜腿依次用抹布擦干净。

（七）灶台

燃气灶可用铜丝刷在喷涂厨房重油污清洁液、面汤、小苏打白醋混合液等清洁用品后清洁。

灶台一般采用防火板台面、不锈钢台面和人造石台面，有的采用实木防火板。实木防火板可使用家具水蜡清洁保养；油漆类橱柜防火板不能用可溶性清洁剂；所有苯类溶剂不宜用作面板清洁剂。

1. 灶台一般用中性清洁剂清洁，偏碱或偏酸的清洁剂会腐蚀台面。通常会损坏石材表面的有果汁、酒精饮品、碳酸饮料、番茄酱、芥末、醋等。因此一旦沾有此类物品，需赶快用灶台布抹掉。

2. 灶台的五金设备一定要用干抹布进行相应的擦拭，避免水滴留在表面形成水渍。

3. 从烤箱和火炉上取出的锅、盘、碗等，不能放在没有防护的防火板上，以免板面龟裂、起泡，或给台面带来损害。可用锅具支座或隔热垫保护台面，尽量不要用钢丝刷刷洗台面。

4. 切菜时应垫上切菜板，否则会留下划痕，而且会使刀口变钝。

5. 避免烈性化学物品接触台面，如去油漆剂、金属清洁剂、炉灶清洁剂、去指甲油剂、强酸清洁剂等，如粘上指甲油等可用酒精擦拭。

6. 不要让过重或尖锐的物品直接冲击表面，超大或超重的器皿不可长期置于台面上，以免损坏灶台台面。

（八）水池

1. 用洗池刷将池内的杂物归至漏斗口，提漏斗，将杂物倒入垃圾桶，安好漏斗。

2. 倒入少许洗涤剂或清洁剂，用刷子刷洗整个水槽，再用清水冲净。

3. 不锈钢洗碗槽内不要放置下列物品。

（1）可生锈物品放入槽内会产生锈斑，塑胶质物品长时间放入会粘在槽上。

（2）酸性和盐性物质、芥末和美奶滋等物品放入槽内会形成污渍，甚至腐蚀水槽。

（九）地面

1. 从里向外开始以 S 形擦洗地面，直至门口。
2. 适量喷洒清洁剂用拖布先湿后干替换擦干。

（十）门板、拉手

门的清洁与保养请参见本章第 3 节。

（十一）垃圾

厨房垃圾不同于其他垃圾，每天都需要及时清理，如蛋壳、蔬菜根叶等，避免滋生细菌。厨房垃圾桶上可一次套上几个垃圾袋，方便换取，节省时间，垃圾桶一星期可用肥皂水等清洗一次。

去除餐具上的不粘胶

1. 用吹风机对准有标签的位置吹，一会标签角部就会翘起，这样就很容易将其撕掉。

2. 把浸有白醋的洗碗布盖在餐具的标签上 20 分钟左右，然后用洗碗布反复摩擦直到标签消失。

四、卫生间清洁

卫生间是居室清洁的关键场所，做好卫生间清洁工作涉及如图 2-30 所示项目。

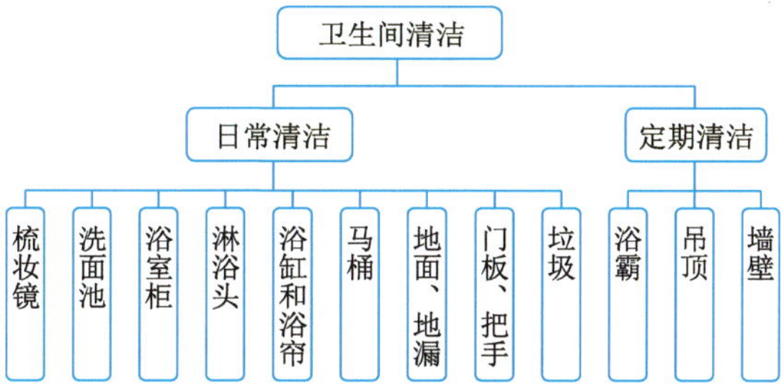

图 2-30 卫生间清洁项目

（一）浴霸

清洗时先断电，然后两手戴上柔软棉质手套，一手蘸取玻璃水，一手干擦，这样不必换布洗布，省时省力，方便快捷；或用手套式抹布正反面替换一湿一干擦拭。凹进去的地方可用卡片或塑料杆如笔杆等顶着干软布擦拭。

（二）吊顶

吊顶用平板拖或伸缩长柄刷蘸取洗洁精等擦拭。

（三）墙壁

墙壁用平板拖或伸缩长柄刷蘸取卫浴清洁剂或瓷砖清洁剂擦拭。墙角用洁厕净、清洁剂或小苏打白醋混合液擦拭。

（四）梳妆镜

梳妆镜用镜面布或眼镜布蘸取眼镜清洁剂、玻璃水或酒精等擦拭。

（五）洗面池

洗面池内用洗碗擦等蘸取卫浴清洗液等擦拭；水龙头可用小苏打白醋混合液或牙膏擦拭；下水槽的滤网和滤杯用牙刷蘸取小苏打等刷洗干净。有黄渍用安全漂白水去除。当洗面池内及各部件清洁后还需用镜面干布擦拭直到无水分残留，表面光亮如新。

（六）浴室柜

1. 下水管 虽然绝大部分家庭现已将洗面池底部的下水管装修于柜内，但每开柜门就会落尘积污，因此也需定期擦拭。清洁后柜内一般铺防水纸防止弄脏柜底。这些管件一般是塑料制品，可用清洁剂或小苏打白醋混合液擦拭，这样既保持柜内干净整洁又防止滋生细菌产生异味，也可同时用厨卫消毒剂消毒。

2. 柜体 一般用微湿抹布蘸中性清洁剂擦拭，防止柜内潮湿和柜体变形，如果材质容易辨识，使用对应的清洁剂效果更好。如果内部陈列或存放物体，要定期逐一进行消毒、清洁、整理。如柜内易潮湿，可放置干燥剂；如发霉可先用除霉剂擦拭，再清洁和消毒。

（七）淋浴头

清洗时，在塑料袋中放适量白醋，将喷头浸泡其中，约半小时后用牙刷刷洗干净。每次用完需用无绒抹布擦干淋浴头，尽量不要让水垢聚集，而且要根据使用频率，确定清洗水垢次数。水龙头用小苏打白醋混合液擦拭，水口用牙膏刷洗。不锈钢管件清洁后擦干，以免生锈开裂。

（八）浴缸和浴帘

1. 浴缸清洗时，需换戴清洁浴缸的手套，用浴缸清洁剂或陶瓷清洁剂擦拭。如浴缸是玻璃材质，用镜面布蘸取玻璃水或酒精等擦拭。

2. 浴帘一般为塑料制品，先平铺再用海绵或百洁布等蘸取清洁剂或小苏打白醋混合液擦洗，然后将泡沫拎洗涮净，最后控水阴干。塑料门帘变黄，是其本身老化所致，是不会清洗掉的。但用洗洁精、洗衣液等中性洗液，可在清洁干净的基础上延缓其变黄（老化），也可减免划痕，所以要做到定期清洗，如一星期一次，以预防脏污聚集。不过强酸碱清洁剂、漂白剂及较硬的刷子都会对浴帘有所损伤，尽量避免使用。

（九）马桶

马桶是卫生间最重要的卫生洁具，它的清洁与保养尤为重要，必须进行日常清洁和定期消毒。

【实操】 马桶的清洁

1. 操作准备 马桶刷、洁厕剂、卫浴清洁剂、消毒剂、小苏打、白醋、抹布（或专用清洁布、海绵等）两块。

2. 操作步骤（图 2-31）

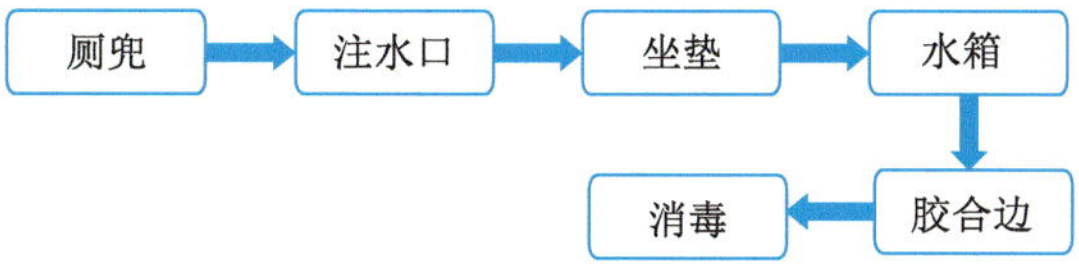

图 2-31 马桶清洁操作步骤

（1）厕兜：先把坐垫拆下，用洁厕剂喷淋马桶内部，数分钟后，将马桶内彻底刷洗一遍。马桶刷需根据马桶厕兜的形状选择。

（2）注水口：用注水口专用刷或马桶刷蘸取洁厕剂等刷洗注水口。带有小刷头的马桶刷可一刷两用，大头刷厕兜小头刷注水口。喷枪式或鸭嘴头式的洁厕剂操作较为方便。

（3）坐垫：用抹布蘸小苏打白醋混合液擦拭马桶坐垫正反面。

（4）水箱：水箱内的塑料配件、内壁可用小苏打白醋混合液擦拭，箱外蘸取醋或卫浴清洁剂等擦拭。

（5）胶合边：用卡片压着抹布蘸取卫浴清洁剂擦拭马桶座与地面黏合处。如用钢丝球等硬物或锋利的工具清理，会损伤瓷面。有时洗头膏、护发素也可用于马桶外部清洁。

（6）马桶内与周围的消毒

1）先用抹布（或专用清洁布、海绵等）、马桶刷，从污染较轻区域到较重区域刷擦消毒剂。要根据产品说明，保证消毒剂在有效期内，然后再用卫浴清洁剂按消毒剂刷擦顺序刷洗，随后用清水同前顺序刷擦一遍。

2）清洗消毒用品：把地垫、抹布（或专用清洁布、海绵等）需消毒用品放在兑有洗衣液和消毒液的热水中清洗；马桶刷可先在马桶内甩干，再将其刷头在倒有消毒液的马桶内浸泡，在刷座用马桶消毒液和洁厕剂等刷洗后，放回刷座里。

（十）地面、地漏

地漏盖用牙刷蘸取不锈钢清洁剂等中性洗液清洗，地漏盖外盖——地漏塞要用中性洗液刷洗。卫生间地面需先用刮水刷刮去地上水及杂物，再用百洁布涂抹洁厕剂或沐浴露等擦拭，最后干抹布擦干。

（十一）门板、把手

用木质家具清洁剂擦拭门板、把手。

（十二）垃圾

卫生间垃圾要及时处理并要随手清理垃圾桶。垃圾桶可用抗菌消毒液擦洗。消毒水最好密封放在通风较好的地方或用密封袋封好放在稳妥的位置。使用消毒剂时，需戴口罩避免化学物品对身体的伤害。

链接　**卫生间除异味**

1. 要经常开窗或使用换气扇，保持空气流通。

2. 放置香皂、花露水、橘皮、清凉油等可消除室内异味。放置绿萝，既可消除异味，又有美化作用。用柚子皮等可去除下水道异味。方法是先将柚子皮切成小块放入锅中，清水大火煮开后捞出柚子皮，将柚皮水趁热倒入下水道即可。定期使用还可去除下水道内壁积累的污物。另外，家中的橘子皮、橙皮也可起到同样作用。

3. 尿碱融通剂，不仅可去除下水道道口尿碱，还可去除异味。

五、阳台清洁

阳台是居室空间的延伸，既可通风晾晒衣服，又可储物培养绿植。阳台的清洁项目见图 2-32，日常清洁主要涉及花盆、晾衣架和楼梯等。

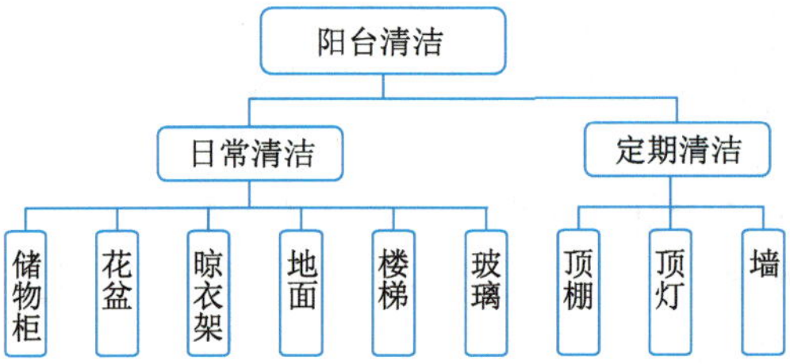

图 2-32　阳台清洁项目

（一）花盆

清洁时，需整理盆土，轻擦花叶，擦净花盆表面、盆沿和衬盘等。详细内容参照第 5 章对应部分。

（二）晾衣架

晾衣架包括横杆和衣架。不能用水擦，需用抹布蘸取不锈钢清洁剂、玻璃水、酒精等擦拭。一般晾衣前先擦拭后晾晒。

（三）楼梯

楼梯由扶手、栏杆和踏步台组成。材质有钢、木、石材。

1. 清洁时，扶手栏杆用干软抹布擦拭，踏步台用吸尘器或拧干抹布除尘去污。不得用水冲洗。如不慎将水滴洒上需立即擦干。

2. 污渍根据材质选择相应清洁护理液清洁保养。木质部分用木质家具清洁护理液，钢质部分用柔和中性清洁剂护理液。特殊污渍如鞋油等用白酒擦拭，如有口香糖、蜡，需用保护膜覆盖后以吹风机来回加热使其变软，用刮水器轻刮，再用软布轻擦。

3. 保养：切勿用砂纸打磨楼梯表面。搬运物品上楼时，防止硬物刮伤。楼梯口放一块蹭脚垫，可减少沙土对踏步台的磨损。

开荒保洁

开荒保洁需清理残留在表面的胶、漆、锈、水泥斑痕，可用除胶剂、去漆剂、除锈剂、水泥溶解剂和刮水器等小心处理，不要伤及居室和物件表面（图 2-33）。

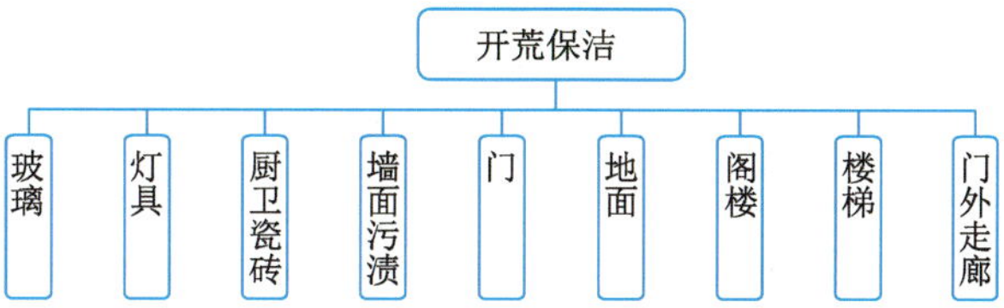

图 2-33 开荒保洁项目

第 3 节 家具与门窗的清洁保养

一、家具的清洁与保养

家具按材质的不同大致可分为：实木家具、板式家具、竹质家具、藤艺家具、玻璃家具、金属家具、塑料家具、真皮沙发、仿皮沙发、布艺沙发等（图 2-34）。

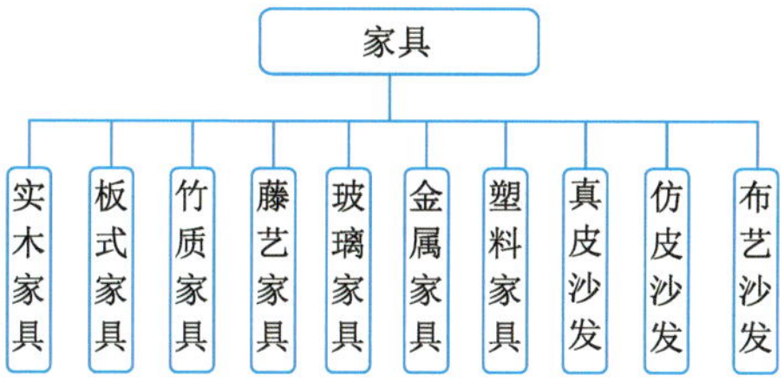

图 2-34 家具分类

（一）实木家具

实木家具是采用天然木材制成的家具。实木家具具有天然、健康、纹路自然、坚固耐用等优点，实木家具的使用寿命是板式家具的 5 倍以上；缺点是价格较高，易变形。实木家具市场占有率约为 20%，多用于重要的办公室、会议室、家庭等场合。

1. 实木家具清洁（图 2-35）

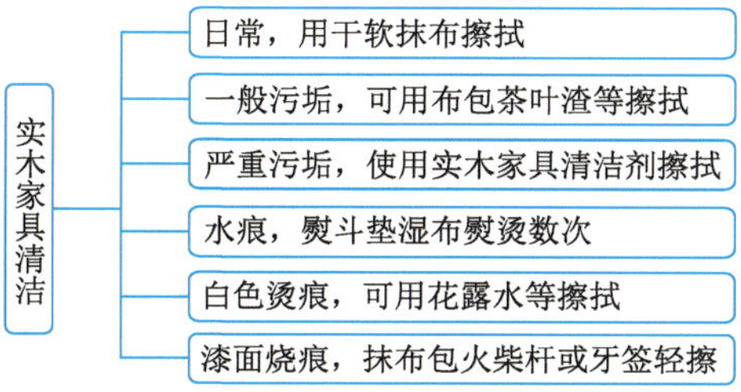

图 2-35 实木家具清洁

（1）日常除尘，准备一块干净、柔软的干毛巾或潮湿毛巾（切忌粗糙的、湿度太大的抹布），顺着木材的纹理，轻拭家具的表面，抹去灰尘，抹布一旦脏污，马上换折叠面。在整个过程中不需要任何的清洁剂，以免刺激家具表面。也可用除尘掸除尘。家具如有不平或镂空，用软毛刷或筷子垫上布擦。

（2）对于一般污垢，可用布包茶叶渣等擦拭，也可将棉布浸入过期牛奶、淘米水或白醋（与温水以 1∶1 的比例相混合）中，拧干后轻轻擦拭家具表面污渍，然后用干净抹布将家具过净，干抹布擦干。勿使用百洁布、钢丝球、去污粉等清洁家具。

（3）对于严重污垢，用专用的实木家具清洁剂擦拭，可去除家具上所沾染的污染物、多余的蜡等。

（4）水痕通常要经过一段时间才能消失，如果一个月后仍可见，可以在水痕上面铺一块湿润的布，用熨斗小心地熨烫湿布数次，水痕即可淡化或消失。

（5）白色烫痕是把烫的杯子、盘子等物品直接放在家具漆面上留下的一圈印痕，用抹布蘸煤油、酒精、花露水或浓茶水擦拭即可，还可以用碘酒在烫痕上轻轻擦拭，再涂上一层凡士林，隔两天后用抹布擦拭。

（6）烟头或未熄灭的火柴在家具漆面留下烧痕，若是漆面烧痕，可在火柴杆或牙签上包一层细纹硬布，轻轻擦抹痕迹，然后涂上一层薄蜡，烧痕即可淡化。

2. 实木家具保养

（1）不要将家具放在阳光下暴晒，忌放在过于干燥或过于潮湿的地方，室内湿度保持在 40%～70%为宜。

（2）家具要放平、放实，不要在大衣柜等家具顶上压重物，以免柜门凸出，无法关严；衣物忌堆放过多，忌超过柜门，以防柜门变形。

（3）不能用酸性、碱性清洁剂擦拭家具；热水杯、茶壶等避免直接放置在家具表面，可使用隔热垫。

（4）平时可将樟脑球放入柜中防虫，如有虫蛀，塞入大蒜或花椒粉，用腻子封口，如果虫蛀严重，用药毒杀。

（5）定期进行打蜡保养。打蜡可以使家具光亮如新、触手顺滑、隔离污垢，可以防止家具磨损，保护家具，也可以防虫蛀，还可以锁住水分防潮湿，从而保持家具不干裂，不变形。

在正常情况下，每年打蜡一两次就可以。在北方，最好在暖气开始前一个星期和停暖气前一个星期打蜡，给家具一个缓冲的过程；南方应在雨季来临前打蜡，以防家具受潮。

链接

无漆实木家具

实木家具包含有漆实木家具和无漆实木家具，有漆实木家具用潮湿抹布除尘，养护时使用中档或高档木蜡（如半乳状的天然蜂蜡、棕榈蜡）。无漆实木家具如黄花梨、紫叶小檀、乌木等硬质木材，日常可以用掸子掸去灰尘，或用干净的干软布除尘，养护品主要有油类（橙油、核桃油、橄榄油、桐油等）和高档木蜡，市场占有率很小，养护周期通常较长。

【实操】 实木家具打蜡

1. 操作准备 干净柔软的干、湿抹布各一块，亮光蜂蜡，木器家具清洁剂，手套。

2. 操作步骤（图 2-36）

清洁家具表面 → 棉布泊蜡 → 家具上蜡 → 抛光

图 2-36 实木家具打蜡步骤

（1）清洁家具表面：用木器家具清洁剂将实木家具上的旧蜡擦除，使家具干净、干燥。

（2）棉布泊蜡：干净的棉布（不掉毛）泊亮光蜂蜡（固体），剂量不要太大。如果蜡是喷剂，用前务必摇匀，喷在一块微湿抹布上。

（3）家具上蜡：将涂有蜡的棉布顺着木材的纹理方向自上而下擦拭，打蜡要尽量薄且均匀。

（4）抛光：在蜡干燥但没干透之前（大约 5 分钟），用干抹布按圆周形分块再擦拭一遍，将蜡擦均匀、擦亮，以不留下痕迹为标准，空置晾干。

打蜡应注意以下几点。

1）打蜡时要开窗通风，避免在雨天打蜡。

2）蜡不要用得太多，会留下条纹和斑纹，影响光泽，因此打蜡要少而薄；不要选那些含有硅树脂的上光剂，会软化漆层还会堵塞木材孔隙。

3）市场上蜡品种很多，因此，木制家具打蜡选用的蜡品种不要经常更换，这样便于掌握其特性。

（二）板式家具

板式家具是以刨花板、纤维板（密度板）、细木工板、胶合板、防火板等人造板材为基材加五金件连接而成的家具。优点：外观时尚、拆装方便，受温度、湿度影响不大，不会轻易开裂、变形，质量稳定、价格实惠等。缺点：不结实、不耐用，寿命 3～5 年。市场占有率大约为 70%。

板式家具的清洁、保养如下所示。

（1）一般污垢，要用柔软的半干毛巾擦拭，不能用水冲洗，不能用湿度过大的或硬的粗糙的抹布擦拭，防止夹板散胶或脱胶及划花漆面。

（2）较难清洁的污垢，用中性清洁剂或牙膏清洁，然后用拧干的净抹布擦净，干布擦干；如果金属饰件表面出现难以去除的黑点，可用煤油擦拭。

（3）板式家具一般不用打蜡，或可打水蜡（如碧丽珠），可使家具有光泽。

（4）摆放的时候一定要将家具放平、放实，避免因局部悬空导致家具变形。板式家具最怕拖动，家具需移动时，要从底部抬起家具。

（5）板式家具边沿如出现翘起和离层，蒙上薄布，用熨斗熨烫即可恢复。避免锐器磕碰、划伤家具，如有划伤，可用同色漆补色。避免阳光暴晒。

（三）竹质家具

竹材与木材一样，都是天然材料，但竹质家具是植物纤维，它的自然硬度比一般木材高出一倍多，绿色环保、富有弹性、防潮、硬度高、收缩和膨胀都很稳定，使用寿命长。缺点：材质薄、弯曲，容易生虫、发霉，会受环境影响变形、开裂。

竹质家具如竹椅、竹地板、竹茶几、衣帽架、竹质菜板、竹质凉席等应放置在通风、干燥处，不要放在太阳下暴晒或放在热源处以防开裂。清洁时用湿布擦拭，或蘸淡盐水擦拭；污渍严重的可用湿布蘸中性清洁剂擦拭，再用拧干的清水抹布擦净，干抹布擦干、晾干。如有虫蛀，可将辣椒或花椒捣碎塞入蛀孔，或用水蒸气熏蒸2～3小时，杀死蛀虫。

（四）藤艺家具

藤艺家具主要是用天然的藤条编制成的各种精美的小型家具，如藤箱、藤椅等。优点：天然、环保健康、透气性好、不易发霉、防虫蛀、轻便舒适、艺术性强等。缺点：使用年限短，表面容易藏灰。

藤艺家具清洁及注意事项如下所示。

（1）由于其多孔，易藏灰，清洁时可用软毛刷或吸尘器清洁，然后再用湿、干抹布各擦一次。

（2）可用淡盐水擦拭藤器，既能去污又能使其柔韧，还有一定的防脆、防虫蛀的作用。

（3）对顽固污垢，可以用刷子蘸上小苏打水、肥皂水、中性清洁剂轻刷藤器，并尽快擦净、擦干。在完全干燥后再使用。

（4）藤艺家具怕高温，不要使其接触和靠近火源、热源，不要将高温的吹风机、电熨斗等直接放置在藤艺家具上，不要在太阳下暴晒，不能过分干燥。

（5）藤艺家具最怕利器，要注意避免钥匙、小刀等硌伤家具。

（五）玻璃家具

玻璃家具一般采用高强度的玻璃为主要材料，配以少量的辅助木材、金属、软包材料等制作而成，如茶几、电视柜、酒柜等家具常用玻璃材质。优点：安全环保、耐油污、耐高温、不褪色，其自身通透，可减少空间的压迫感。缺点：一旦玻璃有了裂痕，就很容易整块报废。

玻璃家具清洁及注意事项如下所示。

（1）玻璃清洁比较简单，不怕水，洗洁精、酒精、玻璃清洁剂等很多清洁剂都能用，但要注意避免接触氢氧化钠等强碱性物质和氢氟酸，玻璃的主要成分是二氧化硅，会与以上物质发生化学反应。

（2）避免使用尖锐物品或高硬物品猛烈敲击玻璃，避免让玻璃承受重物，避免冷热不均匀，以防破裂。

（六）金属家具

金属家具是由钢材、铸铁、合金等金属材料制成或结合其他材料复合而成，色彩明快，线条硬朗，十分耐用，如文件柜、货架、密集架、保险柜等。它具有其他材质没有的优点，绿色环保（可回收利用，不存在甲醛超标的问题），防火、防潮、防磁，是存物的很好选择。缺点是使用时声响比较大，没有什么艺术性，怕划，怕锈。

金属家具清洁养护如下所示。

（1）日常清洁时，使用柔软的干抹布擦拭，不要使用粗糙的抹布、湿抹布擦拭。

（2）如有污垢，用拧干的湿抹布直接擦拭或蘸中性清洁剂擦拭，再用干布擦拭干净；软布蘸牙膏擦拭能有效清洁不锈钢和银器。避免与酸碱液体接触，尤其是酸性液体，防止柜体被腐蚀。

（3）金属家具如果生锈，可用棉纱布蘸机油或白醋反复擦拭，或用软木塞蘸食盐水或石蜡溶液擦拭，再用抹布蘸温水擦拭，干燥后，涂防锈油。

（4）用盐和醋的混合液清洁电镀物体，可使其更加光亮。

（5）尽量避免磕碰，防止表面损坏导致柜体锈化。不要用钢丝球擦洗，以防产生划痕或使漆皮脱落。放置的地面要保持干燥，防止受潮、生锈。

（七）塑料家具

塑料家具有桌、椅、床、架和厨房用具等，具有轻便、易于造型、色彩明快等特点。优点是具有保温隔热性、耐腐蚀性、耐水性（脏了可直接用水清洗），比较容易保护。缺点是硬度差，易燃，易老化、脆裂，多适合室内使用，应避免阳光直射。

塑料家具可用湿布擦，可水洗，普通洗涤剂如醋、洗洁精、多功能清洁膏等都能使用；顽固污渍用84消毒液清洗，将84消毒液以1∶200的比例用清水稀释，把需要清洁的塑料制品放在里面浸泡2小时，然后用清水反复冲洗干净。

（八）真皮沙发

随着人们生活水平的不断提高，很多家庭购置了真皮沙发，但人们很容易忽视对真皮沙发的清洁保养，以下主要介绍真皮沙发的清洁养护。

真皮沙发以牛皮、猪皮、马皮、驴皮作为沙发原料制作而成，有天然毛孔和皮纹，手感丰满、柔软，富有弹性，其中牛皮皮质柔软、厚实，质量最好。真皮沙发的优点：造型简洁、大气、时尚，比较好清洗，质感好，舒适，耐用，使用寿命一般在10年以上，仿皮沙发的寿命一般在3年左右。缺点：真皮沙发价格比较高，如果清洁不当会发出皮臭味。

1. 真皮沙发的清洁

（1）日常清洁，每日用干软布擦灰，每周可用拧干的湿软布轻擦，也可用抹布蘸蛋清或鲜奶擦拭；用香蕉皮擦拭皮具，不但干净还很光亮。真皮沙发不能用水洗，每隔2个月需用清洁膏和保养剂对沙发进行全面清洁、保养。

（2）沙发局部有少许污垢时，使用牙膏、皮革清洁液效果非常好，不要使用去污粉及含酒精和腐蚀性物质的化学溶液。

（3）真皮沙发污垢严重时，会失去原有的光泽。如果污垢渗入真皮毛孔时，需用专用的皮革清洁膏甚至还要配用蒸汽清洗机清洁。使用时，先在不显眼处做一个试验，看其皮质是否褪色（有的真皮表层处理得不够好，会出现褪色现象）。

（4）如有胶状物质（如口香糖）粘在沙发上，可用冰袋或冰块将其冷却后，轻轻擦拭去除。

（5）圆珠笔或墨水痕迹污染到沙发时，可用较软的橡皮擦拭，为防止掉色，可在污痕处先滴几滴清水。

（6）如果有浅层小划伤，可以自己修补，先用棉签清洗划伤部位的灰尘，再用鸡蛋清（或配相应的水彩颜料），搅匀后反复涂抹，待干透后再擦上皮革保养剂。如划痕较大，使用皮革修补膏会更有效。

（7）磨砂皮沙发不能用以上清洁方式（除皮质上有油渍外），可用细铜刷轻轻刷拭，恢复其美观。

清洗过后，应给沙发上一层防护液，以防止污垢再次渗入皮质毛细孔里造成二次污染。

2. 真皮沙发养护

（1）最好不要放在会被阳光直射到的地方，也不要放在会被空调直接吹到的地方，否则会使皮面变硬、褪色。

（2）每隔2个月用皮革护理剂护理一次，先清洁再养护。

（3）不要用错护理剂，很多家具护理喷蜡的说明书上写着可以用于保养皮质沙发，其实家具护理喷蜡只能用来喷涂木质家具表面，不能喷涂在真皮沙发上，虽然看起来很有光泽，但会导致皮革制品的毛孔堵塞，天长日久，皮革便会老化而缩短其使用寿命。

【实操】 真皮沙发清洁养护

1. 操作准备 皮革清洁膏或清洁液，皮革护理剂或保养膏，海绵一块、干布两块。

2. 操作步骤（图2-37）

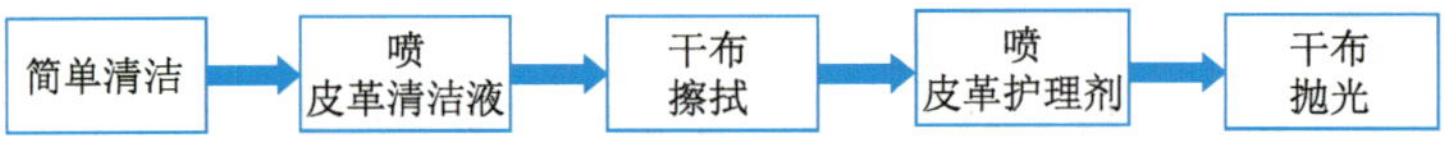

图2-37 真皮沙发清洁养护步骤

（1）简单清洁：用干布把皮沙发擦拭一遍，去除灰尘。

（2）往沙发上喷皮革清洁液。

（3）干布擦拭：用海绵来回擦拭，再用干布擦净，顽固污渍擦拭数次即可，无须过水（如是清洁膏，用海绵沾适量清洁膏擦拭皮具表面后，再用干布擦净）。

（4）喷皮革护理剂：往沙发上喷皮革护理剂直到微湿，用干布拭抹皮革护理剂，轻轻揉擦，切勿用力摩擦，按顺序拭抹每一部分，重复喷上护理剂以保持布料微湿直到完成护理程序，可还原皮革的延展性，从而延长沙发的寿命（如用保养膏，用干净柔软的毛巾或海绵蘸上膏体擦拭）。

（5）干布抛光：待其充分吸收后，用干布抛光（均要在不显眼处测试）。

（九）仿皮沙发

仿皮沙发没有毛孔，耐水、防刮性好，清洁比较简单。

一般污垢，可用拧干的湿抹布擦拭；较脏污垢，用抹布或海绵蘸洗洁精等洗擦；严重污垢，可用皮革清洁膏等擦拭，再用拧干的抹布擦净，令其自然阴干。勿大力搓擦，以免损伤表皮。最好在春、秋季节里各用一次皮革柔软剂（护理剂）。如果要增加光泽，可以打一层普通蜡。

（十）布艺沙发

布艺沙发具有柔和的质感，可拆洗和更换，而且布艺的色彩、图案十分丰富，为很多家庭所喜爱，但织物纤维容易滞留灰尘和脏物。

1. 布艺沙发清洁

（1）日常除尘，每周至少除尘一次，可先用吸尘器或软毛刷把浮尘去掉，再用湿毛巾（或浸过小苏打水）拧干后擦拭布面。吸尘器的除尘效果很好，但不要用吸刷，以防破坏纺织布上的织线，要避免使用特大吸力，否则可能导致织线被扯断。可以给吸尘器装上扁形吸头，将吸力调整至中强，清除沙发细缝里的灰尘。无论用哪种方式，沙发的扶手、坐垫和缝隙都是需要重点清洁的部位。

（2）对于局部污渍，用干净的白布蘸少量布艺清洁剂或地毯除渍剂，在脏处反复擦拭，直至污迹清除。为避免扩大污渍范围，最好从污渍外围向中心打圈抹擦。如果是不小心洒上饮料等，应立即清洁，用纸巾等将污物擦拭及吸出，余渍再用清洁剂清除。切勿大量用水擦洗，以免水渗入沙发内层，造成沙发里面框架受潮、变形，也容易滋生霉菌。

（3）布艺沙发整套清洗较简单，需按照布料材质选用合适的洗涤方法（机洗、手洗、干洗），洗涤时注意布料上有雌雄扣要扣好；需干洗的不能水洗（如丝绒材质、亚麻材质），以防缩水或褪色。

2. 布艺沙发养护

（1）新品购入及每次换上清洁布套时，可先喷上防污剂。

（2）布艺沙发起毛球或有松脱线头，不可用手扯断，应用剪刀剪平。

（3）慎熨烫，熨平时要考虑布料的材质，熨护套内侧较好，有些弹性护套是免熨的。

（4）为防脏防磨损，可用沙发垫来保护沙发，沙发垫可翻转换用，每周翻转一次，使磨损均匀分布；还可以用沙发巾或护罩来避免弄脏沙发，减轻对布面的直接摩擦和沾污。

二、门窗的清洁保养

门窗清洁保养的项目如图 2-38 所示。

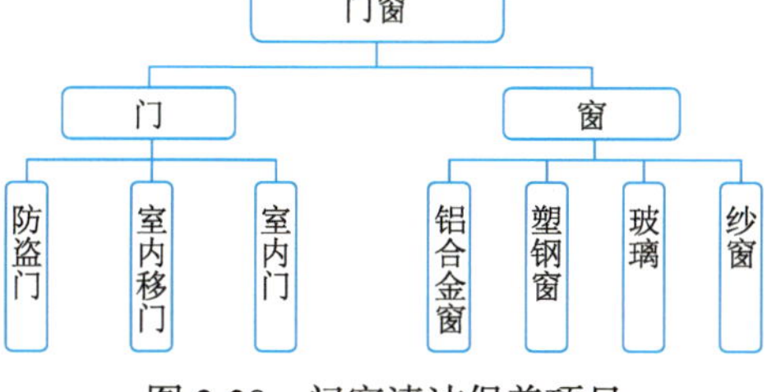

图 2-38　门窗清洁保养项目

（一）门

门是房屋建筑的非承重维护构件之一，其主要功能是交通出入、分隔和联系室内外空间，有时兼有通风和采光的作用。根据建筑物的功能要求和所处的环境，还应具有保温、防盗、隔声等作用。

1. 防盗门

（1）防盗门一般都是钢材质门，按照先母门后子门、先框后门、从上到下的操作顺序保洁。可先用干抹布擦拭门框、门顶端，用掸子掸去门框、门表面的浮尘，再换拧干水的干净抹布擦拭门框和门的其他部位，最后干布擦干。因门框、门顶端系平面，较易积尘，故擦拭过门框和门顶端的抹布不能再擦拭门的其他部位，以防止再次污染。对于抹布很难清洁到的细小缝隙，用油漆刷、旧牙刷等将缝隙里的灰尘清理干净。不要忽略了猫眼、门把手等部位的清洁。

（2）如果有污垢，可用洗洁精、多功能清洁水等中性清洁剂擦拭污渍，再用拧干的清洁抹布擦拭，最后用干布擦干，也可用白醋或稀氨水来清洁。禁用汽油、天那水等清洁。不要使用钢丝球等硬物清洁，以防划伤门。

（3）门上的各种胶，可用花露水或风油精擦拭，万能除胶剂效果更好。

（4）门锁不好开，可用铅笔芯粉末润滑，禁用植物油、润滑油。如果锁具舌头卡门，可在锁具舌头上涂抹肥皂。

（5）合页、锁等经常活动的配件发生松动时，应立即拧紧，合页位置发出响声时应及时注机油加以维护保养。

2. 室内移门 多为木质移门，且多镶有玻璃装饰，以增加美感和透光度；也有玻璃移门，用铝合金或塑钢镶边。一般安装在厨房、卫生间、浴室，易脏、污垢多，不好清洁；若安装在阳台或餐厅，则较好清洁。

日常清洁时，用柔软的干抹布擦拭门套、移门。污渍可用稀释后的全能清洁剂或家具专用清洁剂擦拭。门封毛条的积灰可用吸尘器吸去。如果镶有玻璃，擦玻璃时，不要把水或清洁剂渗入到玻璃压条缝隙内。

保持底部滑槽（轨道）的清洁，防止异物进入，尤其是硬物，如有杂物及尘土，可用毛刷、吸尘器等及时清理，不得留有垃圾，保证移门开合顺畅。

如果门板为木质或烤漆板材，定期打蜡是保持表面鲜艳亮丽的有效方法。

3. 室内门 种类多，多为推拉式门，不易受到污染，比较好清洁。日常用干抹布擦拭，包括门套、门、拉手、五金合页。轻微污渍（如手印），可采用微湿软布擦拭，如污渍较重，可用稀释后的全能清洁剂等中性清洁剂清洁。

（二）窗

目前窗户的材质多为铝合金、塑钢窗和断桥铝合金窗，木质窗和钢质窗很少使用。

1. 铝合金窗

（1）窗框要保持清洁，特别是拉槽的清洁，可用吸尘器、小刷、抹布等除去槽内和密封毛条的积灰。不要堵塞拉槽内的排水孔。

（2）可用抹布蘸清水或中性清洁剂拧干后擦拭，不要用普通肥皂和洗衣粉，更不能用去污粉、草酸等强酸碱性的清洁剂，这样会腐蚀型材表面。不要用钢丝球等工具擦洗。

（3）铝合金窗如因氧化而生锈时，可用小刀将铝锈轻轻刮去，再用肥皂水洗干净，干布抹干，打上蜡油之后用干布擦亮，则能光滑如新。窗框上如出现一些白点，适宜用最细水砂纸摩擦，腐蚀造成的白点即可消除。

（4）厨房的铝窗框长期受油污作用会逐渐变黄，去除这些黄渍时可用棉布蘸取煤油擦拭，再用洗洁精洗涤，最后用清水冲洗即可。

（5）如果窗户长久使用推拉有困难时，可加少许机油等以减少摩擦。擦窗户时，不要踩到窗框上。

链接

铝合金窗与断桥铝合金窗

铝合金窗由普通的铝合金型材制作，没有隔热条，易导热，保温性差。断桥铝合金窗是为了提高门窗保温性能而在铝合金窗的基础上推出的改进型，断桥铝合金窗的原理是利用 PA66 尼龙将室内外两层铝合金既隔开又紧密连接成一个整体的隔热型的铝型材（图 2-39，图 2-40）。

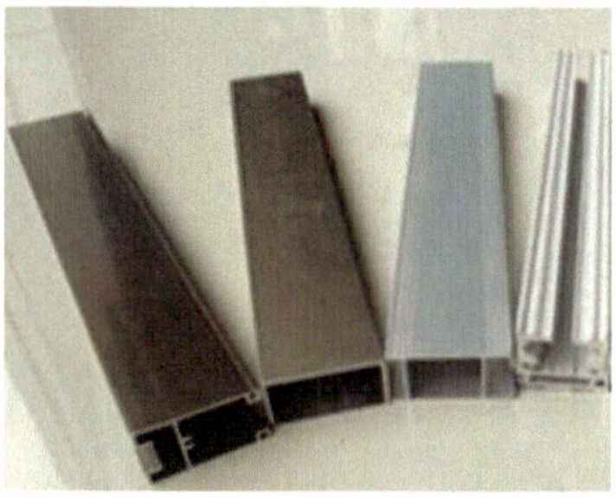

图 2-39　铝合金

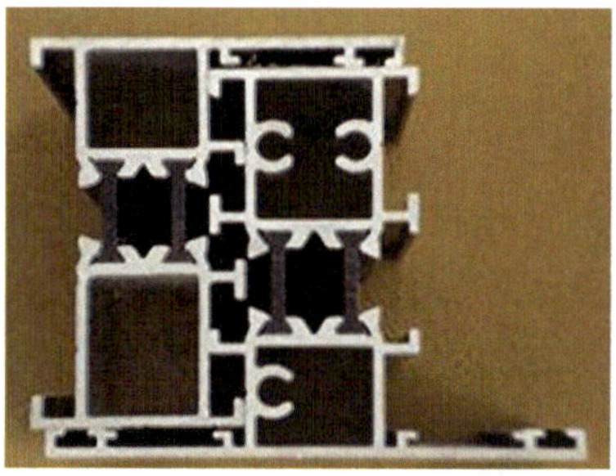

图 2-40　断桥铝合金

2. 塑钢窗

（1）定期清洁，保持窗框清洁，用吸尘器等吸去槽内和门封毛条的积灰，及时清理框内侧颗粒状杂物等。

（2）塑钢窗耐酸碱，可用肥皂水等普通洗涤剂清洁，但不要用强酸或强碱溶液进行清洗，这样不仅容易使型材表面光洁度受损，也会破坏五金件表面的保护膜和氧化层而引起五金件的锈蚀。

（3）如果沾染了油渍等难以清洗的东西，可以用洁而亮等中性清洁剂擦洗，也可用 1：10 的氨水溶液擦洗；对于黑垢、锈垢、氧化垢等严重污垢，可用专业的塑钢清洁剂。

3. 玻璃　窗户中的玻璃有单层玻璃、普通双层玻璃、中空玻璃、三层玻璃、真空玻璃五种类型。普通双层玻璃的两块玻璃间没有采取有效的密封措施，容易进入水气，造成玻璃不够透明；中空玻璃密封性较好，性能优于普通双层玻璃。现在用户多用普通双层玻璃、中空玻璃。

（1）使用双面擦玻璃器清洁玻璃：双面擦玻璃器是居住在高层的业主必不可少的家用擦玻璃工具，可以很方便地利用它来打扫家庭卫生。使用双面擦玻璃器应注意如下事项。

1）不能擦拭涂层镀膜玻璃，会造成刮条损伤，玻璃擦不干净。所擦玻璃厚度不能超过擦玻璃器所规定的尺寸，不同厚度的玻璃选择对应的擦玻璃器。有单层玻璃擦窗器（对应玻璃厚度为3～5毫米），双层玻璃擦窗器（对应玻璃厚度为14～24毫米）及三层玻璃擦窗器（对应玻璃厚度为20～30毫米）等。

2）如果是磁力可调的擦玻璃器，两片吸合时，不能调整磁力。

3）冬天擦玻璃时，如果有结冰现象，可以在清洁剂中加盐或酒精或玻璃水来防止水结冰，如果气温太低，可以用抹布直接蘸白酒擦拭。

4）由于双面擦玻璃器含有磁性，请远离电视、电脑、磁卡、手机、手表等电子电器及金属物品。使用后要清洗晾干，避光保存。

（2）其他擦玻璃的工具：有U形高楼安全擦窗器、伸缩杆刮擦玻璃器（图2-41A）、全自动擦玻璃器（遥控控制，图2-41B）。

A B

图2-41　擦玻璃器

A. 伸缩杆刮擦玻璃器；B. 全自动擦玻璃器

链接

为什么可以用报纸擦玻璃

因为报纸具有较好的吸水性，同时不会像毛巾一样掉毛，把报纸揉成团使用比叠整齐效果更好。

4. 纱窗　把纱窗卸下来之后，把它带到卫生间，斜放后，一面用水冲一面用毛刷刷除灰尘，然后翻过来把另一面也刷一下，沥水晾干后装上。

油污的厨房纱窗，必须卸下来，放在卫生间的地上，用钢丝球或刷子蘸热的洗洁精水擦，一面擦过后，再擦另一面，用水冲净晾干后装上。

卸不下来的纱窗，可用毛刷从纱窗上端开始，从左到右，一直刷到纱窗的下端，刷去两面的浮尘；再用两块海绵沾上清洁剂，从两面夹住纱窗的同一部位把纱窗擦完，最后用涮净的海绵再擦一遍。也可将一张报纸贴在纱窗一侧，然后用清洁剂喷洒整个纱窗，既不用担心清洁剂会喷出去，报纸还可以吸附清洁剂溶出的脏物，过几分钟后，把报纸拿掉，将纱窗擦拭干净即可。

【实操】　擦窗户

1. 操作准备　双面擦玻璃器、水盆、洗洁精或玻璃清洁剂、干湿抹布各两块、铲刀、刷子等。

2. 操作步骤（图 2-42）

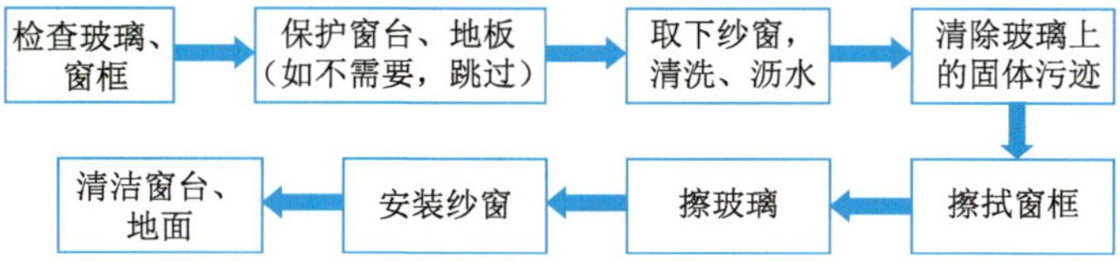

图 2-42　擦窗户操作过程

（1）检查玻璃、窗框：检查玻璃是否破裂、松动，玻璃框是否紧固；移开窗台上的花盆等物品。

（2）保护窗台、地板：观察窗台、地板是否怕水，是否需要保护，如果是实木等高档材质，可用干净的旧床单铺设来保护。

（3）取下纱窗，清洗、沥水：用清水或洗洁精洗净后，沥水。注意有的纱窗使用的时间较长，很易撕破，因此，清洗时要轻柔。如果纱窗不能卸下，可将不穿了的旧丝袜罩在吸尘器的口上，沾上水后吸尘即可，或参见前面所述方法。

（4）清除玻璃上的固体污迹：玻璃上如果有难以清除的污渍，如鸟粪、油漆、涂料等用铲刀铲除。

（5）擦拭窗框：把窗框从上到下全面清洁，尤其是下部的玻璃槽最脏，用刷、铲、擦、吸等办法把玻璃槽擦干净。

（6）擦玻璃：观察玻璃厚度，选择对应的双面擦玻璃器，将安全绳套在手腕上，把双面擦玻璃器浸泡在兑好玻璃清洁剂的水里，让双面擦玻璃器的两片白色内面棉片都沾满水。两片玻璃擦需保持一定的距离，以防吸附在一起，如图 2-43 所示。

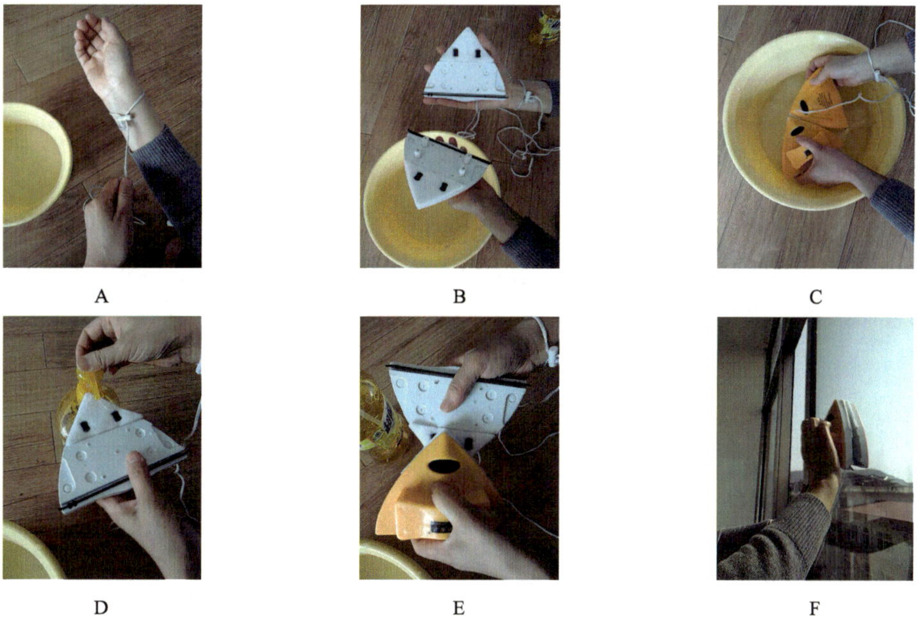

图 2-43　双面擦玻璃器使用方法

A. 将安全绳绑到手上；B. 双手打开擦玻璃器；C. 泡入水盆浸湿棉片；D. 滴上少许洗涤剂；E. 均匀摩擦涂匀洗涤剂；F. 将两片分别置于玻璃内外

保证擦玻璃器的连接绳子牢固无损，然后把带有绳子的那一片擦玻璃器放到玻璃外面并用手按住玻璃器，接着把另一片贴在内玻璃上对准外面的擦玻璃器，两片吸在一起。

擦拭时，必须将窗户关严，然后沿着玻璃的边框开始拖动擦玻璃器，由于磁铁的吸附力，要使劲才能拖动，但又不可用力过猛，否则会让擦玻璃器掉落。

在用擦玻璃器擦玻璃时，一定要保证擦玻璃器的棉片在前，橡胶刮片在后，从上到下刮擦，不要往回倒退，且擦玻璃器与上次擦过的痕迹重叠 3 厘米左右，速度均匀。如外面一片滑开，取回时要先拉住安全绳，再开窗。

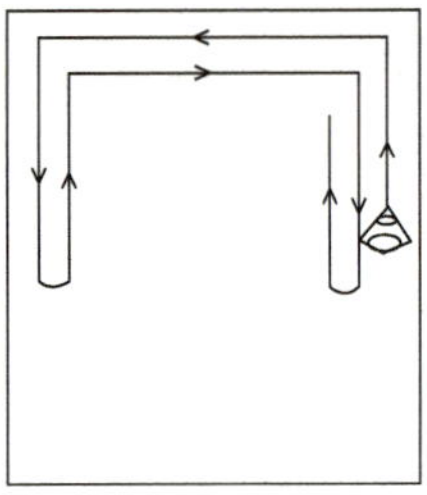

图 2-44　擦玻璃路径示意图

擦玻璃边缘时，擦玻璃器沿窗框的边缘刮擦玻璃；擦玻璃角落时，擦玻璃器贴近玻璃直角转弯，利用擦玻璃器尾部刮净玻璃；擦拭玻璃时，可采用倒 U 形路径刮擦（图 2-44），收尾时可采用 C 形路径。

（7）擦完后，检查玻璃是否擦干净，不干净的地方，用抹布局部擦拭。安装纱窗。

（8）清洁窗台、地面：把窗台、窗槽、地板擦拭干净。

链接

如果是擦高层玻璃，身体重心不要探出窗外，如果需要探出，必须采取安全措施。

第 4 节　地面与墙面的清洁保养

一、地面的清洁保养

居室地面的清洁与保养是居室保洁的重要内容，根据地面的材质，采用吸、扫、拖、擦等方式，对地面的灰尘、污垢进行清除，保持地面整洁，并加以保养，从而延长地板的使用寿命（图 2-45）。

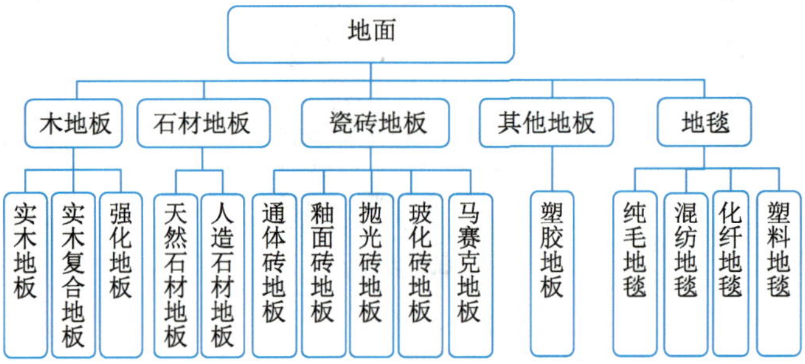

图 2-45　地面分类

（一）木地板

目前市面上的木地板按结构和材料，大致可分为实木地板、实木复合地板和强化地板三大类。

1. 实木地板 由天然的木材加工而成，其档次可根据木板条的树种、花纹和色差来区分。优点：基材天然环保、纹理自然、脚感好、舒适、保温性好、耐用。缺点：容易划伤、怕水、不易打理、铺装复杂、稳定性不够好、价格相对较高。

在实木地板铺装好之后需要经常清洁保养，否则地板表面的光泽很快就消失，而且易划伤、脏污，不便清洁。除了平常多对木地板进行吸尘、去污保洁之外，还要定期对木地板进行打蜡养护。

（1）实木地板的清洁

1）日常除尘，可用吸尘器、尘推（喷上牵尘剂）、抹布、平板拖把或甩桶拖把等擦地。用抹布或拖把时，要拧干或甩干。

2）如有污物，可用过期牛奶、淘米水、茶水等清洁，还可用全能清洁剂等中性清洁剂清洁，用完后要用拧干的干净抹布或拖把再擦一遍，去掉残留（残留洗涤剂和水分会导致地板表面泛白、鼓胀）。地板缝或墙角等不易清理的地方，可用旧牙刷蘸清洁溶液刷洗。不能用碱性、酸性液体来擦洗，以免破坏油漆的光亮度，损坏漆膜。

3）可用专用的木地板清洁剂（如天然橙油）清洁地板，效果好，不用过净。

4）要除去木地板上的黑色橡胶磨痕或其他用水不能清除的污痕，可用软布蘸低浓度的酒精或少许白酒擦去。

【实操】 实木地板日常清洁

1. 操作准备 扫帚、簸箕、甩桶拖把、抹布、茶水（中性清洁剂）。

2. 操作步骤（图 2-46）

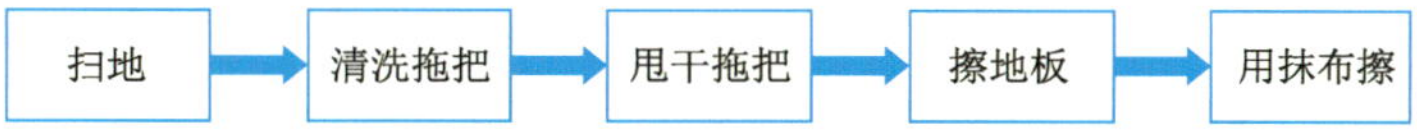

图 2-46 实木地板日常清洁步骤

1）扫地：用扫帚清扫地面，用簸箕收走垃圾。

2）清洗拖把：用甩桶拖把时，桶里的水不要超过桶内水位标记，将拖把开关打开，将拖把垂直放入脱水桶的清洗槽内，轻轻地上下施压（或脚踩），启动后再加速 3～6 下即可，清洗布盘。

3）甩干拖把：清洗完毕后，将拖把垂直置于脱水桶，上下施压（或脚踩），脱水。待脱水槽完全静止后，调整拖把杆至合适高度，将开关锁紧，即完成拖把的清洗脱水。

4）擦地板：压低拖把杆，开始擦地。擦完地后，清洗拖把。

5）用抹布擦：如果要求地板更干净，需用干净抹布擦地板（图 2-47）。把抹布用清水或茶水（中性清洁剂）清洗

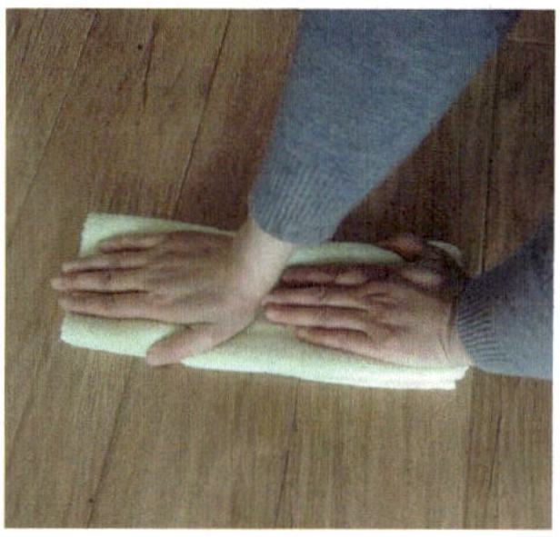

图 2-47 抹布擦地板

拧干后叠成长条，双手与肩同宽，完全压在抹布上，按 S 形朝一个方向擦拭地面，不要往返擦拭，会导致灰尘再次附着。抹布一面脏了以后，再换一面，总体脏了以后，再去清洗。

（2）实木地板养护

1）室内环境不能过于潮湿或干燥，否则木地板容易发生开裂、起拱、翘曲或变形等。

2）实木地板怕划、怕水、怕沙粒、怕火、怕烤，需要细心保养。

3）最重要的是要定期对木地板进行养护，使用地板蜡或地板保养精油养护地板能使地板滋润光泽、去污防污、防潮防霉、修复防刮、易于清洁。打蜡的方法如下所示。

A. 打蜡前，用中性清洁剂或专用木地板清洁剂将地面擦干净；地面干燥后，在房间的角落等不醒目之处局部试用地板蜡，确认地板没有异常。

B. 用胶带纸等将墙踢脚线和家具腿遮盖。

C. 用干净的抹布或蜡拖充分浸蘸地板蜡，以不滴落为宜。顺着地板的木纹方向仔细涂抹，保持薄厚均匀。等稍干后用不掉绒的干软布在地板上来回擦拭，使地板光亮。

D. 如果有抛光机，等蜡面彻底干燥后，用高速抛光机配合抛光垫匀速地抛光到表面光亮即可，这样更亮更坚固（最好使用免擦高光面蜡，不用抛光）。

打蜡注意事项如下所示。

A. 天气晴朗时，居室开窗打蜡。

B. 地板蜡完全干燥后，再等 20 分钟到 1 小时后才能在地板上行走。

C. 如果采用两次打蜡，第二次打蜡时，要在第一次地板蜡完全干燥后进行。

【实操】　用精油养护实木地板

1. 操作准备　扫帚、簸箕（或吸尘器）、木地板清洁剂、木地板保养精油、专用平板拖（蓝色纤维布一块，白色纤维布两块）。

2. 操作步骤（图 2-48）

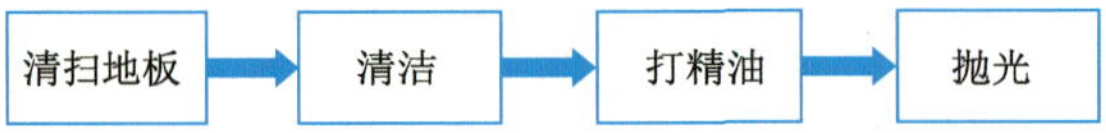

图 2-48　精油养护实木地板步骤

（1）清扫地板：用扫帚、簸箕（或吸尘器）把能去除的垃圾去除并移动可移物。

（2）清洁：在地板上喷洒专用的木地板清洁剂，用夹蓝色纤维布的专用平板拖擦拭，清洁地面，不用清水过净。

（3）打精油：地板干燥后，把木地板保养精油喷在地面上，用夹白色纤维布的平板拖或抹布把精油擦匀。

（4）抛光：5～10 分钟后，用平板拖（另换一块干的白色纤维布）擦亮地板。

链接

木地板保养精油

木地板保养精油又称地板油、地板油精、木地板精油、木质精油、木质油精。有的木地板保养精油只能用于清洁地板（如橙油），有的木地板保养精油只能用于养护地板，有的木地板保养精油既能清洁又能养护地板，购买、使用时需看说明书。木地板保养精油有防刮伤、防干裂、防潮去污等作用，可有效延长地板的使用寿命。

2. 实木复合地板 是在不破坏木质结构的基础上，每一块地板由三层（或多层）实木用高强度黏合剂黏合而成。

实木复合地板的表面选用硬质木材，如柞木、水曲柳等，中层和底层选用杨木、松木等软质木材，使地板具有弹性，脚感好，还起到防潮、防腐烂的作用。三层实木纵横交错，尺寸稳定性好，避免了实木地板易变形的缺点，因此，即便是安装了地暖，实木复合地板寿命依然长久。其安装、维护、保养相对于实木地板较简单，具有环保优势，性价比高，但没有实木地板舒服，脚感没有实木地板好。清洁、养护等仿照实木地板。

3. 强化地板 由高密度板或中密度板制作而成。它一般是由四层材料复合而成，表层是一层很薄的三氧化二铝的耐磨层；下一层是装饰花纹层，用有木质花纹的纸加工而成；再下一层基材层是强化木地板的主体层，采用高密度板或中密度板；最底层即防潮层，一般采用聚酯材料。

强化木地板的优点：花纹品种较多、色泽均匀、耐磨性好、具有更高的阻燃性、耐污染、耐腐蚀、尺寸稳定性好、铺设方便、便宜。缺点：脚感差，没有实木地板踩上去舒服，胶黏剂中含有甲醛等化学品，不是特别环保，可修复性差，一旦损坏，必须更换，使用寿命短。强化地板清洁及保养事项如下所示。

（1）防水，保持地板干爽。不要用水冲洗地板，避免地板长时间浸水。

（2）门口可放蹭脚垫，防止脚下的沙粒对地板磨损。搬放重物或家具时不可强行拖拉，避免划伤地板。

（3）日常清洁，只需半干的拖把拖净即可。它的耐磨层面会避免污垢和尘埃影响地板，只需用吸尘器或是半干的拖把擦拭就能保持光洁。

（4）特殊污渍，使用中性清洁剂清洁。

（5）强化复合地板不需要打蜡。

（二）石材地板

石材地板种类很多，可分为天然石材地板和人造石材地板两大类。

1. 天然石材地板 天然石材有大理石（图2-49）和花岗岩（图2-50）等，由于其坚

A B

图2-49 大理石

A. 深色；B. 浅色

图2-50 花岗岩

固、耐磨、色彩丰富、豪华典雅，常用于如地板、窗台台面、灶台台面、洗漱台台面、墙面的装修，但是价格较贵，在酒店、宾馆等场所用得较多。

（1）天然石材地板清洁（图 2-51）

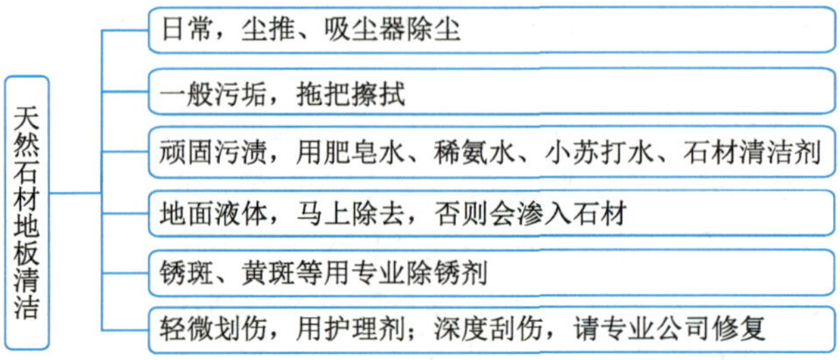

图 2-51　天然石材地板清洁

1）定期为石材地板除尘，最好一天一次，可用尘推或吸尘器除尘。在出入口上放置门垫以防泥土带入。

2）如有污垢，可用清水或温水洗净的拖把擦拭地板。为防水斑，切忌用水直接冲洗和用过湿的拖把拖地。

3）对于顽固污垢，可使用中性清洁剂如肥皂水、稀氨水、小苏打水、石材清洁剂擦拭，然后用拧干的干净毛巾擦净，再用干布抹干。切记不能使用强酸清洁大理石，不可使用硬刷子或钢丝球刷洗地板。

4）水、果汁、饮料等各种液体洒落在大理石表面上要立即清除，如不及时清理就会渗入石材，甚至留下永久的痕迹。对于形成的污渍，可用小苏打加水喷在受污染的部位，然后上面覆盖保鲜膜（周围用胶纸封上），过几个小时后去掉胶纸，清洗污染部位的残余物，就可达到去污的效果。

5）如有锈斑、黄斑等则采用专业除锈剂敷盖、浸润去除，或请专业公司清洁。

6）对于轻微擦伤，可用专门的石材清洁剂和护理剂修复。石材地板上的深度刮伤，最好请专业的清洁公司修复，一旦发现要及时处理。

（2）石材地面保养

1）结晶处理（专业养护）：现在替代石材抛光打蜡的是石材结晶抛光，晶面处理是目前最好的石面保养方式。石材在结晶处理后，可增加石材表面硬度及亮度，其孔隙不会完全封闭，石材依旧可以里外透气，不易变质，具有一定的防水、防污、防滑作用。对石材表层进行晶硬处理，保持度较一般蜡水高 3～5 倍，且无须起蜡及补蜡等复杂保养工序，长期使用能节约人力物力。

石材结晶是将晶面处理剂与物理研磨方法相结合的一种养护措施，即将晶面处理剂利用重型研磨设备旋转磨压，在化学和物理双重作用之下，使地面表层形成坚硬致密的晶硬结晶层，令石面不易受损，也不易沾染污渍，从而确保石材的本质特性。一般情况下，花岗岩地面两年做一次这样的保养即可；大理石地面由于质地的差异，一般两个月左右就要做一次这样的保养，具体时间要视大理石表面磨损的程度而定。

2）家庭石材地板养护：家庭石材地板多使用大理石，如果做简单养护，可用市面上买到的大理石保养剂养护。一般一个月做一次保养，使用后能增加光泽，不易沾灰，不打滑，方便日常清洁，可有效防止日常生活中对地面的磨损和划伤，延长石材的使用寿命。该养护方法适用于花岗石、大理石、人造石材、瓷砖。

【实操】 家庭大理石地板养护

1. 操作准备 石材清洁剂，石材护理精油，抹布或平板拖把。

2. 操作步骤（图 2-52）

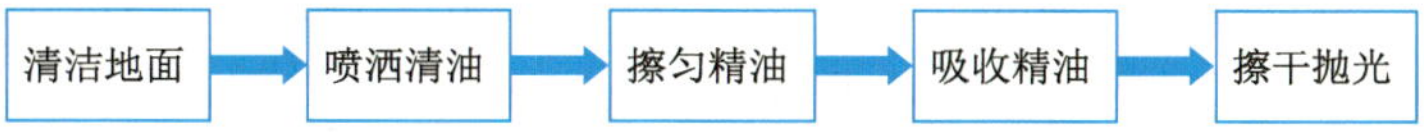

图 2-52 家庭大理石地板养护步骤

（1）清洁地面：使用平板拖把或抹布配合石材清洁剂清洁地面，使地面干净、干燥。

（2）喷洒精油：使用前轻轻摇动精油，激活石材护理精油中天然活性成分，喷于石材表面。

（3）擦匀精油：用抹布或平板拖把将地面上的精油擦拭均匀。

（4）吸收精油：等 1～2 分钟，让地面吸收精油。

（5）擦干抛光：用干布或干净的平板拖把将表面未吸收的护理精油擦干抛光即可。

2. 人造石材地板 是以天然大理石或者花岗岩、玻璃粉等无机粉料为填充料，用不饱和聚酯树脂作为黏合剂，经过搅拌成形、研磨及抛光后制成。人造石材厚度薄、重量轻、用途广泛、加工性能好，在防潮、防酸、拼凑性、柔韧性、耐磨性等方面都有长足的进步；但人造石材硬度小，自然性显现不足，纹理相对较假；多用于厨房、卫生间的台面，大楼的立柱，还可以浇铸成各种雕塑性饰品。人造石材一般指人造大理石和人造花岗岩，其中以人造大理石应用较为广泛。人造大理石地板清洁如下所示。

（1）人造大理石是实体、无毛细孔的紧密材料，具有抵抗各种污渍侵蚀的特征，大部分的污渍如食物、食用油、酱油、醋、酒精、鞋油、墨水等都不会对人造大理石造成威胁。人造大理石地板维护方便，无须打蜡。

（2）日常清洁，可以使用湿布擦拭干净，对于那些较脏的污渍或者刮伤可以使用洁而亮、去污粉擦拭。

（3）严重污渍、烟头烫伤或少量割痕，可以使用细砂纸加水去除，并用上光蜡抛光即可。

链接 怎样鉴别天然大理石和人造大理石

天然大理石色泽比较透亮，有大面积的天然纹路。而人造的大理石颜色比较混浊，并且没有纹路。滴上几滴稀盐酸时，天然大理石会剧烈起泡，人造大理石则起泡弱甚至不起泡。

（三）瓷砖地板

瓷砖是以耐火的金属氧化物及半金属氧化物，经过研磨、混合、压制、烧结的过程，形成的一种耐酸碱的瓷质或石质的建筑或装饰材料。

1. 瓷砖分类 瓷砖按其制作工艺及特色可分为釉面砖、通体砖、抛光砖、玻化砖及马赛克。不同特色的瓷砖有各自的最佳用途。

（1）通体砖地板（图 2-53）：表面不上釉，正面和反面的材质和色泽一致，因此得名。通体砖硬度高，比较耐磨，但其花色比不上釉面砖，一般用于厅堂、过道等场合。

（2）釉面砖地板：表面经过烧釉处理的砖。一般来说，釉面砖色彩和图案丰富，有防污、防滑的作用。但因为釉面砖表面是釉料，所以耐磨性不如抛光砖。一般用于墙面、地面。依光泽不同，又分为亚光和亮光两种，亚光砖相对亮光砖容易吸脏，不好清理，但污渍不会渗到釉面内，用常见的清洁剂就可去除，厨房、卫生间多选用亮光釉面砖（图 2-54）。

（3）抛光砖地板：属于通体砖的一种，表面比通体砖光洁得多，很多抛光砖兼具了玉质的通透，石质的纹理，花色较单一，多为浅色。抛光砖坚硬耐磨，适用范围广。抛光砖不耐脏，不宜在厨房、卫生间使用，适合客厅、阳台、外墙装饰等场合。

（4）玻化砖地板：胎体白净、声音清脆，是一种高温烧制的瓷质砖，玻化砖比抛光砖的工艺要求更高，玻化砖就是强化的抛光砖，表面如玻璃表面一样光滑透亮，是所有瓷砖中最硬的一种，它在吸水率、耐酸碱性等方面优于釉面砖；缺点是防滑、防污性不如釉面砖，由于孔隙外露，油污、灰尘等容易渗入，有污垢时最好及时清洁，适用于客厅、卧室等场合。

（5）马赛克地板（图 2-55）：学名为陶瓷锦砖，是一种特殊存在方式的砖，耐酸、耐碱、耐磨、不渗水、抗压力强、不易破碎、小巧玲珑、色彩斑斓。缺点是缝隙多、难清洁，厨房避免使用。它已被广泛使用于室内小面积地面、墙面（卫生间）和室外墙面及地面。

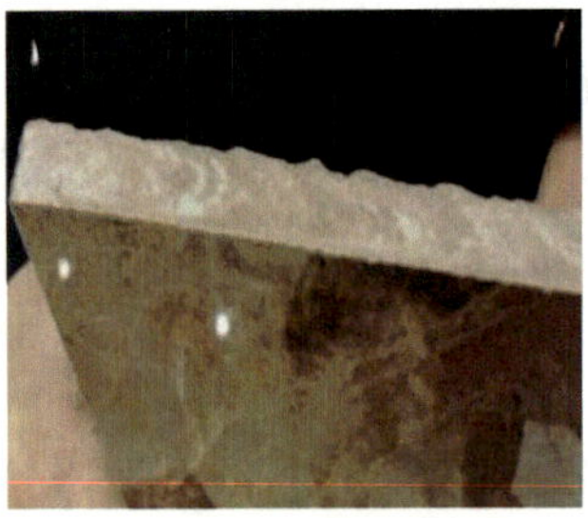

图 2-53 通体砖

图 2-54 釉面砖

图 2-55 马赛克

2. 瓷砖地板的日常清洗及保养

（1）瓷砖地板日常清洁，一般情况下只需要用半湿抹布或拖把擦拭即可。

（2）一般污垢，可选用洗洁精、肥皂、小苏打、洗衣粉等清洗。如果长期使用肥皂清洁，偶尔用白醋稀释后清洁地面，可使地面光亮。用肥皂加少许氨水与松节油的混合液清洗瓷砖可使瓷砖更有光泽，也可使用专门的瓷砖清洁产品，如洁瓷剂、瓷砖清洁剂、去污粉等，效果很好。

（3）砖面如出现浅度划痕，可在划痕处涂抹稀草酸、牙膏或洁而亮，用软刷刷、干布擦即可修复，也可用地砖修复剂修复划痕。

（4）砖与砖缝隙处污垢，可用旧牙刷蘸食碱、清洁剂或去污膏等去除，再在缝隙刷一层防水剂，可防霉菌生长，或使用美缝剂，形成光洁面，再不易沾污垢。

（5）茶渍、果渍、咖啡、酱醋、皮鞋印、墨水、霉点等污渍可使用 84 消毒液稀释液，使用时，浸泡 20～30 分钟后用布擦净、过净；有些渗入砖内时间较长的污渍，需浸泡几个小时。

（6）水泥、水垢、水锈、锈斑使用磷酸或草酸等稀溶液，多擦几遍，清水过净。

（7）油污、冰淇淋、油性记号笔、表面防污蜡层使用碱性清洁剂（如食用碱）可以去除，油漆、胶等可用天那水去除。

（8）铁锈可用 2%的草酸溶液洗涤去除，然后用清水擦净。用 3～4 粒维生素 C 药片碾成粉末后，撒在地板砖表面，然后用水搓洗几次，也可去除铁锈渍。如是铁锈陈渍，可用 10%的草酸、柠檬酸加水混合将锈处浸湿擦拭，然后用浓盐水再擦一遍即可。如有鲜柠檬，可榨出其汁液滴在锈渍上用抹布揉擦，反复数次，直至锈渍除去，再用肥皂水洗净。

（9）抛光砖、玻化砖可定期对其打蜡处理，时间间隔以 2～3 个月为宜。打蜡时，先用除蜡剂除去旧蜡，再用蜡拖将水性蜡均匀涂在地砖上，蜡完全晾干后再行走。

清洁瓷砖应注意如下事项：

（1）使用草酸等有腐蚀性的清洁剂时要戴手套。

（2）高质量瓷砖用布与清水清洗就可以。尽量少用或不用其他化学制剂。

链接

扫地和扫床单时在笤帚或扫帚上套上旧丝袜，既可减少扬尘又可将头发、皮屑等吸在丝袜上，清洁效果更好。

（四）其他地板

塑胶地板是 PVC 地板的另一种叫法，其主要成分为聚氯乙烯材料。PVC 地板大致分为两种，一种是同质透心的，从底到面的花纹材质都一样；另一种是复合式的（图 2-56），其表面是纯 PVC 层，下面加上印花层和发泡层。PVC 地板由于其花色多样、色彩丰富而被广泛用于家庭、学校、商业等场合。其优点是环保再生、耐磨、防滑、保温、耐酸碱腐蚀、施工简单及保养方便，其缺点是施工基础要求高、怕烟头烧伤、非天然材质及怕利器划伤。

图 2-56 复合 PVC

PVC 地板的保养非常方便，地面脏了用拖把擦拭即可。如果想要保持地板持久光亮，只需定期打蜡维护即可，其维护次数远远低于其他地板。PVC 地板的清洁养护方法如下所示。

（1）防止砂石划伤，在使用 PVC 地板的房间门口放置一块砂石防护垫子，预防鞋子将砂石带入房间将地板表面划伤。

（2）日常清洁，使用干净的拧干的拖把清洁地面。如果局部有顽固污渍，可用肥皂水或洗衣粉水、去污粉（中性或弱碱性清洁剂）等擦洗，特别脏的地方可用软刷子刷，用清水洗净的拖把擦净残留清洁剂。

（3）黑色皮鞋印等难以清除的污渍可以使用抹布蘸松香水擦拭，不可将松香水倒在地板上清洁，擦拭后要补蜡养护。

（4）同质体的 PVC 地板可一个月打蜡一次。

（5）防水，避免大量的水长时间滞留在地板表面，否则可能会渗入地板下面使地板胶溶化失去黏结力。

图 2-57 地毯

（五）地毯

随着人们生活水平的日益提高，越来越多的家庭使用地毯（图 2-57）。地毯有很多优点，具有弹性好、吸音、防滑、隔音等作用，而且色彩丰富，图案多种多样，可让整个房间看起来高雅、美观、舒适、温馨。地毯的最大缺点是清洗麻烦。它多用于家庭、宾馆、写字楼、酒店、会议室、宴会厅、住宅等场所。

1. 地毯的分类 根据材质的不同可分为纯毛地毯、混纺地毯、化纤地毯、塑料地毯等。

（1）纯毛地毯：多采用羊毛为主要原料，其优点是手感柔软、有光泽、回弹性好、保温、抗静电；其缺点是价格较高，容易发霉或被虫蛀，易变形。家庭使用一般选用小块羊毛地毯进行局部铺设。

（2）混纺地毯：由纯毛和化纤按一定比例制作而成。例如，在羊毛纤维中加入 20% 的尼龙纤维混纺后，可使地毯的耐磨性提高 5 倍，装饰性能不亚于纯毛地毯，并且价格降低。

（3）化纤地毯：也称为合成纤维地毯，品种极多，有尼龙（锦纶）、聚丙烯（丙纶）、聚丙烯腈（腈纶）、聚酯（涤纶）等不同种类。纯化纤成分的地毯一般在中低档的写字楼、娱乐场所等场合使用较多，有质量轻、色彩鲜艳、耐磨、不易霉变、不易被腐蚀、不易脱毛、不易褪色、易反复清洗、易干燥、不起皱、防虫蛀及价格低等优点，其缺点是回弹性差、保温性较差、易燃、易产生静电及易吸附灰尘。

（4）塑料地毯：也被称疏水毯，是极为常见的一种，它具有防水、防滑、易清理的特点，通常用于门口及卫浴间。

2. 地毯的清洁

（1）日常除尘，最好每天都用吸尘器对地毯进行吸尘处理，每周两次也可，至少每周处理一次，不要让灰尘进入地毯深底部。

（2）整体清洁

1）小块或大块地毯：化纤地毯可用低泡地毯清洗剂水洗、晾干。纯毛地毯不可用水洗，可拿到室外，在日光下晾晒，注意将地毯翻过来晾晒（不要暴晒），挂在绳子上用细棍拍打，将灰尘尽量除去，这样也可以有效杀灭地毯上的螨虫；如果地毯很脏，可用毛巾蘸取稀释后高泡地毯清洗剂一点一点擦洗并晾干，最好拿到干洗店干洗。

2）满铺地毯：化纤地毯需使用多功能洗地机配稀释后的低泡地毯清洗剂清洗，同时用吸水机吸干污水，最后使用吹风机吹干地毯。如果是纯毛地毯，需使用多功能洗地机配稀释后的高泡地毯清洗剂清洗，待地毯干后，用吸尘器吸尘。最好定期请保洁公司来洗。

（3）局部特殊污渍，可用地毯污垢清除剂，以迅速清除地毯上的果酱、沙拉酱、咖啡渍、茶渍、红酒等多种饮料渍，以及日常灰垢、鞋印、霉渍、口红、尿渍等其他污渍。将地毯污垢清除剂原液直接喷在地毯的明显污垢处，等待几分钟，使地毯污垢清除剂对污渍完全作用后，再用软布或棕刷反复刷洗，最后用干净毛巾擦拭。此外还可用以下方法去除局部特殊污渍。

1）地毯上的咖啡渍、茶渍：可先用干布或纸巾吸取水分，再混合等量的白酒和酒精洒在污渍上，用干布擦拭清除。如果没有白酒时，用醋也具有同样的功效，还可用甘油除掉污渍。

2）难解决的墨水迹：可在污处撒上细盐末，然后用温水混合肥皂液刷除，或用柠檬酸来擦拭墨水渍。

3）鞋油渍：用汽油、酒精擦除，再用肥皂洗净；油漆污渍可用汽油与洗衣粉一起调成粥状，晚上涂到油漆处，第二天用水清洗即可。

4）尿渍：新的污渍可用温水或 10%的氨水液洗刷去除，陈年污渍先用清洁剂洗，再用氨水洗净，纯毛地毯要用柠檬酸去除尿渍。

5）地毯异味：4 升温水中加入 4 杯白醋，用毛巾浸湿拧干后擦拭，不但可以防止地毯变色或褪色，还可除味。

（4）烟痕：一旦烟头掉在地毯上，至少会烧出一片小焦坑，不严重时，可用硬毛刷子或硬币刷掉烧坏部分的毛，再把家具腿下的地毯毛剪下，用胶水粘在烧焦处。

（5）口香糖：用塑料袋装上冰块压覆在口香糖上方，待口香糖凝固变硬后，再用刷子或牙刷将之刷除。

（6）玻璃碎屑：若不小心在地毯上打破一只玻璃杯，可用宽胶带将碎玻璃粘起，如碎玻璃呈粉状，可用棉花蘸水粘起，再用吸尘器吸。

专业清洗地毯

如果自己不会清洁，小块纯毛地毯需要定期到专业清洗店进行清洗。大块地毯和满铺地毯可以请专业的清洗地毯的公司来清洗，但是前提是要保证自己经常吸尘。

3. 地毯的养护

（1）应当注意不要损坏地毯的纤维，最好不要穿着鞋子在地毯上走动，不要用硬、尖物摩擦等。切忌掉落烟头。

（2）及时清理，最好每天用吸尘器清理，不要等到大量污渍及污垢渗入地毯纤维深层后再清理，脏物会在纤维底部起研磨作用，从而加速地毯的磨损。

（3）地毯在使用过程中尽量不沾染油污、酸性物质等，一旦发生污染，必须及时清理，要用地毯清洗剂清洁地毯。

（4）地毯铺用几年以后，最好调放一下位置，使之磨损均匀。一旦有些地方出现凹凸不平可以轻轻拍打，或者用蒸气熨斗轻轻熨一下。

（5）定期晾晒，经常通风，避免潮湿，防止螨虫滋生。如果已经有了螨虫，可用紫外线灯照射或用除螨仪，可拿到室外晾晒，或用棉花球蘸上松节油经常擦拭地毯，都可达到除尘螨的目的。

（6）如暂时不用时，羊毛地毯易生尘螨，收藏时要放置防虫剂，但防虫剂最好不要接触到地毯本身，以防腐蚀。地毯包好后放置到干燥处储存。

二、墙壁的清洁保养

墙壁分为室内墙壁和室外墙壁。室内墙壁主要有涂料墙，壁纸、壁布墙，瓷砖墙，饰面板，硅藻泥墙，白灰墙等（图 2-58）。室外墙壁主要有涂料墙、陶瓷墙、石材墙、钢化玻璃墙、PC 板墙等。在清洁室外墙壁时，往往是高空作业，需要由专业的公司、人员去做。我们主要了解室内墙壁的清洁，主要使用的工具有除尘掸、吸尘器、抹布、百洁布、海绵、中性清洁剂、橡皮、牙膏、铲刀等。

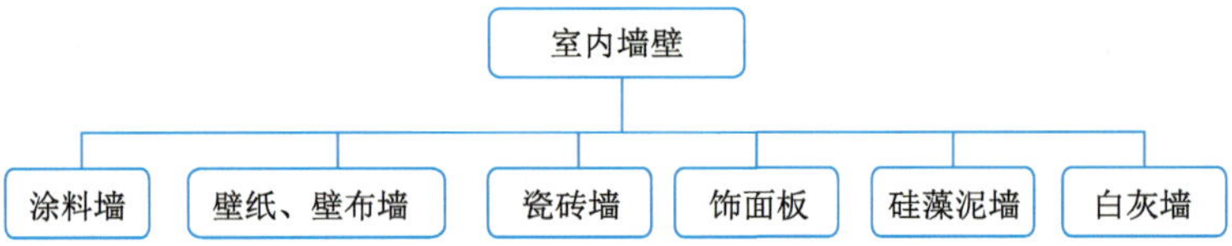

图 2-58　室内墙壁种类

（一）涂料墙

涂料墙采用的涂料一种是低档水溶性涂料，特点是价格便宜、无毒、无臭、施工简单方便，但不耐水、不耐碱，涂层受潮后易剥落，干擦不掉粉但湿布擦有痕迹，市场占有率约为 50%，多为中低档居室内墙装饰选用；另一种是乳胶漆涂料，好的乳胶漆涂料有良好的耐水、耐碱、耐擦洗性能，属中高档涂料。此外还有多彩涂料、仿瓷涂料，目前所占市场份额较少。其清洁方法如下所示。

（1）日常清洁可用除尘掸或吸尘器除去墙面的灰尘。

（2）对于墙上的轻微污垢，如果是耐水性的乳胶漆墙面，用潮湿抹布擦拭即可，也可用抹布或百洁布加洗洁精、肥皂水或多功能清洁剂去除污垢，忌用碱水、汽油、天那水等。如果是不耐水的涂料墙，可以用干软抹布或橡皮擦拭。

（3）对于比较严重的污垢，可在湿布上挤一些牙膏擦拭，可去除铅笔或彩色蜡笔笔迹等污垢。对于耐水性的乳胶漆墙面，还可以用稀释后的 84 消毒液、草酸等清洁，并快速用拧干清水的抹布擦洗干净；对于不耐水的涂料墙，使用抹布蘸石膏或沉淀性钙粉在污垢处摩擦，或用细砂纸打磨，刮去薄薄的一层。

（4）对于墙上的泥浆等凸起的厚污垢，可尝试用铲刀轻轻铲掉。

注意：用清洁剂清洁耐水的乳胶漆墙面时，首先要在不起眼处测试，看有无不良反应。在用湿毛巾或海绵擦拭墙体时，若有脏水流下，要立即擦除，以免留下痕迹。

（二）壁纸、壁布墙

壁纸、壁布给人以高雅、华贵、温馨、气派的感觉（图 2-59）。

壁纸的特点是便宜、花样多、较薄，寿命短。壁纸按制造方式大致可分为纸面纸底（纯纸壁纸）、胶面纸底（PVC）和胶面布底（PVC）。这三类壁纸均被民众广泛采取，但如果家中有幼童，应尽量采用胶面纸底或是胶面布底的壁纸，因为这两类壁纸可用水擦拭，也较耐磨。

图 2-59　贴壁纸的墙面

壁布比壁纸价位高，温暖厚实、触感柔和，具有隔音、吸音和调节室内湿度等功效，壁布与墙面之间没有接缝，不存在壁纸会有的缩减、鼓胀、卷边及翘边等问题，解决了墙面装饰的一个难题。壁布大致上可分为布面纸底、布面胶底和布面浆底。布面胶底的壁布具有防水、耐磨和耐刮的特征，布面浆底的壁布防火性能好。

此外，还有无纺布和无纺纸，由棉、麻等纤维无纺成型，纤维含量高于 16%称无纺布，低于 16%称无纺纸，表底一体，是“会呼吸的壁纸”，环保性高，比纯纸壁纸好，也能做其他壁纸的底材。金属壁纸比较少用，是将金、银、铜、锡、铝等金属特殊处理后，制成薄片贴饰于壁纸表面，显得繁富、华丽，比较炫目和前卫。

1. 壁纸、壁布墙清洁（图 2-60）

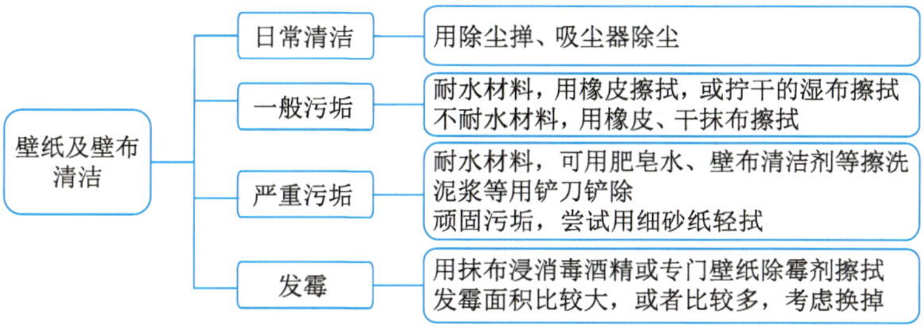

图 2-60　壁纸、壁布墙清洁步骤

（1）日常清洁：非凹凸壁纸，用除尘掸清洁，凹凸壁纸最好用吸尘器清洁。如果长期不清洁，导致积灰太深，污渍渗入壁纸，再清洁会很麻烦。如用刷子和抹布除尘，不能用力紧贴壁纸、壁布，否则会留下污痕。

（2）一般污垢：清洁壁纸、壁布时，要了解产品标签上的标识。如标示一条水波纹，表示不耐水（如纯纸基、手绘、植绒、丝质、亚麻等材质的壁纸），不能用水清洁，可用干抹布擦或用橡皮擦（不能过分用力）；如标示两条水波纹，表示耐水性较好，可用潮湿抹布或拧干的毛巾轻拭，或用抹布、海绵蘸酒精拧干擦拭，使用专用的壁布清洁剂清洁效果很好；如果是三条水波纹，表示耐擦洗程度好，可以用拧干的抹布擦，有顽固污垢的地方可以用肥皂水、洗洁精、小苏打或者专用的壁布清洁剂清洁，然后用干净的干抹布擦净。每隔半年或一年全面清洁，用海绵蘸取稀释后的清洁剂轻挤后擦拭（这样是为了防止海绵含水太多，水渗入壁纸，导致壁纸发霉），然后用干净抹布擦干；还有的标示水波纹加刷子，表示耐磨性较好，可用清洁剂清洁，也可用毛刷刷擦。

（3）顽固污垢：若为耐水产品，可用肥皂水、壁布清洁剂等擦洗。顽固污垢，可尝试用细砂纸轻拭，若为墙面上泥浆、痰迹等凸起的厚污垢，可尝试用铲刀轻轻铲掉。

（4）发霉

1）如果壁纸发霉面积比较大，或者比较多，考虑换掉。

2）如果壁纸发霉面积不是很大，可用抹布蘸肥皂水或清洁剂等擦拭，如果不行，用抹布浸消毒酒精或一些专门处理墙壁霉斑的壁纸除霉剂擦拭。

2. 壁纸、壁布的养护

（1）一些带颜色的汁液污染壁纸要及时处理，如不及时处理一旦渗入很难清除。

（2）壁纸在抹布擦拭后若出现明显接缝，说明抹布水分太多，应进一步拧干抹布后再进行清洁，一般接缝待壁纸干燥后能自行消除。

（3）擦拭壁纸应从一些偏僻的墙角或门后隐蔽处开始，避免出现不良反应造成壁纸损坏。

（4）如果壁纸出现翘边，可以用专用壁纸胶刷于壁纸背面，再用刮板刮压即可粘实；如果出现起泡的情况，可以用注射器注入胶水后轻轻下压，然后擦去多余的胶水即可。

（5）避免热气对着壁纸吹。壁纸遇热容易发生开裂、变色的情况，因此用户在冬季取暖时切忌把暖气直接对着壁纸吹。

（6）壁纸表面如果被锐器磕破，可用近似颜色的颜料或油漆补救。

壁纸、壁布墙面深度清洁

壁纸、壁布清洗是使用蒸汽清洗机结合专用消毒、除污剂对壁纸、壁布蒸汽杀螨杀菌，再用多功能吸尘吸水机吸污水后风干，最后用防污喷剂处理，使壁纸、壁布表面形成防水薄膜，达到防水防尘效果。这种清洁方式适用于耐水墙面。清洁方法如下所示。

1. 用吸尘器或除尘掸全面除尘。

2. 稀释清洁剂，并注入喷雾器。

3. 在壁纸、壁布上全面喷洒清洁剂溶液，静置10～15分钟，使污渍松动。

4. 用蒸汽清洗机清洗，同时用多功能吸尘吸水机吸净已洗完的壁纸、壁布上的水分。最少经过两次抽洗。

5. 在清洗壁纸、壁布时应使壁纸、壁布完全干透，为加快壁纸、壁布干透速度，可使用吹干机。

（三）瓷砖墙

瓷砖墙具有防火、防潮、不易损坏、利于清洁等特点，主要用于厨房、卫生间墙面装修。清洁方法如下所示。

1. 对于一般的污渍，可用柔软的干抹布或湿抹布擦拭。用洗洁精去污渍效果很好。

2. 厨房墙面上的油污很容易干涸，不容易清洁，可用酸性或碱性清洁剂（如油烟净或重油污清洁剂）来进行清洁，清水过净。

3. 可以在灶台后面油污较重的瓷砖上粘贴防油污贴纸（图 2-61），贴纸脏了可撕下扔掉，也可以在瓷砖的缝隙处使用美缝剂，既美观又耐油污。

图 2-61 防油污贴纸

4. 浴室墙面上的肥皂垢最好及时擦洗，对于瓷砖上堆积的肥皂垢可以先用温水冲洗一下，使肥皂垢部分溶解后，再使用刷子轻轻刷除；另外，还可以使用稀释的草酸溶液等酸性清洁剂，将其刷在墙面上，静置几分钟后进行擦拭即可，如果家里没有这些酸性清洁剂，可以用洁厕剂代替。

（四）饰面板

饰面板（图 2-62）一般有两种，一种是天然木质单板饰面板，以木材贴片为表层；另一种是人造薄木饰面板，以仿真印刷制品为表层。第一种价格较贵，但是效果很好；第二种价格便宜，但是仿真程度及使用效果不如第一种。清洁时，可用除尘掸、干抹布、吸尘器除尘。

有污渍时，要使用软的拧干的湿棉布进行擦拭。如果污迹太重，可以使用中性清洁剂、牙膏或家具专用清洁剂，切忌用清水冲洗，可参照前面家具所述方法清洁。

（五）硅藻泥墙

硅藻泥（图 2-63）是一种天然环保的内墙装饰材料，立体感强，有自洁功能，有净化室内空气、防火阻燃、调湿降噪等作用。缺点是不易擦洗，硬度不好，手感不佳，花色较少，价格较贵。

图 2-62 饰面板

图 2-63 硅藻泥

硅藻泥墙清洁方法如下所示。

1. 用除尘掸轻掸或用干净的抹布轻轻擦拭墙面浮尘，或使用吸尘器吸尘、长柄软刷轻刷，都非常有效。

2. 对于硅藻泥墙面上的手印、字迹等污垢，使用橡皮或细砂纸等简单工具轻轻擦拭即可。

3. 如果硅藻泥墙面上不小心沾上了咖啡或者橙汁等有色液体，最好在污渍没有完全渗透和扩散之前及时擦拭干净，较浅的痕迹可以使用 84 消毒液等含氯漂白剂，将其稀释后，用干净的抹布蘸取后轻擦即可去除。如果已经渗透扩散而且污渍较大，则需要在其彻底干透后用细砂纸打磨，再用同色硅藻泥涂刷遮盖。

（六）白灰墙

白灰墙为白灰粉刷的墙壁，忌用水擦、刀刮，日常用除尘掸除尘，若有污渍，可用干抹布擦拭或白粉笔涂抹，也可用细砂纸轻轻磨去。

第 5 节　灯具和工艺品的清洁保养

一、灯具清洁

灯具清洁包括灯具拆卸、灯罩擦拭、灯泡擦拭、灯座擦拭、电源盒擦拭、灯具安装等步骤（图 2-64）。

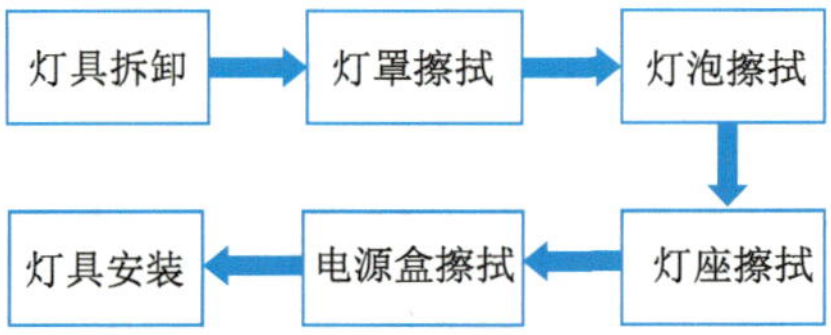

图 2-64　灯具清洁步骤

（一）灯具拆卸

灯具拆卸前要关掉电源。拆时要轻拿轻放，将灯具放在安全稳妥的地方。如果灯具位置较高，拆卸时，尽量两个人配合。

（二）灯罩擦拭

灯罩根据材质分为布质灯罩、磨砂玻璃灯罩、树脂灯罩、水晶串珠灯罩。

1. 布质灯罩

（1）先用吸尘器吸掉表面灰尘，然后倒一些洗洁精稀释液擦洗。

（2）灯罩内侧是纸质材料，用干布轻擦，避免直接使用洗洁精，以防破损变形。

2. 磨砂玻璃灯罩　用软布蘸玻璃水轻擦，凹凸处的污垢可用棉棒或软布包牙签处理。

3. 树脂灯罩　用化纤掸子或专用掸子进行清洁。清洁后应喷上防静电喷雾，因为树脂材料易产生静电。

若是褶皱灯罩，用棉签蘸水一点一点擦洗，如特别脏，用牙刷蘸中性清洁剂刷洗。吹风机吹干。

4. 水晶串珠灯罩　灯罩与灯泡擦洗与其他灯具类似，水晶串珠是用线串的，最好不要把线弄湿，用软布蘸玻璃水一粒粒擦拭。相关配件用毛笔和小绒掸轻刷。

（三）灯泡擦拭

用手套、手套式抹布或双层擦澡巾套在手上，一手或一面蘸取玻璃水，另一手或另一面干擦，轻拭灯泡。注意刚用过的灯泡要自然冷却到室温才能清洁，以免温度剧变发生爆炸。

（四）灯座擦拭

金属灯座上的污垢，先除尘再用软布蘸全能清洁剂进行擦拭。不要用湿抹布擦洗灯座，防止漏电。

（五）电源盒擦拭

电源盒包括开关、外盖、盖内，应由里到外清洁，先擦拭盖内、开关和缝隙，后擦拭外盖。可用湿巾、镜面布或柔软无绒布蘸取少许玻璃水或全能清洁剂擦拭，缝隙凹凸处用卡片尖压布或湿巾擦拭；也可用喷清洁剂的卫生纸擦拭，简单方便快捷。

（六）灯具安装

擦完按原样将灯具装好。不要随便改变灯具结构或更换其部件，不要漏装、错装零部件。

节能灯妙用

节能灯启动时最耗电。每开关一次，灯的使用寿命约降低 3 小时。开启后持续时间越长，越明亮越省电。在开关频繁、面积较小、照明要求低的情况下，如厨房走廊等地不宜使用节能灯，可采用白炽灯。

二、工艺品清洁保养

工艺品清洁保养方法见表 2-2。

表 2-2　工艺品清洁保养

材质	项目	清洁	保养
水晶	防压、防摔、防高温、防强酸、防强碱、防污染	1. 用柔软的无绒抹布轻拂除尘 2. 如果有油渍或手印用加盐的醋清洁 3. 避免重复在热水或清洁剂中清洗。水晶的切割面用牙刷轻刷，污点用切开的柠檬加盐轻擦	1. 移动时，最好带上柔软的棉手套，避免手上油渍污染水晶摆件，不要抓水晶摆件的顶部或外延部位，应抓紧底座或整个身体 2. 置于阴凉通风处，但不要置于阁楼或地窖中。两件工艺品之间要留有一定的距离，防止摩擦挤压 3. 不要用发泡胶纸或塑料袋打包存放，防止增温
树脂	防污染、防摔、防潮、防强酸、防腐	1. 用柔软的干抹布或掸子轻拂灰尘 2. 不能用湿的抹布擦拭，防止留下水分，损坏工艺品 3. 抛光时用工艺品抛光蜡，先在表面涂上工艺品抛光蜡然后用抹布轻擦即可	1. 固定位置，不要经常变动，轻拿轻放 2. 选好位置，不要暴晒，不要潮湿，远离酸性、腐蚀性物质，一般放在客厅

续表

材质	项目	清洁	保养
陶瓷	防水、防晒、防火	1.柔软的抹布或掸子轻拂灰尘，以防变色和灰尘过量造成损坏 2.有污渍，用湿毛巾蘸白醋或牙膏擦拭 3.刷瓷器最好用木盆和塑料盆，不宜用瓷盆和水泥盆	1.放在阴凉通风处 2.不宜用手直接触摸，搬动时，轻拿轻放，避免碰撞摩擦。陶器装饰品位置最好固定 1）放在柜子或博古架里 2）不要在玻璃质地的台面上摆放 3）放在相应的盒子中，并放置海绵等缓冲物。两件陶器一起放，之间应加缓冲物
木质	防腐、防水	用小抹布或软刷轻轻擦去灰尘，较难清洁处用吹风机轻轻地将灰尘吹去。污渍处用微湿抹布轻擦，然后放在通风处自然晾干	用一些透明的塑料或玻璃盒子套起来，防尘、防潮
藤草	防压、防晒、防火	用小毛刷清扫，或用带刷头的吸尘器吸尘，或用软湿布擦拭	1. 放在阴凉处 2. 远离火源 3. 不要挤压 4. 避免变黄，要经常用家具光亮保养剂擦拭 5. 藤条有松脱时，先用水将藤条弄湿，恢复原状后，用强力胶黏剂固定

第6节　室内净化与美化

一、室内空气净化

居室物品清洁和基础设施表面清洁是基础清洁。净化室内空气为升级保洁。在日常工作和生活中尽量减少污染事项，采取有效防治对策，遏制室内环境污染，使人们远离灾害污染，生活在清新环境中。

（一）室内空气污染

室内空气污染是指进入室内空气污染物的量超过室内环境自净能力，造成室内空气质量下降和恶化，直接或间接对人产生不良影响。

室内空气污染可分为化学性污染与物理性污染。化学性污染由建筑材料、装饰材料、家用化学品、香烟及燃烧物产生。物理性污染主要由室内外地基、室内设备所产生，如室内外噪声、室内家电设备的磁辐射等。

（二）室内污染源

室内污染源包括建筑物自身，装饰装修及家具材料，家电办公设备，厨房、卫生间、浴室产生的污染，人为污染，室外污染。污染物的种类有化学的、物理的、生物的、放射性的，具体分类如图 2-65 所示。

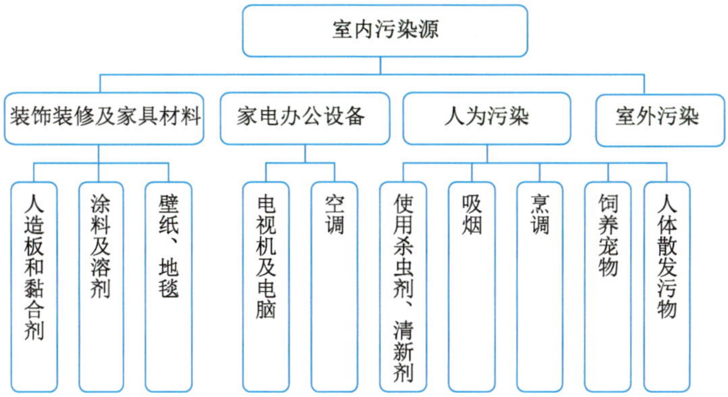

图 2-65　室内污染源

1. 装饰装修及家具材料

（1）人造板和黏合剂：人造板在生产过程中需加大量的黏合剂、防腐剂等，使用过程中会释放出甲醛、苯、五氯苯酚等。其中，黏合剂分为天然黏合剂和合成黏合剂。合成黏合剂在使用时可以挥发出大量的有机污染物，主要有酚、甲酚、甲醛、乙醛、苯乙烯、甲苯、乙苯、乙苯丙酮、二异氰酸盐、乙酸乙烯酯、环氧氯丙烷等。

（2）涂料及溶剂：涂料的成分非常复杂，含有很多有机化合物。在使用过程中会释放出大量的甲醛、氯乙烯、苯、氯化氢、酚等有害气体，涂料所使用的溶剂也是污染室内空气的主要来源。溶剂挥发时向空气中释放大量的苯、甲苯、二甲苯、乙苯、丙酮、乙酸丁酯、乙醛、乙醇、甲酸等 50 多种有机物。涂料还可能含有砷、铅、汞、锰等重金属物质。

（3）壁纸、地毯

1）纯羊毛壁纸和地毯的细毛绒是一种过敏原。

2）化纤壁纸在使用过程中，可向室内释放大量的有机物，如甲醛、乙烯、苯、甲苯、乙苯等。

3）化纤地毯可向空气中释放甲醛、苯、五氯苯酚等有害物质。

2. 家电办公设备　家电办公设备产生的噪声、电磁波等带来的污染已逐步上升，特别是电视机、电脑和空调。

（1）电视机及电脑：电视机及电脑的显示屏可产生电磁辐射，长时间观看可使视力降低，视网膜感光功能失调，观看时间过长会使眼睛干燥，导致维生素 A 缺失，引起视觉器官和神经疲劳，形成头痛、失眠等症状。电视机的荧光屏可产生一种“溴化二苯并呋喃”的有毒气体，有致癌作用。

（2）空调：当人长时间处于空调环境时，会感到烦闷、乏力、嗜睡、肌肉酸痛，感冒的发生率也较高，工作效率和健康状况会明显下降。造成这些不良反应的原因，是使用空调时会紧闭门窗，在室内形成一个封闭的循环 ，易使室内的细菌、病毒、霉菌等大量繁衍。

3. 人为污染

（1）使用杀虫剂、清新剂。

（2）吸烟，烟气中含一氧化碳、甲醛等。

（3）烹调。

（4）饲养宠物等。

（5）人体散发污物

1）人的生理活动（呼吸作用），向周围环境释放很多污物。

2）代谢产物通过皮肤汗腺排出尿素、氨等。

3）说话、打喷嚏、咳嗽将口腔、咽喉的病原微生物喷入空气中。

4. 室外污染 室内空气受室外空气质量影响，如工厂废气、交通废气、臭气污染源、土壤或房基地中的污染物会污染室外空气，进而影响室内空气。

（三）防治措施

室内空气污染防治措施如图 2-66 所示，详述如下。

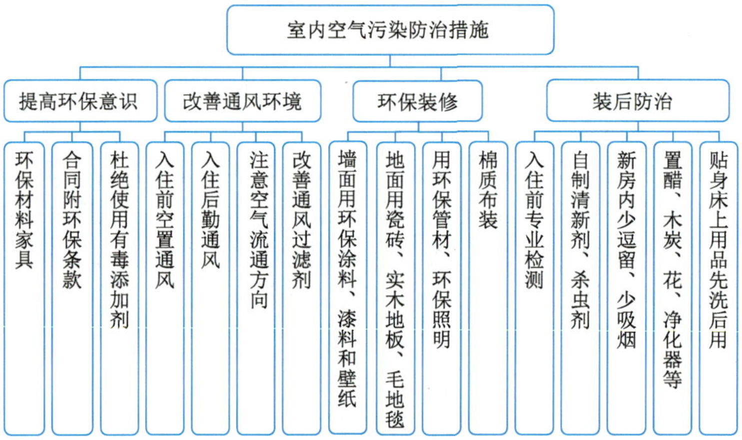

图 2-66 室内空气污染防治措施

1. 提高环保意识 在新建或装修房子时，多了解室内环保的基本知识，要有健康第一的意识，用绿色家装、绿色消费、原生态的理念进行设计。

（1）环保材料家具：选择经国家权威部门鉴定的正规厂家生产的无毒少毒的环保装饰材料。选正规企业生产的家具，一般以没有刺激气味或气味较小的为好。

（2）合同附环保条款：与装修公司签订合同时提出附加有关室内环境标准的条款。

（3）杜绝使用有毒添加剂：杜绝在施工过程中使用有毒添加剂等。

2. 改善通风环境 通风是治理室内空气污染的一种有效手段，通过通风换气，既可确保氧气含量，又可降低污染物浓度。

（1）入住前空置通风：装修后，最好空置通风一段时间，把装修材料中的有害气体尽量排放。一般室内污染空气要在 5～6 年才会减退。

（2）入住后勤通风：多开窗使室内外空气流通（图 2-67）。通风时间在每天早上 9：00～10：00，下午 2：00～4：00，这段时间内大气层污染颗粒最少，有利于室内空气的净化。

（3）注意空气流通方向：日常注意室内空气流通方向，以免造成内部空气相互污染。

（4）改善通风过滤剂，调控室内温度和湿度，控制真菌、尘埃、细菌等生物污染物。

3. 环保装修

（1）墙面用环保涂料、漆料和壁纸。

1）墙面装饰尽量不要大面积使用木制板材，可将原墙面抹平后刷水性涂料。涂料要选择环保涂料，品牌代理商都有一系列检测、证明文件，在质量和环保方面比较有保证。

图 2-67 开窗通风

2）环保漆料如生物乳胶漆，除施工简便外还有各种用途，能给家居带来缤纷色彩。涂刷后会散发阵阵清香，还可以重刷或用清洁剂处理，以抑制墙体内的霉菌。

3）使用无污染、环保型壁纸，最好采用天然织物，如棉、麻、丝绸等作为基材的天然壁纸。草壁纸、麻壁纸、纱绸壁纸等产品，具有保湿、驱虫、保健等多种功能。

（2）地面用瓷砖、实木地板、毛地毯

1）瓷砖一般没有污染。

2）实木地板一般不含有毒物质，劣质的复合地板可能含有有害物质。

3）天然石材地板应选用合格的、不含放射性元素的石材。尽量不要铺纤维地毯。

（3）用环保管材、环保照明：要用环保管材，如塑料胶合管。照明设备也要环保、高效、安全、优质，既可节约电能，又可保护环境。

（4）采用棉质布装。布质材料用棉质布料，如窗帘、床罩、枕套、沙发等，最好选择含棉成分较高的布料，并注意染料应无异味，稳定性强且不易褪色。床垫尽量选用以天然纤维为填充物的床垫，如棕榈垫、棉垫。

4. 装修后防治

（1）入住前专业检测：入住前请专业检测部门检测室内空气情况。

（2）自制清新剂、杀虫剂：如用棉袜装入薰衣草和等量的薄荷做香包，替代樟脑丸，既环保安全又能防止虫蛀。

（3）新房内少逗留、少吸烟：新装修的房内尽量少逗留，空置通风一段时间再入住。在室内少吸烟或不吸烟，特别是在家中有老人、病人、孕妇和儿童的情况下。

（4）置醋、木炭、花、净化器：每个房间放置一碗烧过的醋消毒；在客厅角落放些活性炭。适当的种植绿植，有的花卉、草类植物如吊兰等，有一种以酶作催化剂的潜在解毒力，可吸收室内产生的污染物质，净化空气。有条件的话可放置具有相应功能的空气净化器。厨房安装抽油烟机。

（5）贴身床上用品先洗后用：防止与对自己不利的物质接触。

二、室内美化

室内美化是家居保洁的提升，靠装修、装饰来完成。家装有软装和硬装之分。大范围、大尺度、大部件的装修和装饰是硬装，小范围、小尺度、小部件的装修和装饰是软装。硬装一般在入住前就已完成，可豪华精致，也可简洁明快；有的软装有画龙点睛之效，有的清新别致。不过无论哪种都离不开布艺、搭件、绿植这些细小物件的调节和搭配，这样会使居室有一种柔和美，一种动态美，不仅增加了生活情趣，还能帮助营建一种和谐的居室环境，使室内环境达到了科学合理的美化效果。本部分从布艺、搭件、绿植等方面谈一谈美化居室的一些具体方法。

室内美化通常通过以点美化面，继而达到面与面和谐，最终实现整个居室和谐的目的。例如，靠垫和抱枕要与沙发和谐搭配，沙发要与墙面、地板、地毯、家具等和谐搭配，以达到客厅整体和谐搭配的目的；窗帘与墙、地板和天花板要和谐搭配，挂画、地毯要与墙面和展现位置和谐搭配，从而使它们与存在的环境和谐搭配；在床上，床上用品是一个“小集体”，既要在“小集体”内和谐搭配，又要与卧室装饰空间和谐搭配；餐桌布置，在厨房或餐厅出现，既要与餐桌和谐统一又要与厨房或餐厅空间和谐统一。工艺品往往能起画龙点睛的作用，通过摆放这些工艺品，除发挥它们本身的实用功能外，也能使它们的装饰功能得到充分体现，使“小”与“大”和谐统一，“点”与“面”和谐统一，从而达到整个居室的和谐统一。

居室美化物件与元素如表 2-3 所示。

表 2-3　居室美化物件与元素

元素	靠垫	窗帘	地毯	床上用品	餐桌	装饰画	工艺品	绿植
功能	✓	✓			✓	✓		✓
搭配	✓	✓	✓	✓	✓	✓	✓	✓
色彩	✓	✓	✓	✓	✓	✓	✓	
大小		✓	✓			✓	✓	✓
种类		✓				✓		
尺寸		✓						
材质		✓	✓			✓	✓	
式样		✓			✓	✓		
造型			✓					
数量						✓		✓
位置						✓	✓	

（一）靠垫

靠垫是室内不可缺少的织物制品，具有其他物品不可替代的装饰作用。

1. 靠垫功能

（1）用靠垫来调节人体与座位的接触点，从而使人获得舒适感并能减轻疲劳。

（2）靠垫使用方便、灵活，便于人们用于室内各个环境，如床上、沙发上、地毯上；还可以把靠垫直接当坐椅使用。

2. 靠垫装饰法

（1）色彩搭配法（图 2-68）

1）采用不同纯度形成整体谐调，如彩色沙发选择较浅色的靠垫，并选择相近色系或同类色系，这样组合更加和谐。需要注意的是，在选择同类色系靠垫时，要避免选择与沙发颜色相近的色彩，以免沉闷。为了避免单调，可选择有花纹、有变化的同类色系靠垫，这样活泼而且时尚。

图 2-68 靠垫搭配

2）单纯搭配法，用黑白红三种鲜明对比色，将居室空间的层次拉伸，增加视觉冲击力，形成视觉上的强烈对比，营造时尚、动感、新锐的潮流感。

3）基础色利用法，高级浅灰色是可和任何颜色搭配的基础色，想要营造出柔和与舒适的环境，可以选择纯度不太高的暖色调靠垫来搭配，暖色调可提升空间的温暖指数。

（2）色彩比例要协调：暖色靠垫可以提升空间的温暖指数，可是过度使用会造成“燥热”的心理。

（3）图案出彩法：同色靠垫可采用图案出彩，有图案的靠垫往往能以其丰富的色彩起到调节作用，增强视觉的亲和力。

（4）色彩拼接法：如色彩跳跃缤纷和明亮的靠垫可赶走暗色沙发的沉闷和老气，是追求个性和时尚的青年人采用的手法。

（5）经典设计法：靠垫作为沙发装饰品造型简约，但设计经典，是创造时尚动感的关键。例如，黑色提花靠垫或抱枕比普通黑色布艺品更加耐看，可提升品位，而白色绒面质感的靠垫、抱枕，会显得干净、温馨。

3. 靠垫装饰作用

（1）精美的靠垫在客厅与整体空间搭配协调，可以起到很好的装饰作用。例如，宽敞的客厅布置亮灰色的窗帘，与成熟稳重的灰色墙面，搭配同色系、不同花纹、不同变化的沙发抱枕，并点缀暖色调的靠垫，给人一种精致美观的感觉。

（2）靠垫可赋予沙发周围较大范围以活力。抱枕的色彩与地毯、装饰品、墙面等呼应，使原本单纯的装饰手法显得并不简单，并且活力十足。

（二）窗帘

1. 窗帘的功能 窗帘可遮掩居室缺点；使用纱质窗帘可减少对室内采光的影响。不同窗帘会产生不同的效果：太矮的房间用竖条图案的窗帘可在视觉上增加房间高度；布置组织较为稀松、布纹具有几何图形的窗帘，可增加房间开阔感；双层窗帘或隔声窗帘可掩饰空间空旷，也可隔离噪声。

2. 窗帘的装饰作用

（1）搭配（图 2-69）：窗帘的组成元素，如花纹、颜色、质地，与沙发、茶几、地毯搭配和谐，构建出居室的美。例如，沙发和茶几前铺上毛绒绒的地毯，可营造奢华的感觉，而暗黄色花纹的窗帘，会使奢华升级。同时窗帘还应与室内的墙面、地面及陈设物色调相匹配，以便形成和谐统一的美，如浅蓝色的墙，浅黄色的家具，搭配白底蓝花的窗帘。因此，布艺窗帘多年来一直是窗艺装饰的主体，在未来仍将是主流趋势。

图 2-69　窗帘搭配

（2）色彩：窗帘的色彩可以调节人的心情，如素色窗帘让人感到舒适和放松，使人神清气爽，头脑冷静，怡神养性；花色窗帘可改变居室格调；多元色彩的窗帘柔化硬朗的空间。在大面积的空间和布置上，较单调的房间，可选用色彩鲜丽明亮、图案醒目的窗帘，给人强烈的视觉效果，改变房间的视觉风格。小房间和层次不够的房间，若选用团花图案的窗帘面料，有过于暄乱之感，可配一些素色和浅色的家具和植物，避免太大的刺激感。

（3）大小：窗帘大小与窗户大小有关，如卧式窗短而宽，如果没有深窗台，选用落地窗帘会更好。观景窗，装有大块玻璃，用布多，很有必要用有拉绳等机械装置的重型帘轨。双窗选用窗帘时最好按一个整体处理。

（4）种类：窗帘种类与窗户朝向有关。东窗、西窗、北窗可配百叶帘；东窗和北窗可配直帘；北窗需配透光性更好的纱质窗帘；西窗尽量选用隔离紫外线的窗帘；南窗比较流行日夜帘。

（5）尺寸：窗帘一般两侧比窗户各宽出 10 厘米左右，落地窗帘离地 2～3 厘米，短式窗帘长于窗台底线 20 厘米左右。褶皱窗帘尺寸根据窗的实际宽度确定，一般若为平褶，窗帘宽度为窗宽的 1.5 倍，若为波浪褶，窗帘宽度为窗宽的 2 倍，褶皱能使窗帘飘逸灵动。

（6）材质：窗帘材质因光线、季节、功能、空间不同而不同，如双层帘可以在不同季节和光线时交替使用。

图 2-70　地毯搭配

（7）式样：挑选窗帘时，小房间宜简洁，大房间宜大方、气派、精致。

（三）地毯

（1）搭配（图 2-70）：地毯要与家具的风格和谐统一，如古典家具适宜搭配柔美、典雅的地毯。

如果家具及墙面装饰较复杂，地毯图案要避免太过繁复。现代家具如玻璃、不锈钢质地的板式家具常搭配现代风格、沉稳的地毯，简约风格的地毯既是气氛补充，又能淡化家具本身的冷峻。另外，地毯还要与空间造型搭配。通过与空间和家具的搭配，赢得整体的和谐统一。

（2）色彩：要考虑居室的地板、家具、窗帘及其他配饰，彼此和谐才能提升整体的谐调感。

1）地毯的色彩和天花板、沙发的色彩是相对的，一般地面色彩不能太浅，天花板的色彩不可以太深，否则会产生头重脚轻的感觉。浅色可以增加空间感，令房间看起来宽敞；深色及温暖色调可使居室看起来舒适安逸，更具有私密感。

2）选择与环境相近的地毯色彩，是最简单的做法，能够营造和谐的感觉。选择相反的色彩，适用于喜欢个性的年轻人或设计人群。

3）地毯花色主要根据铺设地点和自己爱好进行选择。

A. 书房中的地毯应选择色泽清新、淡雅、有儒雅之风的图案。

B. 客厅应选择花型较大、线条流畅的地毯图案，以营造视觉开阔的效果。为便于更换，也可以选择拼块地毯。

C. 卧室应选择花型较小，搭配和谐的地毯图案，以营造安静温馨的氛围，同时色彩要考虑与家具的整体协调搭配。

（3）大小：结合茶几大小，以确保地毯、沙发、茶几之间保持标准比例。一般不长于2.7米的长沙发，建议用1.7米×2.4米地毯，2米×3米的地毯已足够大。

（4）材质：可选择绿色环保地毯，提高生活品质，维护身体健康。

（5）造型：考虑空间格局是选择地毯的第一步。室内走廊通常建议铺设长方形道毯；进口处、浴室门外等用小块的长方形或椭圆形地毯更适宜；客厅最好选择耐磨、耐脏的地毯。沙发下面需铺放地毯，但客厅面积如果不是太大，通常建议所选地毯也不要太大，适度留白，使空间在视觉上显得更加宽敞。例如，方形长毛地毯非常适合低矮的茶几，会使现代客厅富有生气；不规则形状的地毯，比较适合放在单张椅子下面，能凸显椅子的位置，也能缓解单张椅子与沙发风格的不同。

（四）床上用品

1. 搭配（图2-71） 要先看房间主体色调，如AB版套件，既有个性又好配房间。靠垫、抱枕可搭配床上用品，给床上用品增加色彩，起到画龙点睛的作用。

图2-71 床上用品搭配

2. 色彩 多选用细小、精致的碎花和淡雅的色彩，以增添家居环境中柔和的氛围，而且花是大自然中的实物，能给家中带来田园气息。花形图案在家中不可能成为主角，但却成为配角中的主导潮流，它起着辅助、点缀的作用，搭配时需考虑花形大小、花的疏密和色彩等的和谐程度，而且要特别注意床上用品的色彩，因为床上用品的色彩对于人们的健康有很大影响，如情绪不稳、容易急躁的人，居室中适合选用嫩绿色的床上用品，以使人精神松弛，舒缓紧张情绪。一般而言，床上用品以淡雅居多。

链接

床上用品布艺影响着卧室的整体风格，利用床上用品布艺来装饰，能打造出一个拥有无限风景的空间。

（五）餐桌

1. 功能 注重餐桌的布置，可提升家居氛围。桌布交换使用也可调节人的心情。

2. 搭配

（1）餐具的风格要和餐厅的设计相搭，还要衬托主人的身份、地位、职业、兴趣爱好等。

（2）餐桌应与就餐椅、桌布、桌旗、椅套、防滑垫、餐具等谐调一致（图 2-72）。

3. 色彩 有些餐具本身就是很好的装饰物，如五颜六色的碗，晶莹剔透的杯。在这些餐具使用中铺一块素净的桌布，配一盆绿色植物，表达出主人对生活的热爱。

4. 式样 一套形式美观且工艺考究的餐具可以调节进餐时的心情，增加食欲。

（六）装饰画

装饰画在居室中一直为人们所重视，近几年又开始流行照片墙。

1. 功能 能从整体上反映居家主人的爱好，是主人身份与个性的侧面反映，也能体现出主人的文化要求及个人独特的审美情趣。

2. 搭配（图 2-73） 根据不同的空间进行色彩搭配。现代风格的室内一般以白色为主，搭配的装饰画和饰品多以黄红色调为主。不要选择消极的、死气沉沉的装饰画和饰品，客厅内尽量选择鲜亮、活泼的色调，如果室内装修色调很稳重，如胡桃木色，则可以选择高级灰、偏艺术感的装饰画和饰品。

图 2-72　餐桌搭配

图 2-73　装饰画搭配

链接

链接： 抽象画一直被人们看成难懂的艺术，不过在现代装修风格的室内装配上简单抽象画能起到提升空间艺术感的作用。

装饰画风格还要与家具相匹配，如沙发墙上的挂画，应以沙发为参考对象，优雅、高贵的皮质沙发，适合古典作品加金属色框；温馨的布艺沙发，较合适幽静风景作品加木框；木藤类的沙发可搭配具有宽阔视野或海景的画作，从而做到整体的和谐。

3. 色彩和色调 装饰画的色彩要与环境的主色调进行搭配。一般情况下切忌色彩对比太过强烈，要尽量做到色彩的有机呼应，最好的办法是画品的色彩从主要家具中提取，而点缀的辅色可以从饰品中提取。家居装饰画在色彩上要与整套居室中的环境色彩相适宜，这样才不会显得突兀。

4. 大小 墙壁留有足够的空间，自然可挂一幅面积较大的画来装饰。墙壁面积小则选面积较小的画，这样就不会产生压迫感，又为墙壁空间留出一片空白，更能突出整体的美感。布置装饰画时还要考虑其摆放的位置和与被装饰物的比例关系，如在沙发上方的装饰区，装饰画面积过大会显得头重脚轻。装饰画宽度最好略窄于参照物的宽度，可以避免头重脚轻的错觉。

5. 种类 不同居室选择不同的装饰画。

（1）客厅是家庭日常活动和迎亲会友的主要场所，具有一定的娱乐性和社交性，装饰画可以较抽象，选择风景、花卉等图案，但要有一定的流行性，要雅俗共赏。

（2）餐厅要选以饮食文化为主题的装饰画，这样更能唤起人们的食欲，在用餐时会感觉到人生是有滋味的，同时也可从中学习和了解到更多的饮食文化。

（3）卧室的装饰画可根据自己的爱好和职业选用。

（4）书房宜选花草植物、风景等静态的装饰画。

（5）卫生间可选幽默而又滑稽的装饰画，增加一份风趣。

6. 边框材质 现代流行的装饰画边框材质多样，有木线条、聚氨酯塑料、发泡线条、金属线框等，可根据画面的需要进行修饰。

7. 式样

（1）对称挂法：如同一色调同一系列图片，可采用此挂法。

（2）均衡挂法：装饰画总宽比被装饰物略窄，并且均衡分布，建议选择同一色调同一系列的图片。

（3）重复挂法：在重复悬挂同一尺寸的装饰画时，画间距最好不超过画的 1/4，这样能形成整体的装饰性，不分散、不零乱。

（4）水平线挂法：上水平线齐平，既有灵动的装饰感，又不显得零乱。装饰画最好表达同一主题，并采用同一样式和颜色的画框，整体装饰效果会更好。下水平线齐平，随意感较强。

（5）中线挂法：让装饰画集中在同一水平线上，灵动感很强。选择尺寸时，要注意整体墙面的左右平衡，可以单排挂画的中心所在线为标准。

（6）方框线式挂法：将四幅或八幅画甚至更多的画，归整在墙面的一个规则长方形内。这种装饰手法显得整洁漂亮。

（7）混搭挂法：不同材质不同样式的装饰画构成一个方框，随意又不失整体感。混搭的挂法尤其适用于乡村风格。

（8）建筑结构线挂法：沿着楼梯、屋顶、墙壁、柜子等的走势，在空白处挂装饰画。

这种装饰手法适合室内层高较高的房子。挂画的颜色要与周围环境一致，这种装饰效果很随意但却协调。

（9）放射式挂法：选择一张你最喜欢的画为中心，并在周围发散状布置一些小画框。如果照片的色调一致，可在画框颜色的选择上有所变化。

（10）搁板衬托法：用搁板来衬托照片，不用担心照片会挂的高高低低，还可以常换常新。多层搁板摆放后放置装饰画和轻巧的装饰品等，还可以填补窗户间的空白。

8. 数量 在同一个空间环境里形成一两个视觉点即可。在一个视觉空间里同时要安排几幅画时，既要考虑疏密关系，也要考虑关系密切的几幅画按组排列。

9. 位置

（1）最佳位置：进家门视线的第一着落点是挂装饰画最好的地方，或是在水平视线略低的位置，粗略的估算在墙面中间偏高的位置最合适。

（2）角落位置

1）空间角落：客厅两个墙面相连成 90° 处，如与 L 形沙发相平行的 L 式挂画很适合此处。

2）视线转换角：如在客厅与卧室的转换位置两面墙上挂画，既有提示作用还能起到美化作用。

（七）工艺品

图 2-74　工艺品搭配

1. 搭配（图 2-74） 要从居室的整体布局出发，根据居室环境来定。如果家里摆放的是传统家具，可选购几件造型古朴、色彩浓重的艺术品来点缀；若为现代家具可配几件有现代特色的艺术品。要力求立体和背景统一，布局错落和谐，色彩与气氛一致，量感与质感均衡，并和绿植相呼应。

2. 色彩 与整个环境色彩协调。一般小型工艺品要艳丽一些；大型工艺品要与环境色调协调。

3. 大小 注意大小、高低、疏密、色彩搭配。艺术品布置要注意尺度和比例，如墙面空旷可安放一盏壁灯，在壁灯周围悬挂一组挂盘。有秩序的布置会产生节奏感，随意填充和堆砌会没有条理。同时还要注意艺术效果，如组合柜中可有意放个画盘，以打破矩形格子的单调感；在平直方整的茶几上，可放一只精美花瓶，丰富整体形象。

4. 材质 注意质地对比，如大理石板上放只绒制小动物玩具，竹帘上装饰一件国画作品。

5. 位置 注意视觉条件，应摆在与人视线相平的位置上。

链接

工艺品选择

选择工艺品最重要的是看其能否起到美化装饰作用，这取决于装饰用品的艺术趣味，而不以价格衡量。若能把装饰功能和收藏功能结合起来，则效果更好。建议家中的饰品（艺术品和装饰物）有一至两件档次较高、造型典雅、货真价实的镇室之宝，再搭配一些具有较强装饰功能的普通工艺品即可。

自制的竹编、草编、布饰、挂画、木雕和根雕、插花等工艺品，如色彩、造型、大小合适必定会为居室增色不少。

（八）绿植

1. 功能 不同绿植有不同的功能，如阔叶常绿植物能改善居室环境，取其圆满丰大和常绿的意思，此类绿植有金钱树、君子兰、发财树、招财树、红运当头等。

2. 搭配（图 2-75） 根据环境考虑植物的品种。

图 2-75 绿植搭配

3. 大小 空间较大，采光较好，选高大一点、喜光性的植物。

4. 数量 房间功能、面积不同，选择不同数量的植物摆放，如客厅一般摆放 2～3 盆即可；10 平方左右的房间可放 2 盆约 1 米高的植物。

自测题

1. 简述一般保洁工具的使用方法。
2. 简述常用清洁剂的使用方法。
3. 常用消毒剂有哪些？
4. 简述卧室、客厅、卫生间、厨房保洁流程。
5. 家具打蜡的作用是什么？如何打蜡？
6. 使用真皮沙发有哪些注意事项？如何清洁养护？
7. 实木地板如何清洁养护？
8. 瓷砖地板如何清洁？
9. 地毯如何清洁？
10. 室内墙壁的类型有哪些？如何清洁？
11. 灯具清洁注意事项有哪些？

12. 工艺品有哪些类型？如何清洁维护？
13. 室内空气污染有哪些预防措施？
14. 家庭开荒保洁包括哪些方面？
15. 家居美化中涉及的软装物品有几种？它们在居室中如何搭配？

第 3 章

衣物、针织品的洗涤和居家收纳

学习目标

1. 了解衣物洗护的相关知识及常用洗涤用品。
2. 熟悉各种纤维的洗涤方法和熨烫晾晒知识。
3. 掌握收纳整理的技巧，打造干净整洁的居家环境。

第 1 节　衣物洗涤标识和洗涤用品

衣物洗涤标识和洗涤用品见图 3-1。

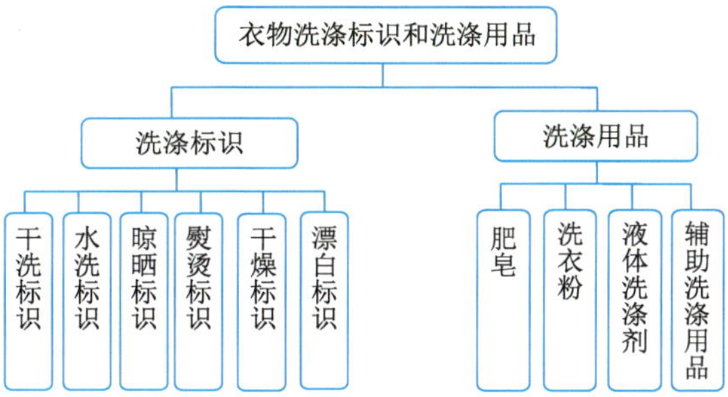

图 3-1　衣物洗涤标识和洗涤用品

一、洗涤标识

（一）干洗标识

常见衣物的干洗标识见表 3-1。

表 3-1　干洗标识

标识符号	说明	标识符号	说明
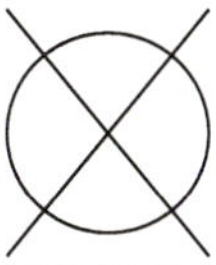	不可干洗	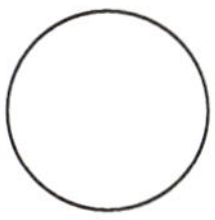	可以干洗

续表

标识符号	说明	标识符号	说明
	适合所有干洗剂洗涤		仅能使用轻质汽油及三氯三氟乙烷洗涤，干洗过程有要求
	适合四氯乙烯、三氯氟甲烷、轻质汽油及三氯乙烷洗涤		可以干洗，表示可以使用多种类型的干洗剂

（二）水洗标识

常见衣物的水洗标识见表 3-2。

表 3-2　水洗标识

标识符号	说明	标识符号	说明
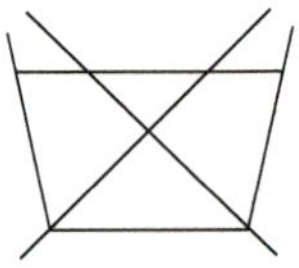	不可水洗	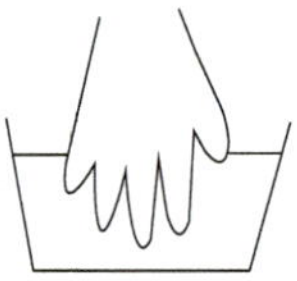	轻柔手洗
	轻轻手洗，不能机洗。洗涤温度 30℃以下	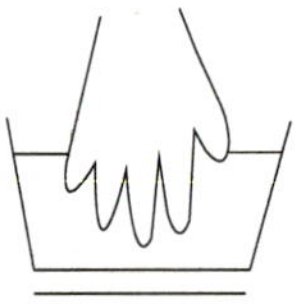	只能手洗

（三）晾晒标识

常见衣物的晾晒标识见表 3-3。

表 3-3　晾晒标识

标识符号	说明	标识符号	说明
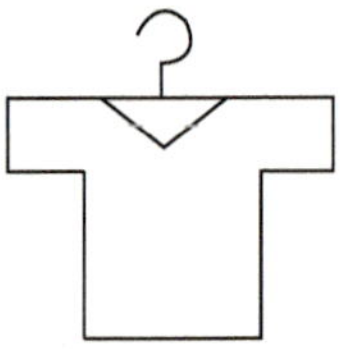	悬挂晾干	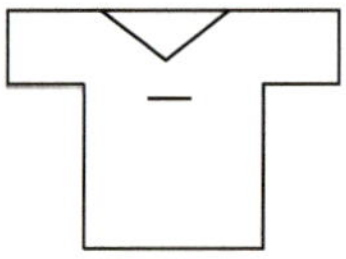	平摊干燥
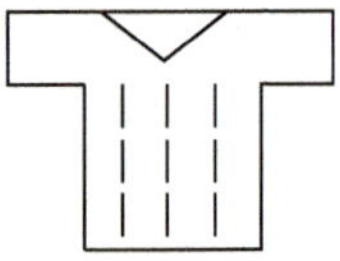	滴干	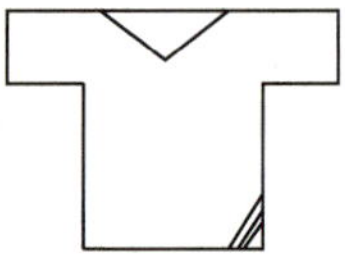	阴干

续表

标识符号	说明	标识符号	说明
	衣物需挂干		衣物需阴干
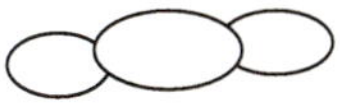	允许拧干	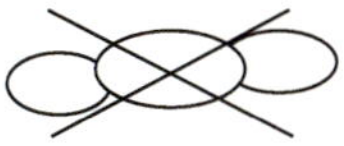	禁止拧干

（四）熨烫标识

常见衣物的熨烫标识见表 3-4。

表 3-4　熨烫标识

标识符号	说明	标识符号	说明
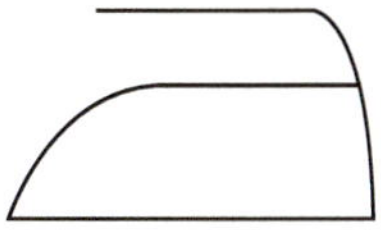	可以熨烫	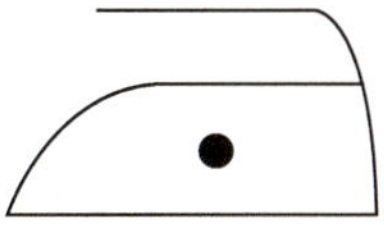	熨烫温度不能超过 110℃
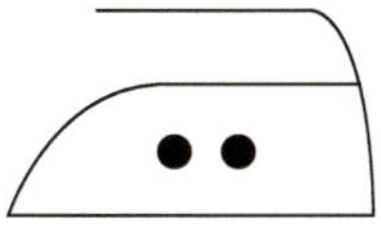	熨烫温度不能超过 150℃	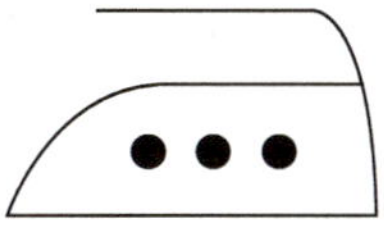	熨烫温度不能超过 200℃
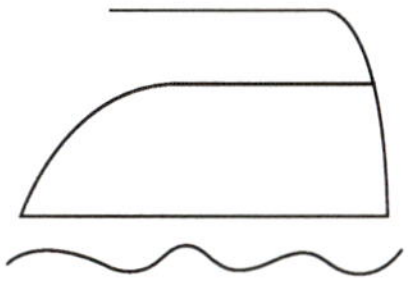	需垫层布熨烫	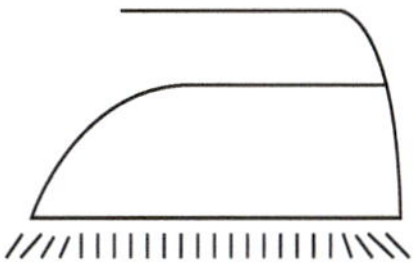	需蒸汽熨烫
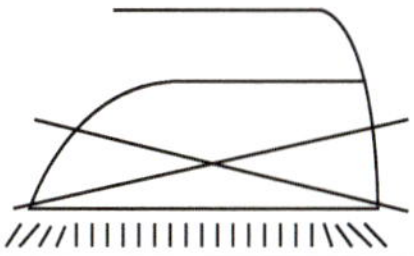	不可以蒸汽熨烫	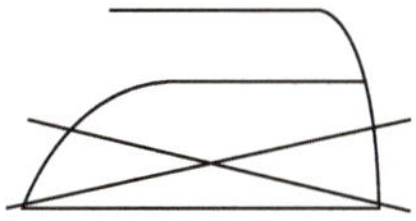	禁止熨烫

（五）干燥标识

常见衣物的干燥标识见表 3-5。

表 3-5　干燥标识

标识符号	说明	标识符号	说明
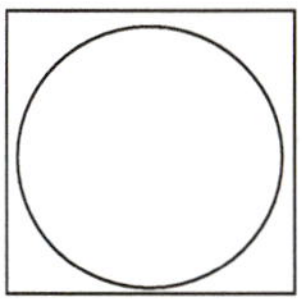	可转笼翻转干燥	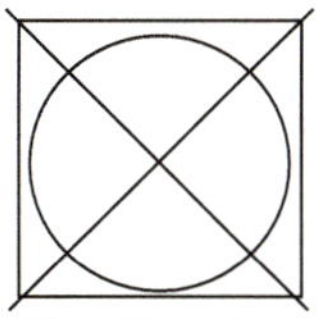	不可转笼翻转干燥

（六）漂白标识

常见衣物的漂白标识见表 3-6。

表 3-6　漂白标识

标识符号	说明	标识符号	说明
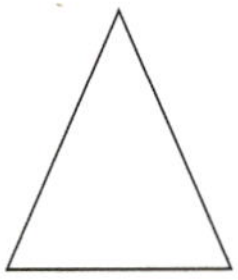	可以漂白	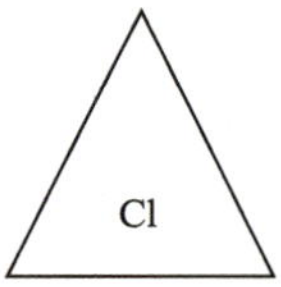	可以氯漂
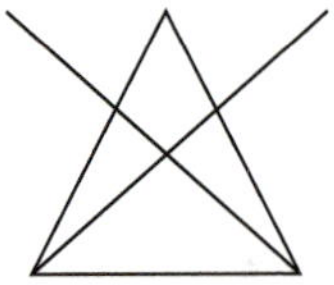	不可漂白	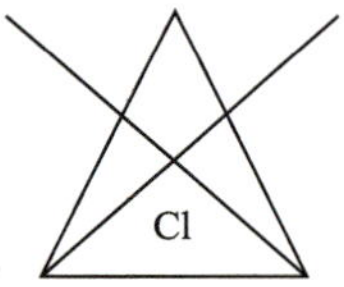	不可氯漂

二、洗涤用品

家庭衣物洗涤剂的种类很多，有以清洁为主的洗涤用品，如肥皂、洗衣粉、液体洗涤剂等；有以局部去污、增艳、增白等辅助清洁为主的洗涤用品，如衣领净、洁衣漂水、氧漂水等；有以蓬松、柔软等调理为主的洗涤用品，如各种蓬松剂、柔顺剂等。

1. 肥皂　是用脂肪和碱经过化学反应的过程制取而成的，是常见的传统洗涤用品（表 3-7）。

表 3-7　肥皂的种类、特性与用途

种类	特性	用途
普通洗衣皂	碱性大，用温水及软水洗涤效果更好	适用于棉、麻织物的洗涤，不适合洗涤丝、毛织物
增白皂	碱性，含有增白剂及漂白剂等成分，有增白作用	适合洗涤白色及浅色织物
透明皂	碱性小，含有甘油、椰油等成分	适合洗涤合成纤维织物
香皂	中性，有的含有杀毒成分，气味芳香	主要用于皮肤的清洗，也用于服装上个别污渍的处理
硫磺皂	中性，含有硫黄成分，有药物作用	可用于内衣的洗涤
消毒药皂	中性，含有消毒成分，有杀菌作用	可用于内衣的洗涤

2. 洗衣粉　有手洗和机洗两种。手洗洗衣粉中添加了护手成分，使用时不伤皮肤。机洗洗衣粉则趋向于无泡，可以防止泡沫从洗衣机中溢出，便于漂洗干净。随着科技的不断发展，高效、节能、多功能、综合、环保型的无磷洗衣粉正在逐步取代有磷洗衣粉，在选购及使用洗衣粉时，提倡选购无磷洗衣粉，以减少环境污染（表 3-8）。

表 3-8　洗衣粉的种类、特性与用途

种类	特性	用途
普通合成洗衣粉	碱性大	适合棉、麻织物的洗涤，不宜洗涤丝、毛织物
增白洗衣粉	碱性	适合洗涤白色织物和部分浅色面料服装，不宜洗深色服装，有增白作用
加酶洗衣粉	碱性	适合洗涤内衣等贴身衣物及床单、被罩等床上用品，还可洗涤血渍等特殊污渍，可去除血渍、尿渍、奶渍、汗渍
多功能高效合成洗衣粉（温度不能超过 60℃）	去污范围广泛，有护理织物的功能	适合多种污渍的清洗，可用于棉、麻、化纤等多种面料的洗涤，有的也可洗涤丝、毛等衣物

3. 液体洗涤剂　有中性、弱酸性和碱性三种，属性温和，不损伤织物，不含磷，是具有高浓缩、超强去污配方的环保型高档洗涤用品（表 3-9）。

表 3-9　液体洗涤剂的种类、特性与用途

种类	特性	用途
液体合成洗涤剂	呈弱碱性	洗涤棉、麻、化纤织物
羊绒洗涤剂	呈酸性，有护理织物成分	专用于羊绒织物的洗涤
羊毛洗涤剂	呈酸性	洗涤羊毛衫及纯毛织物
丝织品洗涤剂	呈中性	洗涤各类丝绸织物
牛仔服洗涤剂	含护色因子	洗涤牛仔服
羽绒服洗涤剂	含蓬松成分	洗涤羽绒服装
内衣洗涤剂	不含磷、铝、碱、荧光增白剂，含杀菌去渍成分	专用于内衣的洗涤
床上用品洗涤剂	有除螨、护理织物成分	洗涤床单、被套、枕套等

4. 辅助洗涤用品　常用辅助洗涤用品的种类、特性与用途见表 3-10。

表 3-10　辅助洗涤用品的种类、特性与用途

种类	特性	用途
衣领净	能去除汗黄渍和顽固污垢	用于衣领、袖口等处顽固污垢的洗涤
洗洁精	含去油因子，能高效去油污	主要用于厨房用品的洗涤，也可用于丝、毛织物的洗涤
氯漂水	属含氯漂白剂	漂洗各种白色织物，不能用于丝、毛织物的洗涤
氧漂水	以双氧水为主要成分的洗涤用品，性能温和	可用于白色、浅色的丝绸、毛料织物的洗涤和棉、麻织物及其他各种化纤织物的增白、增艳
消毒液	以次氯酸钠为主要成分的液体消毒液	用于各种白色织物的漂白、消毒，不能用于丝、毛织物

第 2 节　服装面料的辨识

服装面料的辨识内容见图 3-2。

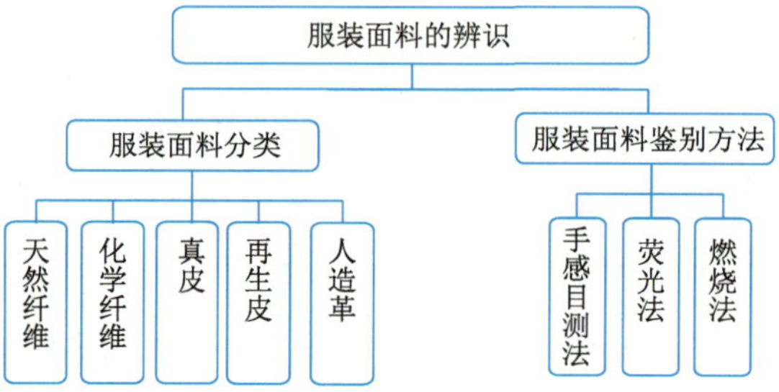

图 3-2　服装面料的辨识

一、服装面料分类

服装面料的世界丰富多彩，每一种面料都有其独特的个性和风格。其中原材料是决定服装面料纤维个性风格的先天因素。服装面料纤维的性能与服装之间关系密切，了解服装面料纤维的性能特点，掌握正确的鉴别方法，对我们购买和洗涤服装都是很有必要的。

链接　衣物面料名称中英文对照

棉——cotton	麻——linen
羊毛——wool	丝——silk
人造丝——rayon	尼龙——nylon
聚酯纤维——polyester	真皮——real leather
人造革——synthetic leather	丝绒/天鹅绒——velour /velvet

（一）天然纤维

绿色环保、返璞归真成了现代生活的一种时尚，越来越多的人对天然纤维服装情有独钟。各种天然纤维具有如下独特品质。

1. 棉纤维　是应用最广泛的一种衣服面料，人们对棉织物最为熟悉。其穿着舒适，光泽自然柔和，手感柔软，耐用耐洗，深受消费者喜爱。但是棉织物的弹性较差，容易折皱，保形性较差。

棉织物的这些优缺点是由棉纤维的结构特征决定的。棉纤维的主要组成物质是纤维素大分子。纤维素大分子上含有较多的亲水性基团，因此棉纤维的吸湿性较好。同时纤维素大分子耐碱不耐酸，大分子链是一种刚性链，这就造成了棉纤维形变困难、弹性差的特点，其变形后不易恢复，容易打皱。

在一定的张力作用下，用浓的碱液处理棉织物，即可得到具有丝一般光泽的丝光棉织物。用酸处理涤棉混纺织物，由于棉不耐酸而被腐蚀掉，涤纶耐酸被保留下来，这样就得到了具有独特风格的烂花织物。

2. 麻纤维　几千年前我们的祖先就学会了从麻类植物上剥取纤维织制衣物。麻织物吸湿性较好，散热性能强，凉爽挺括，表面有毛糙的肌理和独特的光泽，具有特别粗犷的效果和高雅的风格。所以纯麻时装在国际上很受欢迎，价格也比较昂贵。我国盛产苎麻，产量居世界之首。除苎麻外，麻的品种还有亚麻、黄麻、槿麻、大麻、剑麻等。衣物面料主要用苎麻、亚麻两种。近年来，大麻也逐渐用于服装材料市场。

棉麻是“近亲”，它们共属植物纤维，主要成分都是纤维素大分子，自然有许多共同点，如弹性差、易皱、吸湿性好、耐碱不耐酸等。但麻纤维更为粗硬，光泽也不如棉纤维细致柔和，故麻织物比棉织物硬、挺，穿着感觉较为凉爽，加之吸湿快的优点，更适合做夏季服装。

3. 蚕丝　被冠以纤维皇后的称号。其光滑柔软，外观高雅华丽。蚕丝织物舒适性极好，吸湿透气，悬垂性好，滑爽，是高档的服装材料。蚕丝（图 3-3）分为桑蚕丝和柞蚕丝两种。桑蚕丝是天然纤维中最长、最细、最软、最亮、粗细最均匀的纤维。其弹性好，吸湿性强，富有强力，还有一定的蓬松度。真丝耐酸不耐碱，也不耐盐水的侵蚀，有资料显示，在 0.5%的盐水中长期浸泡，其强度就会受到损失，所以夏天人们易出汗，穿着丝绸服装时要勤洗勤换。去海边晒太阳时尽量不穿丝质服装，因为丝的耐日光性差，暴晒会使纤维泛黄变脆。

图 3-3　蚕丝

柞蚕丝的吸湿性、耐热性及耐化学试剂的能力比桑蚕丝好，因为柞蚕是在野外生长的，其抵御环境的能力要比人工饲养的家蚕好。

4. 毛纤维　具有良好的保暖性，较多用于制作冬季服装。毛的种类很多，按来源分为绵羊毛、山羊毛、山羊绒、骆驼毛、骆驼绒、羊驼绒、兔绒、兔毛等。

衣服用毛纤维中，数量最多的是绵羊毛。人们通常所说的羊毛指的就是绵羊毛。羊毛纤维是一种高档纺织纤维，具有许多优良特性，弹性好，手感柔软，吸湿性能强，保暖性好，光泽柔和，染色性优良，还具有独特的缩绒性（指羊毛纤维在热水和洗涤剂的作用下，加以揉搓互相咬合毡缩的性质）。

羊毛纤维的主要组成物质是蛋白质，与蚕丝一样，耐酸不耐碱。

山羊绒卷曲没有绵羊毛多，强度较低，相对密度轻，具有质轻、柔软、润滑、保暖性好等优良性能，一般用于制作高级毛料服装，但价格昂贵。

（二）化学纤维

化学纤维织物是近代发展起来的新型衣服面料，种类较多。下面说说几种常见化学纤维面料的特点。

1. 涤纶 也称聚酯纤维，是日常生活中常见的服装面料。涤纶具有较高的强度与弹性恢复力，坚固耐用。洗后极易干燥，不变形，抗皱免烫，但吸湿性较差，穿着有闷热感，很不舒服。酸碱度对涤纶织物影响不大，其不怕霉菌，不怕虫蛀，易于保存。洗涤温度不宜超过 45℃，洗后可以轻拧，置阴凉通风处晾干，不可暴晒，不宜烘干，以免因热生皱。

2. 氨纶 氨纶纤维是聚氨酯类纤维，又称“莱卡”或弹性纤维，主要用于加工高弹性休闲裤、弹性紧身上衣、衬衫、高弹袜、游泳衣等服装。为了保护氨纶混纺织物的弹性，使洗后衣服不变形，洗涤温度应该控制在 20～40℃，随着温度的升高，氨纶的弹性会下降。由于氨纶的耐碱性能力较差，因此洗涤剂应选择中性或弱碱性。

3. 腈纶 是聚丙烯腈纤维，又叫“开司米纶”。弹性较好，具有柔软、蓬松、易染色、色泽鲜艳、耐光、抗菌、不怕虫蛀等优点。腈纶衣服容易产生静电，穿起来不舒服，容易脏。纤维结构不牢固，洗涤时应轻揉，不可用搓板搓洗，较厚衣物可用软刷刷洗，最后脱水时要轻轻挤压水分，不可拧绞，脱水后要整形，以免衣服变形。纯腈纶织物可晾晒，混纺织物应放在阴凉处晾干。

4. 黏胶纤维 又叫人造丝、冰丝。具有良好的吸湿性，穿着舒适，手感柔软，色泽艳丽，但耐磨性差，易起毛且耐光性不好。黏胶纤维织物遇水会发硬，强度下降，洗涤时应轻揉，以免起毛，随浸随洗。其耐碱不耐酸，宜采用中性洗涤剂或低碱洗涤剂。洗后把衣服叠起来，用力挤压掉水分，切忌拧绞。

5. 莫代尔 是高湿模量黏胶纤维，由木浆纤维通过专门的工艺生产而制成。其光泽、柔软性、吸湿性、染色性、染色牢固度都优于纯棉产品。莫代尔纤维面料具有天然的抗皱性和免烫性，穿着更加方便自然，但挺括性较差。需在 30℃以下的水温中手洗，不可氯漂，不可干洗，平摊晾干。

6. 维纶 是现有合成纤维中吸湿性最好的纤维，不耐强酸耐碱，弹性差，织物易起皱，染色性较差，色泽不鲜艳。

7. 丙纶 是合成纤维中最轻的纤维，不吸湿，耐磨，有弹性，不耐日光，易老化脆损。

（三）真皮

真皮是由动物表皮经工艺加工制作的服装面料，具有弹性、透气、抗风保暖、耐化学药剂的优点。缺点是容易划伤、洗护要求高，拼片间会有色差，忌水洗。真皮不可暴晒，忌塑料袋封存。真皮主要分为四大类别：牛皮、羊皮、猪皮、马皮。

1. 牛皮 牛皮革面毛孔细小，分布均匀而紧密，皮面光亮平滑，丰满细腻，用手触摸坚实而富有弹性，如用力挤压皮面，有细小褶皱出现。牛皮较厚，加工制作的皮制品穿起来挺括有形。

2. 羊皮 羊皮加工制作的皮制品，皮质细腻、柔软，表面虽然有光泽，但不像牛皮制品那样明亮，用力挤压皮面，有明显的褶皱产生。羊皮制品穿着舒适柔软。

3. 猪皮 猪皮革面毛孔圆而粗大，用手触摸粗糙硬实。

4. 马皮 马皮外观光滑细腻，皮质比羊皮硬，手感不好，光泽不均匀。用力挤压皮面，没有褶皱产生，久穿易断裂。

（四）再生皮

再生皮是将各种动物的废皮及真皮下脚料粉碎后，调配化工原料加工制作而成。其表面加工工艺同真皮的修面皮、压花皮一样，其特点是皮张边缘较整齐，利用率高，价格便宜，但皮身一般较厚，强度较差，只适宜制作平价公文箱、拉杆箱等定型工艺产品和平价皮带等。

（五）人造革

人造革也叫仿皮，是聚氨基甲酸酯（PU）等人造材料的总称。它是在纺织布基或无纺布基上，由各种不同配方的聚氯乙烯（PVC）和 PU 等发泡或覆膜加工制作而成。具有花色品种繁多、防水性能好、价格相对真皮便宜、外观漂亮、易于打理等优点，但不耐磨，易破损，市面上比较多见。

二、服装面料鉴别方法

（一）手感目测法

手感目测法适用于呈散纤维状态的纺织原料。

1. 棉纤维比苎麻纤维和其他麻类的工艺纤维、毛纤维均短而细，常附有各种杂质。
2. 麻纤维摸起来手感较粗硬。
3. 羊毛纤维卷曲而富有弹性，折皱后可自行恢复。
4. 蚕丝是长丝，长而纤细，具有特殊光泽，柔软光滑。
5. 化学纤维中黏胶纤维的干湿状态强度差异大。
6. 氨纶具有很大的弹性，在室内温度下它的长度能拉伸 5 倍以上。

（二）荧光法

荧光法指利用紫外线荧光灯照射纤维，根据各种纤维的性质不同，纤维的荧光颜色也不同的特点来鉴别纤维。常见纤维的荧光颜色具体显示如下。

1. 棉、羊毛纤维　淡黄色。
2. 丝光棉纤维　淡红色。
3. 黄麻纤维　紫褐色。
4. 丝、锦纶纤维　淡蓝色。
5. 黏胶纤维　白色紫阴影。
6. 涤纶纤维　白光很亮。
7. 维纶有光纤维　淡黄色紫阴影。

（三）燃烧法

燃烧法根据各类纤维的化学组成不同，燃烧特征也不同的特点，从而能区分出纤维的大类。

1. 棉麻纤维 靠近火焰，不缩不熔，迅速燃烧，有烧纸的气味，燃烧后残留物较少，呈灰白色或灰黑色。

2. 蚕丝、毛纤维 靠近火焰，卷曲易熔，有烧毛发的气味，燃烧后残留物成团，一捏就碎。

3. 涤纶纤维 靠近火焰，熔缩冒烟，气味芳香有甜味，燃烧后残留物成团发硬，呈黑色，不易捻碎。

4. 氨纶纤维 靠近火焰，熔缩燃烧，气味特异，燃烧后残留物呈白色胶状。

链接

棉花小知识

棉花的种类很多，使用较多的主要有两种，一种是细绒棉，又称陆地棉，长度在23～33毫米；另一种是长绒棉，又称海岛棉，长度在33～45毫米。长绒棉纤维特别长，品种优良，是棉纱和特种用纱的原材料。长绒棉在我国新疆、云南、四川、江苏等地都有种植。我国种植的棉花多属细绒棉。从棉田中直接摘得的棉花称为籽棉，籽棉经过轧花，使棉纤维与棉籽分离，除去棉籽和部分杂质，得到的棉花称为皮棉，又称原棉，这时才可用于纺纱织布。

第3节 服装面料的洗涤、熨烫、晾晒

不同面料衣物的洗涤方法和所用的洗涤用品是不相同的，掌握各类纤维的洗涤知识对家政服务员来说是很有必要的（图3-4）。

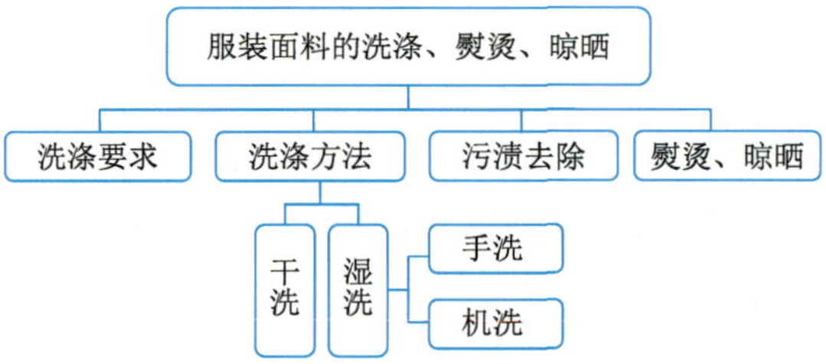

图3-4 常见服装面料的洗涤、熨烫和晾晒

一、洗涤要求

（一）棉麻服装的洗涤

棉麻服装属于植物纤维，选用碱性洗涤剂比较好，洗涤温度由织物的颜色而定，容易褪色的宜用40℃左右的水温洗涤，浅色的织物洗涤温度为50～60℃，深色的织物洗涤温度为40～50℃，织物不宜在洗涤剂溶液中浸泡过久，以免褪色。洗涤时，水中加入一勺盐，可减轻衣物褪色的程度。

棉麻纤维的弹性较差，洗涤时不要用劲搓洗，以免衣物变形。

（二）毛料服装的洗涤

纯毛服装的面料一般是羊毛纤维。羊毛纤维弹性良好，吸湿性和抗酸能力强，洗涤难度较高，掌握不好洗涤方法会出现皱缩变形、手感僵硬或失去弹性等现象，洗涤时要特别注意。洗涤水温不宜过高，以 30～40℃为宜。切不可在热水中浸泡，以防止羊毛织品弹性下降。

羊毛纤维耐酸不耐碱，抗碱能力弱，遇碱会断裂，所以不宜用碱性洗涤剂洗涤。洗涤时最好选择中性洗涤剂，用羊毛专用洗涤剂效果最佳。

洗涤时间不宜过长，否则会导致羊毛纤维咬合在一起，造成缩水变形。尤其是纤维松散的羊毛衫、围巾等。漂洗过程中衣物不要拧绞，以免缩绒，应沥干水分平铺晾干。

（三）丝绸服装的洗涤

丝织品服装比较“娇贵”，容易出现问题，洗涤时应格外小心。

水温不宜过高，水温过高会使丝绸服装严重褪色，最好用冷水洗涤，且随浸随洗。洗涤动作要轻，不宜使用搓板揉，用力不要过猛，切忌拧绞，不宜用洗衣机洗涤。

洗涤时应选用中性洗涤剂或较高级的洗衣粉。高级丝绸服装最好选择干洗。

（四）化纤服装的洗涤

化纤服装一般吸湿性较差，易吸收尘土，易脏也易洗。水温以 30～40℃为宜，不要用力搓刷，以免起球。对洗涤剂没有要求。

化学纤维中的人造纤维，可用中性洗衣粉洗涤，水温不要超过 45℃，且在洗涤剂溶液中浸泡时间不宜过长。

人造毛类衣物浸湿后纤维容易膨胀变粗，变厚发硬，污垢和纤维结合牢固，适宜刷洗。

（五）羽绒服的洗涤

1. 羽绒服专用清洗剂　羽绒服内填充的羽绒羽毛为蛋白纤维。若使用普通洗衣粉和肥皂清洗，极易破坏纤维表面的保护膜，使羽绒羽毛失去原有的润滑、弹性和光泽，变得干燥、发硬、枯脆、老化，会缩短羽绒服的穿着寿命。

羽绒服专用清洗剂呈中性，可减少对蛋白纤维的破坏作用，具有很好的洗净力和保护调理作用，洗涤后能保持羽绒服面料的光泽与内部填充物的蓬松度。

在每件羽绒服的内侧，都缝有一个印有保养和洗涤说明的小标签，细心的人都会发现，含绒量 90%的羽绒服标明要手洗，忌干洗。因为干洗用的药水会影响羽绒服的保暖性，也会使布料老化；若机洗和甩干，极易导致被拧绞后的羽绒服羽绒薄厚不均，而且易走形，直接影响保暖性和穿着效果。

2. 手洗羽绒服的具体方法

（1）先将羽绒服放入冷水中浸泡 15 分钟左右，让羽绒服内外充分湿润。

（2）将羽绒服专用清洗剂倒入 30℃的温水中搅拌均匀兑成洗涤液，再将浸泡好的羽绒服取出，平压去水分后，放入兑好的洗涤液中，再浸泡 20 分钟。

（3）将羽绒服平铺在干净的平板上，用软刷蘸取洗涤液轻轻刷洗，先刷里面，后刷外面，最后刷两个袖子的正反面，特别脏的地方可蘸取洗涤剂重点刷洗。

（4）刷洗干净后，将羽绒服放在原洗涤液中上下拎洗几次，然后放在 30℃左右的温水中漂洗两次，再放入清水中漂洗三次，以彻底清除洗涤剂残液（漂洗过程中可适量加点食用醋）。漂洗时切勿揉搓，以免羽绒堆积。

（5）用干毛巾包住羽绒服卷起来，轻轻挤压出水分，挂在通风干燥处晾干，忌暴晒。

二、洗涤方法

衣物的洗涤方法要根据衣物的面料、质地和洗涤标识要求而定。哪些衣物可以水洗、哪些衣物需要干洗、哪些衣物必须手洗、哪些衣物适宜机洗；衣物适用哪种类型的洗涤用品；如何操作不同类型的洗衣机，这些家政服务员必须清楚。不懂的地方都要虚心请教，征询客户意见并确定洗涤方法，尤其是对一些特殊面料的衣物要格外小心。要避免因洗涤不当给客户造成损失或出现服务纠纷。洗衣方法一般分为干洗和湿洗两种。

（一）干洗

干洗也称化学清洁法，是指衣物通过机器的处理，经过清洗、烘干、熨烫、脱液、脱臭的过程进行清洁的方法。干洗需要具备专门的机器和专业的洗护知识，因此要送到洗衣店去洗涤。

（二）湿洗

湿洗即水洗，分为手工洗衣（手洗）和机器洗衣（机洗）两种。

1. 手洗 常见步骤如下所示。

（1）浸泡：先用温水浸泡脏衣物，让其充分湿透，但不宜时间过长，一般浸泡 15 分钟左右，具体时间由衣物种类而定。可水洗的衣物在洗涤前稍加浸泡，更易洗涤干净。

（2）水温：洗涤时水温一般不超过 40℃，深浅颜色分开。

（3）洗涤剂：选择适宜的洗涤用品进行洗涤。衣服的领口、袖口应多加洗涤剂重点揉搓。

（4）漂洗：多次用清水洗净，直到衣服干净为止，一般拧绞晾晒。

手工洗衣的几种方法如表 3-11 所示。

表 3-11　手工洗衣的方法

洗涤方法	具体操作	适用范围	图示
拎洗	用手将洗涤液中的衣服拎起放下，使衣服与洗涤液发生摩擦，衣服上的污垢被溶解除去，拎起放下反复数次	丝绸类衣物 仅有浮尘的衣服 不太脏的衣服	
揉洗	用双手轻轻地来回搓揉衣服，就像揉面团一样，以加强洗涤液与衣服的摩擦，使衣服上的污垢易于除去	羊毛衫 围巾等纯毛制品	
刷洗	利用板刷全面接触衣物进行单向刷洗方法。一般用于刷洗大面积沾有污垢的部分。衣服的局部去渍常用刷的方法，只是常用小刷子	脏的衬衣领子袖口 牛仔服等	
搓洗	一种是双手抓住衣服，双手距离适当，上下来回摩擦；一种是把衣服放在木制或塑料搓板上，用力上下摩擦，直至把污渍洗掉	较脏的衣服	
擦洗	用毛巾或干净布蘸洗涤液或去渍药水，在衣服的局部污渍处进行擦洗的方法	局部污渍	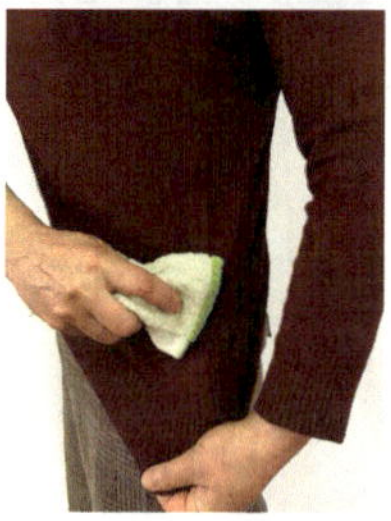

2. 机洗　家庭使用的洗衣机分为两类：一类是全自动洗衣机（分滚筒式和波轮式两种）；一类是半自动洗衣机。目前，全自动洗衣机使用比较普遍，具体的洗衣步骤如下

所示。

（1）整理衣物

A. 将松散或掉落的扣子钉上，修补好破洞，取下不宜洗涤的附件。

B. 将衣物的拉链、纽扣、钩扣等扣好，并将衣物翻转过来，以防划伤洗衣机。

C. 将衣物口袋里的东西全部掏干净，如钱币、首饰、票据等，及时告知客户。

D. 测试衣物会不会掉色，检查衣物表面是否有特殊污垢，作局部处理。毛衣、毛线、针织衫等用洗衣网袋包裹洗涤。

E. 客户放在床上、沙发上的衣服，如没有吩咐，不要自作主张进行洗涤。

（2）衣物分类

A. 按衣物面料分类：不同纤维质地的衣物洗涤方法与洗涤剂的选择都不同，尤其要注意对酸或碱敏感的衣物。

B. 按颜色分类：深颜色和浅颜色的衣物要分开。

C. 按脏污程度分类：脏污严重的衣物与普通衣物要分开。

D. 按用途分类：内衣和外衣要分开洗，内衣一般用手洗；成人衣物与小孩衣物要分开；病人与健康人的衣物要分开；家政服务员与客户的衣物要分开。

（3）预洗（预处理）：是在服装洗涤前对某些部位、某些污渍做单独处理（如对衣领和袖口上的污渍、化妆品、调味酱等采用相应有效的方法先行去除），再进行常规洗涤的方法，这样会使服装洗得更干净。

（4）浸泡：一般来说，全自动洗衣机有浸泡功能。具体洗涤温度和浸泡时间见表 3-12。

A. 浸泡是洗涤前的一个短暂过程，分清水浸泡和洗涤剂溶液浸泡两种。

B. 浸泡衣物目的是让水分充分浸透衣物。水渗入织物纤维后可将水溶性的污物溶解，从而减少洗涤剂的用量，增强洗涤效率。

C. 丝绸、毛料及不太脏、易褪色的衣物不能浸泡，要直接洗涤。

D. 深色衣物只能用清水浸泡，不宜放入洗涤剂溶液中浸泡。

E. 脏污严重的衣物可适当延长浸泡时间，使污垢软化、溶解、提高洗涤质量。

表 3-12　各类纺织纤维衣物洗涤温度和浸泡时间

衣物种类		洗涤温度	浸泡时间
棉	白色、浅色	50～60℃	30 分钟
	印花、深色	45～50℃	20～30 分钟
麻	一般织物	40℃	30 分钟
丝	素色、本色	40℃	5 分钟
	印花交织	35℃	随浸随洗
	绣花、改染	微温或冷水	随浸随洗

续表

衣物种类		洗涤温度	浸泡时间
毛料	一般织物	40℃	5～20 分钟
	拉毛织物	微温	随浸随洗
	改染	微温	随浸随洗
化学纤维	涤纶混纺	40～50℃	15 分钟
	锦纶混纺	30～40℃	15 分钟
	腈纶混纺	30℃左右	15 分钟
	维纶混纺	微温或冷水	15 分钟

（5）洗涤、漂洗、甩干：全自动洗衣机在设置好洗涤程序后，会按照洗涤、漂洗、甩干的顺序自动完成。详见第 4 章第 4 节全自动洗衣机的使用与清洗。

（6）晾晒、收纳：衣物洗涤完毕后，要及时从洗衣机里拿出来晾晒，注意有的衣物不能在阳光下暴晒，有的衣物可以直接熨烫（熨烫完毕再晾干），然后再收纳整理。

链接

漂　洗

1. 漂洗又称过水，是用水漂清衣服上的洗涤剂的过程，也是手工洗涤的最后一个环节。

2. 过水次数不要太少，过水 2～3 次，直至将洗涤剂完全过清。

3. 第一次过水时水温不能太低，常用的是拎洗的方法。不能使劲拧绞，尤其是丝绸、软缎等衣服，要避免与硬物摩擦，只能轻轻拎起沥水。

4. 漂洗完毕，根据需要用衣物柔顺剂、蓬松剂等进行后期处理，使衣物清香、脱碱、蓬松、柔顺。

5. 绣花衣物等深色丝绸衣物洗涤过程中会有落色现象，可在清水中加入适量醋。

三、污渍去除

衣物污渍的处理是一项细致而又慎重的工作。处理不当会影响衣服的色泽和美观，降低使用寿命，家政服务员掌握正确有效的去除污渍方法很有必要。

（一）常见衣物污渍的种类和主要特点

1. 油脂性污渍　植物油、动物油、矿物油等在衣物上形成的污渍，统称为油脂性污渍，包括油渍、油漆渍、唇膏印、鞋油渍等。

这类污渍随着时间的延续会氧化，其颜色也由浅棕色变为深色。完全被氧化的油渍一般不易去除干净。

2. 蛋白质类污渍 是由动物油脂或蛋白质造成的，包括血渍、汗渍、奶渍、呕吐物、人体分泌物、肉汁等。

这类污渍一般不溶于水，高温、时间、酒精等都会使这类污渍与纤维结合得更为牢固，由于蛋白质遇某些溶剂会凝固，因此去除蛋白质污渍时忌用这类溶剂。

3. 单宁类色素污渍 来源于植物的汁液、茶水和水果汁。这类污渍易溶于水，与酸反应可变为可溶性物质，遇高温、遇碱后会变得难以去除。某些中药配方药剂常含有单宁类色素。去除这类污渍时，首先去除污渍中的单宁，再按蛋白质污渍处理。

4. 水性色素类污渍 多为各种墨水或染料在衣物上形成的污渍，如碳素墨水、纯蓝墨水等。

5. 其他污渍 包括铁锈、霉斑渍、腐蚀斑渍及某些无法判断来源的污渍。这类污渍种类繁多，性质各异，去渍时所用的处理剂与去除方法也不一样。

（二）去除污渍的方法

去除污渍的方法见表 3-13。

表 3-13 去除污渍的方法

污渍类别	去除方法
血渍	新沾染的血渍 1. 新沾染的血渍还未凝固，可用冷水加洗衣粉或肥皂洗涤，也可用洗洁精揉搓洗涤，然后用清水漂洗干净（因血液里含有蛋白质，蛋白质遇热易凝固） 2. 将白醋倒在有血渍的地方浸泡 10～15 分钟，然后用清水漂洗两次，可去除血渍 3. 可以先用生姜擦洗，再蘸冷水搓洗，可去除干净 4. 在血渍处滴上几滴双氧水，或用白萝卜汁刷洗，也可将血渍去除 陈旧的血渍 1. 用冷水浸泡后再用硫磺皂揉搓清洗 2. 用柠檬汁加盐水来洗，然后漂洗干净 3. 用硼砂 2 份、浓度 10%的氨水 1 份和 20 份水的混合液揉搓，血渍去除后，再用清水漂洗干净
果汁渍	1. 用盐去除，当果汁洒在衣物上，可先撒些食盐，轻轻地用水润湿，然后浸在肥皂水中洗涤 2. 用醋去除，将食醋（最好是白醋）涂在果汁处，然后用手揉搓均匀，再放置 5 分钟，后用清水洗涤 3. 可用 5%的氨水中和果汁中的有机酸，然后再用洗涤剂清洗 4. 含羊毛的化纤混纺物可用酒石酸清洗 5. 如织物为白色，可在 3%的双氧水中加入几滴氨水，用棉球或布蘸此溶液将污处润湿，反复擦拭，直到干净为止 6. 桃汁中含有高价铁，可用草酸溶液去除 7. 柿子渍用葡萄酒加浓盐水揉搓，再用温和洗涤剂清洗，最后用清水漂洗干净 8. 果酱渍用水湿润后用洗发水刷洗，再用肥皂酒精液洗，后清水冲洗 9. 白色衣物的果汁渍可用 84 消毒液（需要稀释浓度）清洗。除此之外，可以将衣领净、小苏打用水化开后搓洗 10. 有色织物先用浓盐水揉洗，用水洗后用 10%的氨水揉洗，再用洗涤剂常规洗涤，最后用清水漂洗干净

续表

污渍类别	去除方法
酱油渍	1. 刚刚沾上的酱油渍，用冷水浸湿后用洗涤剂洗涤，再用清水洗净即可 2. 陈旧的酱油渍，可按 5∶1 的比例在洗涤剂溶液中加少量氨水浸洗 3. 也可用 2%的硼砂溶液洗涤，最后用清水洗净 4. 把沾到酱油的部位用水浸湿，撒上一勺白糖，用手揉搓，酱油和白糖混合，待白糖变色后，用清水冲洗干净 5. 毛织物与丝织品可用 10%的柠檬酸液擦拭，不能用氨水洗涤 6. 也可用白萝卜汁、白糖水、酒精洗净
油漆渍	1. 新迹可用松节油、天那水、苯、四氯化碳浸泡或擦拭，最后用清水清洗干净。如果还有痕迹，可用 10%的漂洗氨水或 10%的纯碱溶液擦拭 2. 油漆未干，先用煤油反复涂擦，再涂擦一些乙酸，最后用清水洗净 3. 在漆渍处正反面涂清凉油，静置几分钟，用棉球擦拭可以去除
万能胶渍	衣物上沾上了万能胶渍，可用丙酮或天那水滴在胶渍处，然后用刷子将斑迹刷除，再用清水洗净。如有陈迹要重复擦洗几次，直至洗净为止。但醋酸纤维织物和混纺织物忌用此方法，避免损伤衣物面料
铁锈渍	1. 可用 2%的草酸溶液（50～60℃）洗涤，然后用清水漂洗 2. 可用 5 片维生素 C 碾成粉末，撒在预先浸湿的衣服锈迹处，然后用水搓洗几次 3. 也可用 15%的乙酸或酒石酸溶液擦拭 4. 如果是铁锈陈渍，可用草酸、柠檬酸的混合水溶液（10%的草酸和柠檬酸各一份，加水 20 份混合），将铁锈处浸湿，然后浸入浓盐水中一天，再用清水洗净 5. 最简便的方法是用鲜柠檬汁滴在锈迹处揉搓，反复数次，直至锈迹除去，再用肥皂水洗净 6. 白色纯棉或棉混纺织物沾上铁锈，可取一粒草酸放在污渍处，用温水润湿，轻轻揉搓，然后再用清水漂洗干净（为了防止草酸腐蚀织物，操作动作要迅速）
霉斑	1. 把衣物放入洗米水中浸泡一夜后，再按常规搓洗，霉斑就可去除 2. 将衣服放在加有少量醋和牛奶的水中搓洗一遍，便能除去霉味 3. 如衣服上出现霉点，可用少许绿豆芽在霉点处揉搓，然后用清水漂洗，霉点即可去除 4. 对于新霉斑，先用软刷刷干净，再用酒精洗除 5. 陈旧霉斑，先涂上淡氨水，静置一会儿，再涂上高锰酸钾溶液，接着用亚硫酸氢钠溶液处理，最后用清水洗净 6. 夹克上的霉斑，可用毛巾蘸些肥皂水擦拭，去掉斑渍后立即用清水洗净，待晾干后再涂夹克油即可 7. 白色丝绸衣物上的霉斑，可用 5%的白酒擦洗，除霉效果较好 8. 衣物上的霉斑也可先在日光下暴晒，后用刷子清理霉毛，再用酒精洗除
口香糖渍	1. 切忌用手抠口香糖渍 2. 把干洗剂、四氯乙烯滴在污渍处，用小毛刷蘸清水轻轻刷洗剂即可去除 3. 用汽油或酒精擦洗即可去除 4. 可将衣服放入冰箱里冷冻一段时间，口香糖经过冷冻变脆，用刀片轻轻一刮，就能剥离干净
鞋油渍	1. 衣物上沾了鞋油渍可以用易挥发性油擦拭，然后再用温和洗涤剂去除痕迹 2. 白色衣物沾上了鞋油，要用溶剂汽油润湿后再进行揉搓，然后再用 10%的氨水或氨浓皂液刷洗，最后用温水漂洗干净
蜡烛油渍	先用刀片轻轻刮去衣服表面的蜡质，然后将衣服平放在桌子上，带有蜡油的一面朝上，上面放一两张吸附纸，用熨斗反复熨烫几下即可

链接

衣服泛黄的处理办法

1. 用洗米水或是橘子皮放入锅内加水烧煮，稍凉后，将泛黄的衣服浸泡其中搓洗几次就可以轻松让衣服恢复洁白。

2. 流汗产生的黄渍，用氨水去除，即在洗涤时加入2汤匙的氨水，浸泡几分钟后，搓洗一遍，然后用清水洗净，依照一般的洗衣程序处理，就可以将黄渍去除。

3. 衣物上出现了黄斑，可将衣物放在凉水中浸湿，在衣物的斑迹处撒些细盐揉搓，就可洗掉。

四、熨烫晾晒

（一）熨烫

衣物经过洗涤，纤维吸水膨胀或收缩，加上洗涤剂和机械力的作用，使衣服发生变形，影响美观和穿用价值。所以洗涤后，要进行熨烫（图3-5）。这样不仅可以使变形的衣服恢复原样，还可以起到杀菌消毒的作用。在服装面料、款式和加工方法不断发展变化的情况下，衣物的熨烫工具、熨烫方法也随之发生变化。蒸汽熨斗是目前使用较为广泛的熨烫工具，它设有温控旋钮，熨烫时只需将温控旋钮调整到与熨烫衣物面料所需温度一致即可。详见第4章第4节蒸汽熨斗的使用。下面简要说明使用蒸汽熨斗熨烫不同面料衣物的具体要求。

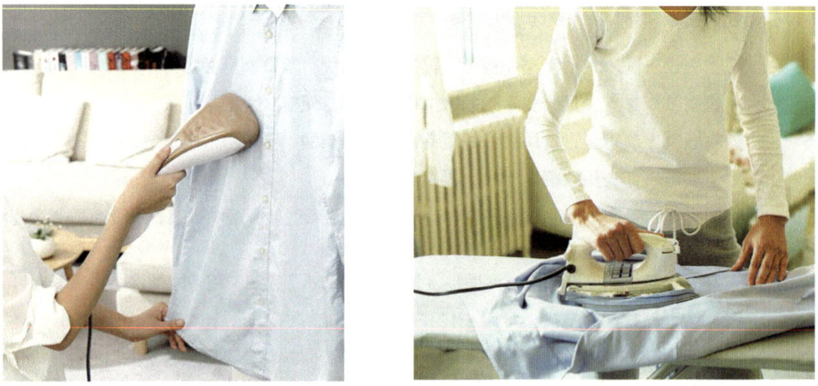

图3-5　熨烫衣物

1. 棉麻类衣物的熨烫　棉麻衣物遇热不会出现光亮现象，蒸汽熨斗可直接放在衣物上熨烫，普通熨斗可在衣物半干状态下熨烫或者在干燥衣物上喷水熨烫。

2. 毛料衣物的熨烫　熨烫时掌握好温度，并在衣物上覆盖薄的白色湿棉布再熨烫。以防止产生光亮现象。毛织品衣物具有弹性，熨烫时要顺着纹理的方向熨烫，防止变形。

3. 丝绸衣物的熨烫　丝绸织物在晾至八成干时熨烫效果最佳，反面熨烫，不要喷水，以免变形或出现水渍。

4. 化纤衣物的熨烫　化纤衣物在高温下容易变形发光，因此先在衣物上喷水并垫上湿布熨烫，熨斗不宜在衣物某个部位停留过久，以防止沾着衣物。

（二）晾晒

不同面料的衣服耐日光的性能不同，所以晾晒的时候要讲究正确的方法（表 3-14）。

表 3-14　不同衣物面料晾晒方法和要求

衣物面料	晾晒方法和要求
棉麻织物	洗干净后要及时晾晒，避免衣物有太多皱褶。一般可放在阳光下直接晾晒。最好反面朝外，可防止褪色
毛料织物	反面朝外，放在阴凉通风处自然晾干。毛料织物不宜在阳光下暴晒，会损伤纤维，影响衣物的外观和穿着寿命
丝绸织物	耐日光性差，阳光暴晒会造成织物褪色，纤维强度下降。晾晒时，反面朝外，放在阴凉通风处自然晾干
化纤织物	需在阴凉处晾干，不宜在阳光下暴晒，否则会使面料发黄，纤维老化，影响穿着寿命

【实操】　洗衣机洗衣流程

1. 操作准备　需洗涤衣物、洗涤剂等。

2. 操作步骤（图 3-6）

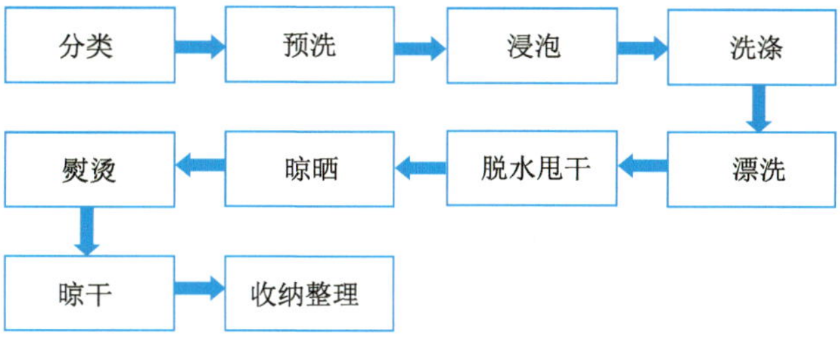

图 3-6　洗衣机洗衣流程

（1）分类：前面衣物分类已详细介绍。

（2）预洗：对衣物特殊脏污部位做预先处理。

（3）浸泡：把衣物浸泡在清水或洗涤剂溶液中，充分湿润，让污垢软化溶解。

（4）洗涤：选择洗涤程序和加注洗涤剂。

（5）漂洗：为洗衣机自带功能，用清水漂洗干净衣物。

（6）脱水甩干：为洗衣机自带功能，将衣物上的水分甩出去。

（7）晾晒：选择合适的衣架和方法（如平铺阴干或悬挂晾晒等）进行晾晒。

（8）熨烫：用熨斗将晾晒好的衣物熨烫平整。

（9）晾干：把熨烫过程中产生的水气晾干。

（10）收纳整理：将晾干的衣物取回折叠或吊挂置放衣柜。

【实操】　手工洗涤羽绒服流程

1. 操作准备　羽绒服、羽绒服专用清洗剂、搓板、软刷、干毛巾。

2. 操作步骤（图 3-7）

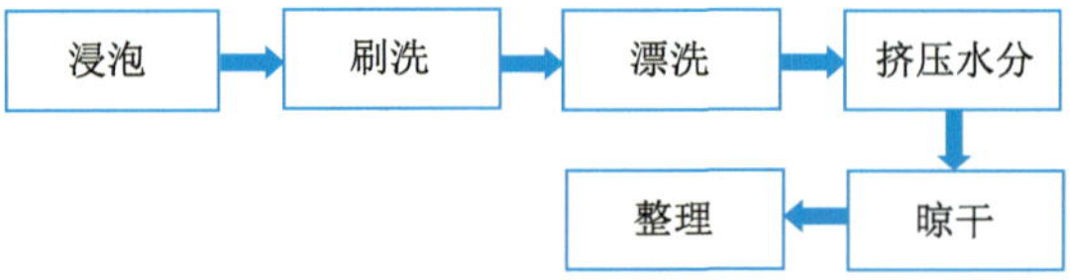

图 3-7　手工洗涤羽绒服流程

（1）浸泡：先将羽绒服放入冷水中浸泡 15 分钟，再捞出放入羽绒服专用清洗剂溶液中浸泡 30 分钟。

（2）刷洗：将浸泡好的羽绒服平铺在搓板上用软刷轻轻刷洗。

（3）漂洗：将刷好的羽绒服放入清水中漂洗直到干净。

（4）挤压水分：用干毛巾包住洗好的羽绒服卷起来，两手轻轻挤压出水分。

（5）晾干：将脱水后的羽绒服挂在通风干燥处晾干，勤加翻动，忌暴晒。

（6）整理：拍打整理晾干的羽绒服，使其恢复蓬松柔软的状态。

【实操】　熨烫衬衫流程

1. 操作准备　电源插孔、蒸汽熨斗、熨衣板、衬衫一件。

2. 操作步骤（图 3-8）

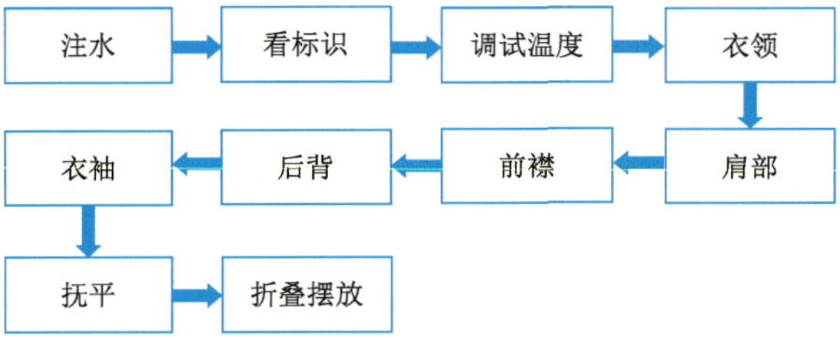

图 3-8　熨烫衬衫流程

（1）注水：用量杯盛水注入蒸汽熨斗，不要超过水位线（建议用纯净水，防止水碱堵塞喷气孔）。

（2）看标识：将衬衣平铺在熨衣板上，查看衬衫上的标识，辨清面料材质。

（3）调试温度：根据衬衫材质，调整蒸汽熨斗对应的熨烫温度。

（4）衣领：先熨衣领反面，再熨正面。靠两边领尖部位各留 5～8 厘米不要压死。否则影响美观。

（5）肩部：后背肩里外两层的部位，平稳熨烫。

（6）前襟：合在后身上面熨烫，侧缝对齐，下摆对正，从上至下全部烫平。

（7）后背：双手提肩，将衬衫平铺在熨衣板上，打开前襟，熨烫后背正反面。

（8）衣袖：先熨烫袖口里面贴边，再熨外边，然后将袖子沿缝全部熨烫平整。

（9）抚平：用手轻轻抚平整理衬衫各部位。

（10）折叠摆放：依据衬衫折叠方法叠好摆放。

第 4 节　床上用品及窗帘的洗涤与养护

床上用品及窗帘的洗涤与养护如图 3-9 所示。

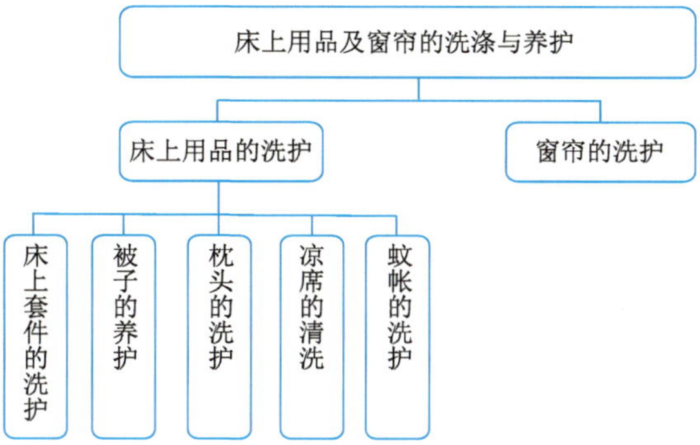

图 3-9　床上用品及窗帘的洗涤与养护

一、床上用品的洗护

床上用品指摆放在床上供人们睡眠时使用的物品，包括被褥、被套、床单、枕头、凉席、蚊帐等。人们在购买床上用品时，除了美观好看外，还要注重面料的结实性、耐磨性、吸湿性、舒适性等特点。所有的床单、被套、被子都有统一的标准，如 1.5 米 × 2 米的床应买 2 米 × 2.3 米的标准套件，而 1.8 米 × 2 米的床则应选择 2.3 米 × 2.4 米的标准套件，在购买前一定要量好自家床位的尺寸。下面针对常规套件，说说洗护常识。

（一）床上套件的洗护

1. 纯棉套件　纯棉面料手感好，使用舒适，耐碱不耐酸，抗高温性能好，花色品种丰富，是床上用品广泛采用的材质。纯棉套件的污垢主要是汗液、油脂与灰尘的混合物，可用肥皂或其他碱性洗涤剂洗涤，浸泡时间可相对长些，可在 50~60℃的肥皂液中浸泡 20～30 分钟后再搓洗或刷洗，效果较好。具体洗涤方法如下所示。

（1）初次清洗前在清水中放少许食盐低温浸泡片刻，以免颜色受到损伤。这样不仅能清洗干净还能起到固色作用。

（2）洗涤温度为 50~60℃，有汗渍的棉织物忌用热水浸泡，以免出现黄斑。选用碱性洗涤剂洗涤，漂洗时，掌握少量多次的办法效果最佳。

（3）漂洗干净脱水后，在阴凉通风处反面晾晒，不可在阳光下暴晒，以免褪色。熨烫时温度控制在 110℃以下。

2. 贡缎提花及绣花套件　贡缎提花面料的套件一般会加以其他工艺的设计，如蕾丝、绣花等，在洗涤时一定要小心。具体洗涤方法如下所示。

（1）将中性洗涤剂（勿使用含有漂白剂成分的洗涤剂）放入水中，待完全溶解搅拌均匀后再放入套件物品，浸泡时间不超过 30 分钟。

（2）清洗时，将深浅色产品分开，以免浅色产品被染色。水温应低于 30℃，采用反面洗涤的方法。

（3）提花类床上用品套件如果要机洗，一定要选择轻揉的方式，而且要单件单品洗涤，切勿再放入其他衣物，防止衣物上的纽扣或金属制品划伤床上用品套件。如床上用品上有绣花、蕾丝等，可将床上用品套件装入洗衣袋中，防止丝线缠绕，出现损伤。

（4）清洗后放在室外通风处反面晾晒，切勿暴晒。尽量避免烘干。因为提花被套中的丝带有可能会在烘干的过程中变形，影响美观。熨烫时一定采用低温、垫布熨烫。

3. 大提花印花套件 具体洗涤方法如下所示。

（1）无论机洗还是手洗，选中性洗涤剂，禁用有漂白剂成分的洗涤剂洗涤，否则很容易导致印花类产品褪色。

（2）洗涤水温一般低于 40℃，浸泡时间不得超过 30 分钟，若时间较长，对印花套件的色泽有所损害，并且会造成面料膨胀变形，缩短其使用寿命。

（3）清洗干净后在室外通风处晾干即可，不可长时间在阳光下暴晒。

（4）若需要使用烘干机，请选用低温烘干，温度不得超过 35℃。以免造成套件缩水，影响使用。

4. 天丝套件 具体洗涤方法如下所示。

（1）随浸随洗，水温不要超过 45℃。

（2）与棉织物的洗涤要求基本相同，洗涤时要轻揉，忌用力搓洗，忌硬刷刷洗，忌用力拧绞，漂洗干净后折叠挤压干净水分。忌暴晒，通风阴干。

5. 磨毛套件 洗涤水温在 30℃以下，选用中性洗涤剂，若为机洗，选择弱洗。不可漂白，不可干洗，中温熨烫。

6. 长绒棉套件 不可机洗，选用弱碱性洗涤剂洗涤，最好用烘干机烘干。

7. 水貂绒套件 具体洗涤方法如下所示。

（1）选用中性洗涤剂（勿使用含有漂白剂成分的洗涤剂）放入水中，待完全溶解后再放入织品，浸泡时间不超过 30 分钟。

（2）宜手洗，也可选择机洗，但禁止干洗。水温不要超过 40℃。

（3）因水貂绒表层含有丰富绒毛，故洗涤时忌用力搓洗，忌硬刷刷洗，忌用力拧绞。

（4）晾晒前应先将织物整理平整，在通风处晾干，切忌暴晒。可用细软的长刷子将套件绒毛顺着绒毛的方向梳理一遍，可以低温熨烫。

8. 珊瑚绒套件 具体洗涤方法如下所示。

（1）最好选择冷水洗涤，选用中性洗涤剂，低温浸泡，浸泡时间不超过 30 分钟。手洗机洗均可，但不可干洗。

（2）可拿到阳光下晾晒，轻微拍打，去除所沾灰尘 。

（3）顺着绒毛的纹理梳理，保持其平整性。

床上用品小知识

1. 用盐水处理新买的床单。新买的床单在使用前最好用食盐水浸泡后洗涤干净，因为新床单上可能残留防皱处理时的致癌物——甲醛。在高压、高温环境下，甲醛分子与纤维分子结合，可产生防皱效果。如果处理过程不够严谨，或处理后清洗不净，甲醛单体会从面料中释放出来。所以在用新床单之前，先用食盐水浸泡一下，有利于健康。

2. 床上用品大致可分为印花、绣花和提花三类。印花是指布织好后，再印上图案，印花产品的颜色明快，花色种类多；绣花是指布织好后，用机器绣上图案；提花指面料上的图案是用不同颜色的纱织起来的，其工艺更复杂，造价成本更高。

（二）被子的养护

被子是人们家居生活用品中很重要的部分，因为人生 1/3 的时间是在床上度过的，所以被子的保养尤其应该重视。以下为常见的被子的养护知识。

1. 羊毛被　最贴身的被子。

羊毛被一般不需要清洗，要经常拿出来晾一晾，如有污渍，应送干洗店干洗除去污渍。平时使用时，在被子面料上加上一层被套，勤洗勤换。于干燥通风处存放，放入适量的防虫剂，勿重压，可频繁晾晒，但切忌在太阳光下暴晒。

2. 羽绒被　最轻盈的被子。

羽绒被的主要填充物是鹅绒和鸭绒两种。两者相对比较，鹅绒要比鸭绒好一些。羽绒被的主要质量指标为含绒量。一般来讲，含绒量 50%以上就属优质羽绒被。

羽绒被具有独特的轻柔保暖、吸湿散发的良好性能，触感也很好，温暖舒适，无压迫感。一般两星期左右应将羽绒被放置于通风处晾一段时间，切忌在烈日下暴晒。将柠檬水均匀地喷洒在羽绒被上，可以去除异味。

3. 蚕丝被　绿色环保的被子。

好的蚕丝被应该是用 100%的桑蚕丝做填充物的。蚕在生长过程中不能触碰农药等化学药剂，因此蚕丝被是最绿色环保的被子。

蚕丝被芯不可以水洗，建议干洗，更不可熨烫。如果沾染污渍，选用中性洗涤剂局部擦拭或去干洗店用专用洗涤剂清洗。使用时套上被套，防止被芯沾染灰尘和污渍。

蚕丝被不可暴晒，因为蚕丝蛋白会受到紫外线的影响而变质，使纤维脆损而缩短使用寿命，可每隔两个星期拿出来在通风处晾一段时间，也可用早晨或午后较弱的阳光晾晒保养，这样做可去除被子的异味。

蚕丝被不能存放于潮湿闷热的环境中或者装在塑料袋中，以防止蚕丝受潮，损伤保暖性和透气性，也不可将樟脑丸等杀虫剂直接放在蚕丝被上，避免腐蚀蚕丝。存放时避免重压，若长期不用需存放时，要经常变换折叠的位置，以防止折痕处的蚕丝断裂，影响寿命。蚕丝被一定要避免与尖锐的硬物接触，以免造成损伤。

4. 棉花被　最普通的被子。

棉花作为传统的保暖材料，是人们使用最多的被子填充物。棉花被天然健康，舒适保暖，特别适合皮肤过敏的人群。

棉花被易吸收潮气，容易起蛀虫和霉菌。养护时需要经常晾晒，忌用棍棒敲击棉被，因为棉纤维粗短易碎，反复拍打会降低被子的保暖性能。存放被子时可以放入几小袋干燥剂（如小食品干燥剂），也可放几块香皂（选择自己喜欢的香型）来去除棉花被的异味。

5. 纤维被 最便宜的被子。

在所有被子当中，纤维被的价格是最便宜的，市面售价一般在 100～200 元。纤维被分四孔、七孔、九孔等。理论上讲，纤维孔数越多其保暖性、弹性、透气性也越好。纤维被的优点是价格便宜，保暖性透气性良好，重量轻巧。缺点是化学纤维摩擦易产生静电，被芯内部会吸附很多灰尘和皮屑，贴身性较差，容易储藏气味。纤维被不需要特别的养护，可定期拿到阳光下暴晒，水洗机洗都可，对洗涤剂的选用没有要求，中性洗涤剂、肥皂都不会对被芯造成损伤。

6. 理疗被 高科技被子。

理疗被是具有针灸、磁疗、远红外、负离子、自发热等高科技功能的产品。通过磁场力的作用，释放多种微量元素，产生远红外能量波（生命磁波），被人体共振吸收，可以起到促进血液循环、提高睡眠质量、增强人体新陈代谢、提高细胞免疫力、调虚实通经络的作用，内病外治，起到消炎镇痛、祛风除湿的作用。

链接

如何挑选蚕丝被

1. 看标识中蚕丝的含量占比。写明 100%桑蚕丝或 100%柞蚕丝的是上好的产品。桑蚕丝是蚕吃桑叶吐出的丝，呈乳白色；柞蚕丝是柞蚕吃柞树叶吐出的丝，呈灰褐色，往往进行漂白加工。

2. 每条蚕丝被留有看样口，一般在 20～30 厘米。小的厂家会用好的蚕丝做看样口，蒙蔽消费者，从这方面说，看样口越大越好。但是，某些蚕丝被看样口虽大却存在绗缝（就像羽绒被一样上面有机器缝制的线），也会蒙蔽消费者。

3. 优质蚕丝的颜色应为乳白色略黄，表面有柔和的光泽，不发黑，用手搓捻不发涩。

4. 丝纤维很长，每层丝都似一张网，拉开表面蚕丝后，内部无成团的絮状碎蚕丝。

5. 把蚕丝被折好后用力压一下，回弹比较慢，说明是好的蚕丝被。

6. 蚕丝燃烧后，冒出的烟是白色的，并散发出烧毛发的味道，这种味道是蛋白质独有的，棉麻织物和化纤织物都不会拥有。

链接

防止螨虫的小妙招

1. 阳光照射是天然的杀虫剂。

2. 保持干燥通风。早上起床后打开窗户，不要急于叠被子，掀开或翻过来晾晾，尽量让湿气挥发。在湿热环境下螨虫发育繁殖最旺盛，因此干燥、通风就是消灭它们的天然武器。

3. 讲卫生，勤洗、勤换被套床单。

4. 不要让宠物在卧室跑进跑出，更不要在床上吃东西，食物碎屑也是螨虫滋生的因素。

（三）枕头的洗护

良好的睡眠是精力充沛的前提，而选择适合自己的枕头枕芯，可以提高睡眠质量。

枕头的种类很多，使用时为了保护枕芯都护有易清洗的枕套，可减少清洗枕芯的次数。下面介绍几种常用枕头类型及洗护知识（表 3-15）。

表 3-15　常用枕头类型及洗护

名称	特点	洗护
荞麦皮枕	天然材质，重量轻，可以随着头部左右移动而改变形状，冬暖夏凉，枕着比较舒服	容易生虫，需定期清洗。把枕头中的荞麦皮装入网袋，可放入洗衣机中清洗甩干，在阳光下晾晒干透，再装入枕头
决明子枕	将决明子填充在枕芯中，在睡眠的时候起到安神健脑、清凉明目、防病强身的作用（具体效果因人而异）	将枕芯中的决明子取出放在阳光下晾晒，利用紫外线起到杀菌作用。其余部分根据材质决定洗涤方式
乳胶枕	质地柔软舒适，弹性好不易变形，抗菌性好，使用寿命长，价格偏高	不可用洗衣机洗。用手以挤压的方式进行洗涤。注意不可抓取一角拖动，以防枕头吸水过重导致撕裂。洗净后用干毛巾包住配合双手挤压，通风阴干，避免阳光暴晒
化纤枕	化纤材质不透气，这类枕头使用久了容易结成块，缺乏弹性，呈现高低不平的状态，价格便宜，但不实用	手洗、机洗均可，可以烘干
记忆枕	材质用高密度、吸震、可透气的记忆科技棉制成。舒适柔软的触感及均匀完整的支撑，让人在睡眠时头部完全放松，记忆枕比较有利于颈椎的保健	枕芯不能水洗也不宜暴晒，建议将枕套做成内套和外套，勤洗勤换，不用时自然状态放置，不要压在重物底下，防止发生形变
羽绒枕	羽绒枕质轻、透气不闷热，蓬松度好，不会因使用时间长了而变形。对羽绒羽毛过敏的人群不宜选择	不便清洗，经常用手拍打枕头，使其保持蓬松，也可拿到通风处吹晾。特别脏污可以拿到干洗店干洗

链接

宝宝枕头

枕头高度太高，容易使宝宝脖颈弯曲，使气管受压，引起呼吸困难，影响睡眠质量。此外，宝宝的脊柱尚未完全定形，枕头太高，久而久之，宝宝会发生驼背、斜肩等情况。

3～6 个月的宝宝，最合理的枕头高度要小于 0.03 米。6 个月以后可适当提高枕头的高度，以 0.03～0.04 米为宜。宝宝枕头的长度应略大于宝宝的肩宽，宽度与头长相等，可根据宝宝的发育酌情逐渐调整。

（四）凉席的清洗

夏天一到，凉席就成了家庭不可或缺的床上用品。但由于夏季人体容易出汗，皮屑和灰尘容易进入凉席缝隙中，加上天气闷热潮湿，会导致凉席脏污，可是很多人不知道凉席正确的清洗方法，从而影响了凉席的使用寿命。首次使用凉席前用盐水清洗。如果想去异味，加点花露水或茶叶水，可起到去污杀菌的作用，也可采用开水烫洗的方式消毒。凉席用以上方法洗完后在阳光下晾晒干透，可以杀死螨虫及其虫卵，但晾晒不宜太久。

不同材质凉席的清洗方法如下所示。

1. 竹凉席 不能放在水中久泡，可用毛巾慢慢擦洗。第一遍擦洗时抹布稍微湿一点，第二遍擦洗时抹布需要拧干再擦，最后放在干燥通风处晾干，竹凉席不宜暴晒，以免变脆。使用竹凉席时，最好每天睡前都用抹布蘸温开水擦拭一遍，待晾干后，会更加凉爽。

2. 亚麻凉席 洗涤亚麻凉席时，可先将其在温水中浸泡 10 分钟，然后搓洗。清洗完毕后，沥干水分，不能用力拧绞，自然阴干到八成干时，可用熨斗熨烫，使其平整美观。

3. 牛皮凉席 在平时使用时，就要定期用半湿的毛巾擦洗席面。不能在日光下暴晒，也不能淋雨、烘烤和冲水。如有污渍只需湿毛巾轻轻擦拭，然后自然风干即可。

4. 竹纤维凉席 质地柔软，不含有化学添加剂，是一种新型环保型凉席。横截面布满大大小小的空隙，可以自由地吸收并蒸发水分，其吸湿性和排湿性居各种纤维之首，还具有独特的抗菌除臭性。舒适透气，手感清凉爽滑、柔软，悬垂感强，弹性好，抗皱褶。竹纤维凉席在清洗时要注意以下三点。

（1）水洗温度不要超过 35℃，浸泡 10 分钟左右。选用中性洗涤剂，不可漂白，尽量不要接触酸、碱或其他化学成分。

（2）洗涤后，放置在通风良好的阴凉处自然风干，至八成干时可以进行低温熨烫。

（3）收藏时不必将樟脑丸或其他防虫剂放置在凉席内，因为竹纤维凉席本身具有很好的天然防虫抗菌性能，存放时勿挤压，最好用原包装盒子进行存放。

链接

凉席除螨小技巧

可将樟脑丸敲碎，均匀地撒在凉席面上，随后卷起凉席在床上捂上一小时（可将房门关上），待除去樟脑丸碎末后，再用清水擦拭凉席（至少两次），然后将凉席吹晾，让樟脑丸气味尽快散发。使用高锰酸钾溶液清洗也可起到除螨的作用。

温馨提示：每周清除凉席上的头发、皮屑等会减少螨虫和细菌滋生的机会。

（五）蚊帐的洗护

随着夏天的到来，蚊子也会多起来，蚊帐就成了人们离不开的床上用品。挑选蚊帐时，需有一定的技巧性，不能只看其外形，蚊帐的材质是否亲肤、敞开方式是否合乎个人的生活习惯等都应该考虑在内。目前市面上常见的蚊帐可分为三种类型（表 3-16）。

表 3-16　常见蚊帐类型

种类	形状	优缺点
棉纱帐	圆顶形，像“蒙古包”。一般是两开门	优点：透气性好，耐用，价格便宜。缺点：清洗不方便，吸水太多，容易乱丝
真丝帐	方顶四方三开门（宫廷式蚊帐）	优点：柔软，体积小，质地轻，携带方便。缺点：容易皱褶，透气性一般，价格偏高
化纤帐	四边弧形，一般吊在天花板上	优点：立体感强，质地柔软，透气性好，轻巧耐用，洗涤方便。缺点：透气性差

蚊帐应该经常清洗，具体方法如下所示。

1. 首先用清水浸泡 2～3 分钟，洗去表面灰尘，再用洗衣粉 2～3 勺，放入盛有冷水的盆中搅拌均匀，待溶解后放入蚊帐，浸泡 15～20 分钟，用手轻轻搓揉。

2. 不可用热水烫，否则会变形，用清水漂洗后，挂在通风处晾干。

3. 洗净的蚊帐，要用塑料袋或布将其叠整齐后包好，单独存放。如果要放卫生球，先把卫生球用白纸包好，不要和蚊帐直接接触，否则会使蚊帐出现斑渍并降低蚊帐强度。

二、窗帘的洗护

窗帘要定期清洗，这样不仅可以美化家装，还有利于家人的健康。不同的窗帘需要使用不同的清洗方法和洗涤剂。下面介绍几种常见窗帘的清洗方法。

（一）百叶窗帘

在清洗窗帘前首先要把窗帘全部关好，在窗叶上喷洒适量清水或擦光剂，用抹布擦洗干净，可较长时间使之保持清洁光亮。窗帘的拉绳处，可用一把柔软的毛刷轻轻擦拭。如果窗帘较脏，则可用抹布蘸取兑入中性洗涤剂的温水擦洗，再用干净的抹布蘸清水擦拭干净。

（二）滚轴卷帘

为了避免拆装的麻烦，可以将窗帘拉下清洗，滚轴通常是中空的，可用一根细绳，一端系着绒毛掸子伸进去不停地转动，这种方法可简单除去里面的灰尘。清洗时应特别注意卷帘四周比较容易吸附灰尘的位置，若灰尘太多，可用软刷将灰尘去除，再用清水擦拭洗净，也可喷些擦光剂，能使卷帘较长时间保持清洁干净。

（三）天鹅绒窗帘

将窗帘拆下来后浸泡在中性洗涤剂或专用清洗剂中，用手轻轻压挤使窗帘表面的污渍溶出，反复漂洗几次，待清洗干净后，放在横式架子上，使水分自动滴干，就会光洁如新。

（四）帆布或麻布窗帘

用海绵蘸取温水、肥皂液或中性洗涤剂进行擦拭，然后用干净的软布擦净，待晾干后卷起来即可，此方法省事省力，效果较好。

（五）静电植物绒布窗帘

这种窗帘切不可泡在水中揉洗或刷洗，只需用棉纱蘸上少量酒精或中性洗涤剂轻轻擦拭即可。如果绒布过湿，千万不要用力拧绞，以免绒毛掉落，影响美观。可用干净毛巾包住窗帘，双手压去水分或让其自然晾干，可保持植绒原样。

（六）奥地利式花边窗帘

清洗时先要用衣物吸尘器吸除窗帘上面的灰尘，也可用一把柔软的毛刷轻轻扫过或者用湿毛巾轻轻沾过灰尘。洗涤时可装入大号洗衣袋，轻轻按压揉洗，但一定要小心操作，不要将装饰花边损坏或弄歪斜，影响美观。

（七）普通布料窗帘

此种窗帘按常规洗涤方法放在清水中或洗衣机中轻柔洗涤即可。

第 5 节　鞋帽的清洁养护

鞋帽的清洁养护见图 3-10。

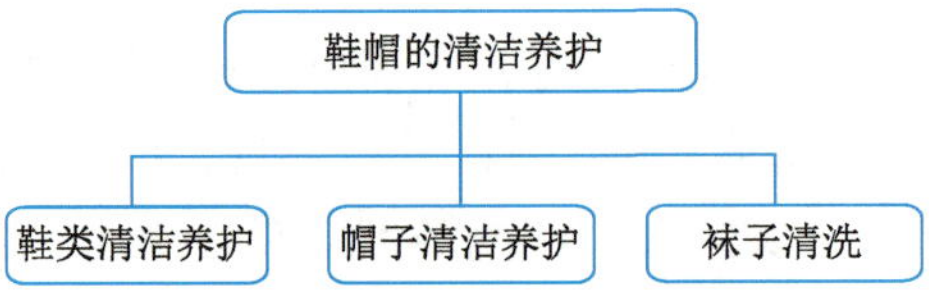

图 3-10　鞋帽的清洁养护

一、鞋类清洁养护

每个人都拥有许多鞋供不同场合和不同季节穿用。鞋子清洁和保养的方法很重要，直接影响着鞋的美观和穿着寿命。鞋子因材质不同有各种类型，各种鞋的清洁、保养、收藏的方法都不尽相同，下面分别说明。

（一）鞋类的清洁

1. 皮鞋　皮鞋一般由牛皮、猪皮、羊皮制作而成，由于皮质的特殊性，既怕潮湿，又怕火烤，更不能晒太阳。皮鞋清洁的一般方法如下所示。

（1）皮鞋不能用水刷洗，因潮湿会使皮质受影响，缩短其穿着寿命。皮鞋擦洗后放在通风处晾干，但不能在太阳光下暴晒，否则会使皮质受损。

（2）穿过的皮鞋表面有很多灰尘，应每天用软刷或柔软的布将上面的灰尘去除。如果脏污比较严重，先用微湿的布迅速擦拭皮鞋的各个部位，然后快速用干布擦干。鞋跟与鞋身的缝隙间，用尖头刷子刷除尘垢。

（3）把鞋油均匀地涂擦在皮面上，用软刷或软布反复擦拭，直到光亮为止。在挤出的鞋油中加入几滴食用醋，会使皮鞋光亮而不易沾污灰尘。白色皮鞋先用食醋擦一擦，待浮尘擦拭干净后，再涂擦白色鞋油，效果较好。

（4）用废旧丝袜套在鞋刷上，蘸取鞋油擦皮鞋，能把皮鞋擦得特别光亮。香蕉皮含有单宁，也可用来擦拭皮鞋上的油污，保持皮面洁净如新。喝剩下的牛奶不要扔掉，用来擦皮鞋和皮革制品，可以防止皮质干裂，起到保护作用。

2. 其他鞋类

（1）漆皮鞋的清洁：漆皮鞋穿脏后，先用刷子刷去灰尘和泥污，特别脏处蘸清水擦拭，晾干后再用干净的布蘸取凡士林或抛光蜡擦拭整个鞋面，皮鞋就会变得干净。

（2）旅游鞋的清洁：皮革旅游鞋参照皮鞋的处理办法。其他旅游鞋可用中性洗涤剂将污渍去掉：先把鞋浸泡在清水里停留 3～5 分钟，再用温水把洗衣粉化开搅拌均匀，将浸泡好的鞋子移至洗衣粉溶液中，用刷子反复刷洗，直到干净为止，再用清水漂洗数次即可，最后用干毛巾擦干，放在通风处晾干。刷洗时，应抽出鞋带，以便于彻底清洁。白色鞋子在最后一次漂洗时可加入少量食醋，可防止鞋面干后变黄。

（3）翻毛皮鞋、马靴、雪地靴的清洁：这三类鞋的清洁方法基本相同。鞋子穿脏后，干布无法擦掉的脏污可先用干净的湿布擦洗几次，擦洗干净后放在通风阴凉处。待皮鞋面半干的时候，再用硬毛刷蘸取翻毛鞋粉，在鞋面上轻轻顺着毛的方向轻刷，鞋面翻毛便会蓬松起来。经过连续吹晾，翻毛就能恢复原样；也可用喷雾清洁剂进行清洁。

（4）运动鞋的清洁：运动鞋以帆布面的居多，清洁与保养大致相同。运动鞋可用肥皂或洗衣粉溶液洗刷，洗刷干净后放在清水中漂洗，待脏水漂洗干净后，放在通风阴凉处晾干。

链接　　**怎样使白色帆布运动鞋洗后不泛黄**

白色帆布运动鞋洗干净后，用刷子直接把白鞋粉涂在鞋面上，放在室外晾干，晾晒时，鞋帮和鞋底连接处用白色卫生纸贴上，待晾干后再揭去，就不会泛黄。白色帆布运动鞋晾干后刷掉鞋粉即可穿用，也可用白色粉笔代替白鞋粉。

（二）鞋类的保养和收藏

1. 皮鞋的保养和收藏

（1）皮鞋的保养：皮鞋要经常擦油，勤上油、勤擦拭。有皱褶的地方要多擦些油，擦油后，先用刷子刷，再用干布擦。一旦皮鞋湿水，不要放在阳光下暴晒或用火烤，这样会使皮鞋变硬，产生收缩，皮面会裂开。应先将泥水抹净，然后把鞋放在通风处吹干，再刷上鞋油。一双皮鞋最好隔天穿一次，以防脚汗令鞋内产生湿气滋生细菌。平常穿着的皮鞋，用软布或软毛刷擦去灰尘。

（2）皮鞋的收藏：存放皮鞋时，不宜涂擦鞋油，因鞋油属于干燥性油，长期存放，容易使皮鞋干燥裂口，正确的方法是在皮鞋的表面涂擦一些生动物油（如猪油、鸡油等）保护皮面，防止皮鞋干燥裂口，穿着时再上油刷擦。打包存放时先将鞋盒用干抹布擦净尘土，再在鞋里放入鞋撑（也可把废旧报纸揉团塞进鞋里，防止皮鞋变形）、干燥剂、防腐剂，然后套上保护袋或盖上保护纸入盒。存放在通风干燥处，不要受压。

在潮湿多雨的季节，将棉毛皮鞋用塑料袋密封收藏，效果最佳。鞋子擦净晾干后，装入不漏气的塑料袋里，将袋内气体排出，用绳子扎紧袋口。这种方法可以防止皮鞋干裂变形和生霉变质。

2. 其他鞋类的保养和收藏

（1）运动鞋：运动鞋的鞋底多为橡胶底，应避免接触油类。穿着时小心被锋利的东西划伤。不穿时要放在通风处，避免太阳晒。长期不穿时应用纸包好，注意防潮防虫，不要受挤压。

（2）磨砂鞋：先用磨砂皮翻毛皮清洁养护湿巾擦拭尘土脏物，再喷上绒皮去污清洁剂用磨砂鞋刷轻刷，分鞋脸、鞋侧、鞋后、鞋跟，按同一方向由鞋底向鞋口单方向轻刷，不能来回刷擦，以防绒面起球。待充分吸收清洁剂后通风阴干，一般需24小时左右，然后将绒皮翻新护理液喷上，用磨砂鞋刷轻刷，刷的方式同上，通风阴干时间相同。磨砂鞋清洁养护费力费时而且易脏，所以随身携带磨砂皮翻毛皮清洁养护湿巾很有必要，擦拭时避免来回擦，雨天尽量不穿，否则难于打理。

（3）旅游鞋：先用运动鞋清洁护理湿巾擦拭污渍，然后喷涂旅游鞋去污清洁剂，用旅游鞋刷刷洗，清水漂净，白色旅游鞋用增白液增白。晾晒时一般用卫生纸将鞋面裹好，避免鞋帮边缘变黄。

二、帽子清洁养护

帽子戴脏了，洗涤比较麻烦，如果洗涤方法不当，还会造成帽子褪色或变形，影响穿戴效果。手工洗涤帽子是最安全的办法。如果是比较结实的帽子，也可用洗衣机洗涤。帽子洗完后不可以烘干，否则容易缩水。

（一）帽子的清洁

1. 一般帽子的洗涤方法

（1）帽子如有装饰品应先取下来。

（2）清洗帽子宜先用清水加入中性洗涤剂稍加浸泡。

（3）用软毛刷轻轻刷洗。

（4）内圈沾汗多的部分可直接蘸取洗涤剂多次刷洗，彻底洗净汗渍及细菌。

（5）不易皱褶的帽子洗涤时，可将帽子折合揉搓，轻轻挤压水分，不可用洗衣机脱水。

（6）将帽子摊开整理，里面塞上干净的毛巾撑起帽形，平放阴干，切忌吊挂晒干。

2. 特殊帽子的洗涤方法

（1）皮帽可用葱头切片擦拭干净，也可用布蘸取中性洗涤剂擦拭，会达到良好的清洁效果。

（2）细毡帽上的污渍可用氨水加等量酒精的混合剂擦洗，不要把帽子弄得太湿，否则容易走形。帽子上磨亮或磨破的地方，可用细砂纸稍微擦拭一下，也可撒些细盐，再用牙刷轻刷，这样擦过后帽子会恢复原样。

（3）针织类帽子清洗时，选用中性洗涤剂轻刷，漂洗干净后最好往帽子里塞满揉皱的纸和布团，然后再晾干，这样可防帽子走形。

（4）羊毛和毛料帽子不要水洗，否则会缩水变形，若确需清洗，选择干洗是最恰当的方式。

（5）鹿皮帽如果不太脏，可用细盐擦洗，不过此法不能频繁进行，否则鹿皮容易磨光。

（6）棒球帽不适合机洗。清洗时水温不宜太高，用软毛牙刷蘸取中性洗涤剂轻轻刷洗帽身，然后漂洗干净晾干。

（二）帽子的养护

帽子要注意保养和保管。脱帽后不要随意乱放，挂放在衣帽架上或衣钩上，防止受压，以免走样变形。帽子戴久了，会沾上油垢污物，要及时清洗。收藏时，可在帽中放入纸质或布质的帽撑，存放在通风干燥的地方，同时放置干燥剂，以便防潮防霉。

三、袜子清洗

1. 丝袜和尼龙袜的清洗　丝袜和尼龙袜在穿过之后要立刻清洗。清洗时先用温和的洗涤剂溶液把丝袜浸泡一会儿，水温不超过 30℃，用手轻轻揉搓，漂洗后挤干水分，晾晒时忌太阳光直射，否则纤维弹性会受到影响，切忌晒在竹竿或其他不光滑的衣架上，以免勾丝。用洗衣机洗涤时，先将袜子装入洗衣网袋再放入洗衣机内，选用中性温和的洗涤剂，轻揉方式，忌用力过大，通风处晾干，忌火烤和暴晒。

2. 羊毛袜的清洗　洗涤羊毛袜时，先用中性洗涤剂溶液浸泡一会儿，然后用手轻轻搓洗。对污垢较重的袜头和袜后跟重点揉搓（可加适量洗涤剂，如丝毛净），揉搓直至干净为止，然后用清水漂洗，再用手略微挤压水分，平摊抹平，晾在通风处干燥。

3. 普通袜子的清洗　普通袜子要勤洗勤换，擦上肥皂用热水搓洗，污垢较容易洗掉。

4. 竹纤维袜子的清洗　竹纤维袜子用温水洗涤，尽量选用中性洗涤剂，不可使用漂白剂，勿用力拧绞，通风处晾干即可。

第 6 节　居 家 收 纳

居家收纳的项目如图 3-11 所示。

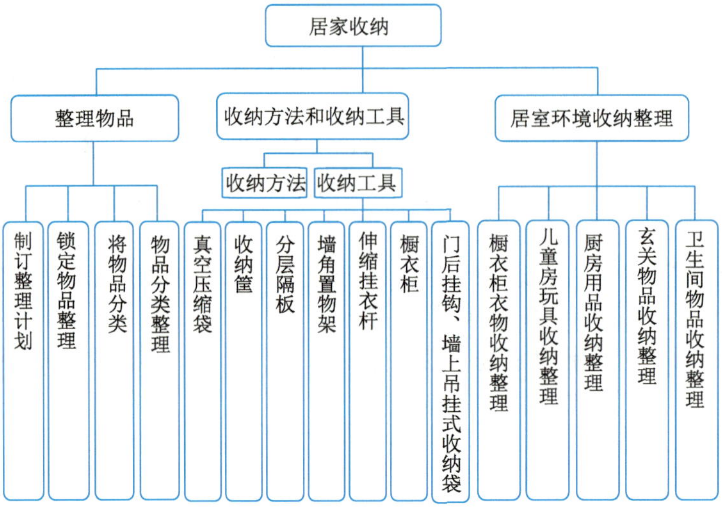

图 3-11 居家收纳项目

一、整理物品——打造简洁舒适的居家环境

家是我们每个人休息放松的场所，居家环境的整洁与否，直接影响着人们的心情和健康。杂乱无序的家庭环境，会降低生活的品位和档次。每个人都向往在干净整洁的房间里生活，可是有些人工作忙碌，没有时间整理物品；有些人购买东西的欲望很强，经常购买物品，导致收纳空间越来越小；有些人不会整理甚至讨厌整理物品。采用正确的收纳整理方法，合理有效地收纳整理，充分利用好家中的每一处空间，可以达到美化居家空间、创造舒适家居环境、提升生活品位的目的。

其实收纳整理并非难事，它是一种生活智慧，学会收纳的基本原则，了解收纳的种类与方法，配合使用合理的收纳工具，有效提升空间的实用性，养成没用的东西随时舍弃，有用的物品随手整理的良好习惯，再乱的空间都能整理得干净整齐，再小的空间也会变得令人神清气爽，使人们的心情愉快，生活更美好。撸起袖子，动用双手，一起学会收纳整理，让杂乱无序的居家环境变得整洁干净。

（一）制订整理计划

划分时间与范围，制订计划慢慢整理。面对平时一股脑儿塞进柜子里、抽屉里的物品，首先要做的是分类，区分出“需要”与“不需要”的物品，留下真正需要的，果断舍弃多余不用的，才能空出更多的收纳空间。若是想要一次整理完所有的空间，就会让人感到厌烦和疲惫。设定小范围的空间限时整理，才是明智之举。例如，今天花 30 分钟整理好一层抽屉，完成后就停手，绝不贪多去做，这样就会有成就感，既不累又提升了下次整理物品的信心和动力，同时还可以利用日常生活的零碎时间轻松完成整理。这样限时划范围的整理过程中，家里也不会显得凌乱无序。

（二）锁定物品整理

房间里不同类型、不同用途的东西散落各处，杂乱无章，使人没有头绪。若不知该从何处下手整理，不妨先锁定应该收拾的物品，如只整理衣物、只整理儿童玩具、只整理书报杂志等。将庞大的整理工作量化后，再开始工作。这样整理锁定的物品，就不会感到负担过重，由于物品单一，也不用辛苦的在房间跑进跑出，简化了整理的过程，会收到不错的效果。这种方法从体积较大、相对醒目的物品开始整理效果会更好。

（三）将物品分类

整理的过程，就是给所有的物品进行分类的过程，这个过程应在 5 秒内做出判断，是“需要”还是“不需要”。在大多数情况下，只要看一眼就可以决定去留，如果 5 秒内无法判断，不妨将物品暂放保留区。厌烦整理的人遇到无法决定去留的物品，就会卡住进退不得，影响整理进程。可待分类结束后再进一步筛选保留区域的物品，决定取舍。

（四）物品分类整理

1. 整理保留区的物品　归类在暂放保留区的物品，不能长时间放着不管，要逐一进行筛选，具体的方法就是“再用一次”。例如，把旧衣物穿在身上出门看看效果，如果发现衣服早已过时，以后再也不会穿用，留着只是占用空间，就要及时归入“不需要”类。长期不用的物品也可采用这种方法，用过之后就能决定“需要”还是“不需要”。特别是人们的喜好审美随着年龄的增长和社会的发展在不断发生改变,品位和档次会完全颠覆，如果清楚地知道有些旧的东西不会再用，就要果断归在“不需要”区域里。

2. 整理限期处理的物品　有些物品“再用一次”过后，还是无法决定去留，可以先暂时留在家里，设定半年或一年的期限，再决定取舍，若是期限到了还是无法取舍，不妨再延长期限，重复几次之后就能下定决心，决定去留。在整理房间时一定要遵从家人的意见，包括孩子，因为每件物品都蕴含着家人的回忆和感情，具有特殊意义，让他们自己决定去留，不要擅自做主丢弃。要懂得尊重家人，他们的协助是让居家环境干净清爽的关键。

3. 整理“不需要”区域的物品　有的人舍不得丢弃不需要的物品，留在身边只是浪费空间而已。一旦决定不用，就要立刻处理。不是只有丢弃才是处理，自己不用的物品趁着还有利用价值时送给需要的人，舍不得丢弃的东西也能通过回收再利用的方式发挥其功用，这样做也是珍惜物资的最佳体现。可以上网拍卖自己不需要的物品，也可拿去专门收购闲置物品的店铺，还可以捐赠，为自己的房间腾出收纳的空间，利己又利人，何乐而不为呢！

4. 检查整理家中库存，避免重复购买　许多人逛商场时，有这样的习惯，趁打折搞活动买许多商品，包括商场换季的衣物，看着便宜，其实买了又不穿，回家后都塞进衣柜壁橱的深处。时间一长就会忘记，平时又不善于整理家里的存货，会出现重复购买的情况。这样做，既浪费了钱物，又占用了空间。所以在购入日常用品时，一定要先清点短缺数量和可存放空间，再决定购买补存数量。例如，清洁剂、洗衣液可遵守“开一瓶买一瓶”的补货原则。最后配合自己的生活所需与居住空间，构思出不浪费物品与空间的收纳整理方法。

二、收纳方法和收纳工具

（一）收纳方法

纵观收纳的诸多方法，大致可分为封闭型的隐藏收纳（图 3-12）和开放型的展示收纳（图 3-13）两种。运用哪一种方法可以视物品的种类与收纳空间而定。房间里不想被看见的东西就用隐藏收纳的方法，如楼梯下方、沙发背面、榻榻米下部，还有因放置了家居而不能使用的部分墙面等，都可以作为隐藏收纳的场所。家中喜欢的单件物品就可采用展示收纳的方法，如字画、壁挂、盆栽、绿植等。

图 3-12　隐藏收纳

图 3-13　展示收纳

不管采用哪种收纳方法，收纳时一定不能忽略实用性，有的人虽然收拾得干净利落，但使用物品时却因东西塞得太满而拿不出来，或者是因为看不到物品忘记放哪里了而不能及时使用，这样的收纳整理是没有实用效果的。

（二）收纳工具

1. 真空压缩袋　随着生活水平的提高，人们的生活品位越来越高，居家用品也越来越细化，家里的橱柜已经塞得满满的，想要腾出一些收纳空间，可使用真空压缩袋，家里暂时不用的被褥、过季不穿的衣物、多余不用的枕头，以及怕潮湿的物品等，全部可用真空压缩袋整理好，很快就能腾出许多空间。购买时，建议大中小号都应该选用，大有大用，小有小用，都能派上用场。

2. 收纳筐　家里物品形状各异种类繁杂，小件东西如果随便放在哪个角落里，找起来就特别费事。这时候用收纳筐来进行物品的分类收纳就非常方便，但切忌不要在一个筐子里装多种物品。高处不便于取放的空间，可选择带把手的收纳筐，柜子的纵深处可选用带后滑轮的收纳筐。这种收纳工具适合于衣柜、五斗橱、橱柜、卫生间等地方。使用时尽量一个收纳筐里只放 1～2 类物品，如果同一空间采用同样外形的收纳筐，建议用贴标签的方法，写明收纳的物品名称，便于日常查找。市面上收纳筐的种类较多，材质有藤条的，有金属的，有布艺的，也有塑料的，等等。

3. 分层隔板　橱柜的设计有些不是很合理，有的柜子格子很大，只能存放一层物品，致使上面的空间白白浪费，或者家里的衣柜太高了，衣服堆得太高，拿衣服时容易倒塌。尺寸相宜的分层隔板可以利用被浪费的空间，衣服分类整理在不同的隔板上，又整齐又好找。橱柜中个别层板可以设计成活动的，当物品数量增减时，可以随时调整位置。这种方法除了用在橱柜收纳上，还可以用在厨房、书柜、鞋柜的收纳方面。

4. 墙角置物架　房间里一些角落是闲置浪费的，墙角置物架可将零碎的东西归置妥当，既好看又实用。建议购买时选择免打孔的，既不会损坏墙面，还可以拆卸，比较方便。

5. 伸缩挂衣杆　可以自由控制伸缩挂衣杆的长度和高度，用于面积不是很大的橱衣柜，可节省很多空间，也可以根据衣服的大小和数量选择伸缩挂衣杆的使用方法，非常灵活方便。建议将其安装在橱衣柜层板上，根据衣服的长度调节层板的高度，选择合适的悬挂空间。同时，伸缩挂衣杆的承重性也是很重要的，购买时必须考虑。

6. 橱衣柜　现代家庭中，橱衣柜是必不可少的收纳工具，它能收纳各种杂物。许多人总嫌衣柜不够用，可是空间有限，房间里一般很难容纳多个硕大的衣柜。那么衣柜是否真正发挥了其最大的功能呢？是否还可以有利用的空间呢？巧用柜内收纳工具，衣柜也能扩大收纳空间。

（1）格子抽屉、分隔配件、挂钩和橱衣柜配合使用：日常生活中，领带、腰带、围巾、首饰、内衣、袜子等这些小东西很容易杂乱混在一起，找的时候费时费力。有了这些工具，每件东西都有了自己的位置，用完放回原位，井然有序。领带、皮带打成圈，丝巾折成小方块，放在抽屉里，或挂在挂钩上，很容易找到，方便使用。同时，不同物品分开放，从卫生的角度讲，也更科学合理，避免交叉感染。

（2）储物盒和橱衣柜配合使用：用储物盒存放物品，分类较容易。每个盒子外面可以标记物品的名称，如帽子、毛巾、薄被、运动装备等。用的时候不用无头绪的乱找。带盖的盒子，还能防止尘土污染衣物。储物盒也可存放一些不规则形状和不宜挤压的物品，如运动装备、帽子等。

（3）挂衣杆、裤挂、衣架和橱衣柜配合使用：将衣物悬挂起来，不仅为了防止皱褶，还使衣柜显得更有秩序，特别是挑选搭配衣服时，上下装摆放在一起，效果一目了然。适合这种收纳方法的有长短外衣、西装、面料容易皱褶的衣物，如真丝衬衫、晚装长裙、毛料或麻质衣服。

7. 门后挂钩、墙上吊挂式收纳袋　卧室的门板后平时都是空闲的，购买几个挂钩粘上去，可以把临时替换下来的衣物、围巾、包等挂在门后挂钩上，这样就不会凌乱堆放。挂式收纳袋可以收纳饰品、信件、钥匙等小物件，也可挂在壁橱或衣柜的墙面收纳内衣、袜子等。

链接

药　箱

每个家庭常备有生病时应急需要的药物，如预防感冒的药物、跌打损伤的红花油之类，因为不常用，经常记不得放置的地方。购买一个大号药箱，把所有药品归置进去，定期清理过期药物，每次用时只要把箱子拎出来即可，非常方便。

三、居室环境收纳整理

（一）橱衣柜衣物收纳整理

每个季节都有不同的穿着打扮，过季换下来的衣服经清洗后存放在衣柜里，加之换季时人们都要添置新的应季服装，这样衣柜的存放空间就越来越小，如何整理衣柜腾出储藏空间就显得很有必要。下面介绍整理橱衣柜的具体方法。

1. 清空衣柜 取出衣柜里所有的衣物，可以清楚地知道衣柜的存放空间。然后把凌乱堆放在床上的衣物分类，区分出“需要”与“不需要”，认真检视，只留下真正需要的衣物，舍弃不需要的，才能空出更多的收纳空间。

2. 清洗衣柜 用吸尘器或干净的抹布清扫衣柜底板，把久积的灰尘一扫而空。再用自己喜爱的味道的清洁剂抹净衣柜柜板、衣架、挂钩、横杠，给衣物提供一个干净整洁的环境。清扫完毕后，针对衣柜的质地喷上杀虫剂，撒上樟脑丸。

3. 分类整理衣物

（1）划分“需要”与“不需要”：拿出几个收纳箱，分别放置需要的衣物、捐献的衣物、需要丢弃的衣物。马上把该捐献的衣物捐献，该丢弃的衣物丢弃，如果不立即处理，那么过段时间或许又会被重新放到衣柜中去占用空间。放置衣物时分类分区域摆放。

（2）依照季节分类：将春夏秋冬的服装分开叠放吊挂，把同季节的衣服吊挂在一起，方便拿取和搭配。

（3）依照颜色、材质和性质分类

1）依照衣服的颜色分类，颜色相近的衣服放在一起，相同材质的衣服放在一起，正式场合穿的正装和休闲时间穿的休闲服区分摆放。例如，衬衫群里，所有的白衬衫挂在一起，淡颜色的挂在一起，颜色鲜艳的挂在一起，印花的挂在一起，有图案的挂在一起，便于拿取，保证快速搭配出穿着效果。

2）把毛衣、运动服和 T 恤衫叠放在衣柜的小格子或隔层板上，也可放在抽屉里，因为这些衣物相对不怕压。真丝、棉质衣物和西装、套装一类的衣物最好悬挂起来。羊毛羊绒衫、针织衫不宜挂放，容易变形。常穿和不常穿的衣服要分开，内衣外衣要分开。

4. 折叠衣物 如表 3-17～表 3-21 所示。

表 3-17 折叠衬衫

折叠衬衫步骤	图解
将衬衫扣子扣好，背部向上铺平拉紧领口和衬衫下边终点，使衬衫平整	

续表

折叠衬衫步骤	图解
抚平衬衫领口背面和袖子处的皱褶，在领口背部的正中间放置衬纸板	
将衬衫左右两侧向中间折叠，折到衬纸板的宽度，袖子再反向折叠相互叠压保持左右对称	
将衬衫对折，折叠后长度与衬纸板的长度一致，如果衬衫比较长，可以先将下摆向上折叠一段，以保证最后剩余部分折叠后与衬纸板的长度相同	
将衬衫反过来抚平整理	

表 3-18　折叠套头连帽衫

折叠套头连帽衫步骤	图解
整理衣物，避免皱褶。将扣子扣好或者拉链拉好，正面向上平铺，抚平皱褶	
将帽子向内折叠	

续表

折叠套头连帽衫步骤	图解
结合收纳空间的宽度将两侧向内折叠，再将袖子折回，袖口与下摆平行	
在衣服下摆向上 1/3 处折叠	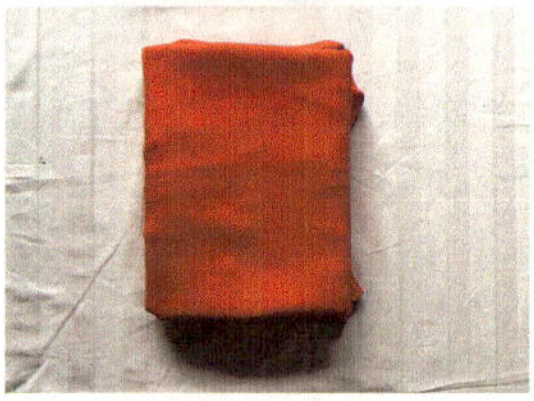
将剩余部分继续向上折叠成型	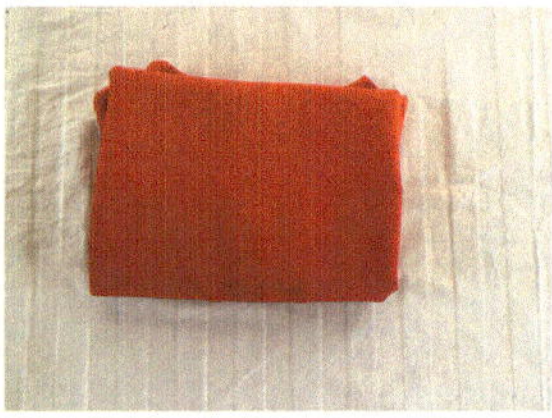

表 3-19　折叠胸罩

折叠胸罩步骤	图解
解开挂扣，正面向下，将两侧罩杯旁的挂钩部分重叠在一起	
从中间对折，将右罩杯嵌入到左罩杯中，肩带悬挂在手背上	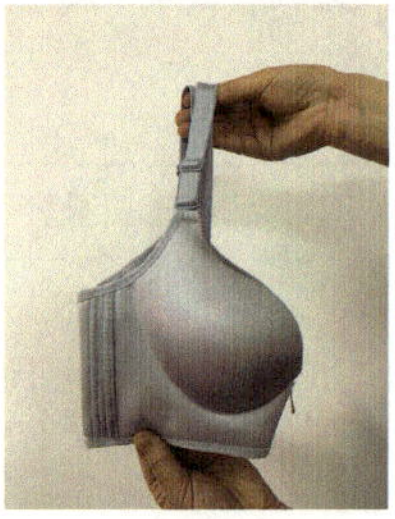
将手背上的肩带顺势套在罩杯上	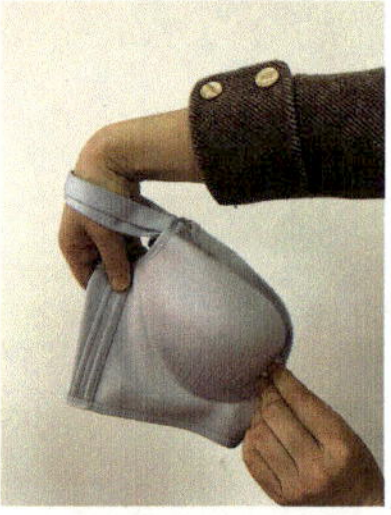

续表

折叠胸罩步骤	图解
折好后的大小基本一致，朝同一方向放置，可节省空间	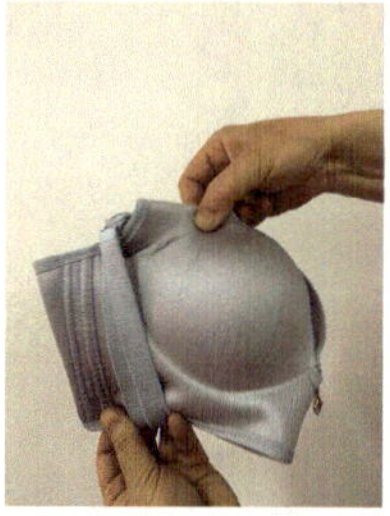

表 3-20　折叠长筒丝袜

折叠长筒丝袜步骤	图解
尽量抻平褶皱，将两只袜子重叠到一起	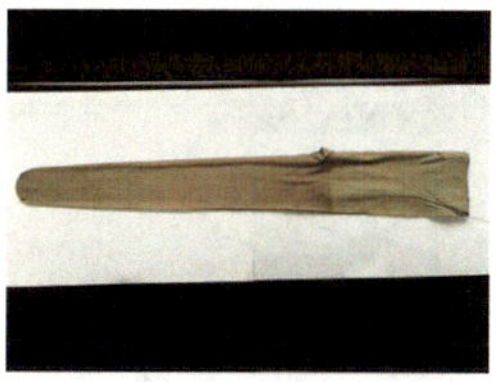
将袜子对折	
进一步对折，成为原来的 1/4 的长度	
再于 1/3 处进行折叠	
将腰身的橡皮筋部分翻过来，包住袜身	

表 3-21　折叠长裤

折叠长裤步骤	图解
将西装裤铺开，抹平皱褶	
以两边裤线为中线，将裤子重叠	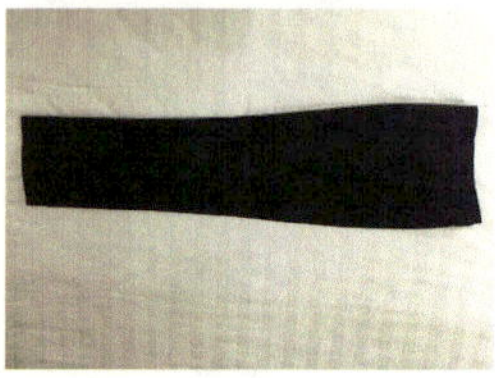
将重叠的裤子对折起来	
再将裤子对半折叠	

5. 站立式摆放　可以折叠存放的衣服最好以卷成卷的方式叠放，这样不仅节省空间，而且还方便取放，在摆放的时候，一定要在打开盒子或柜子的时候就能看到并接触到所有的衣物，一目了然。传统的折叠方式上下顺序摆放，在取衣服的时候很容易弄乱。

充分利用衣柜的空间

1. 利用挂衣杆悬挂衣物，挂衣杆会占用 60 厘米纵深的空间，如果衣柜的纵深大于 60 厘米，就会产生空间的浪费。可以在挂衣杆的外侧，再安装一根横杆，用来悬挂裤子和小件物品。

2. 衣柜门的内侧也是收纳的空间。安装挂钩，可以把皮带、丝巾等各种小装饰物挂上去，既方便拿取又易于挑选，十分方便。也可用网状衣架，作用相同。

（二）儿童房玩具收纳整理

儿童房总免不了各种各样玩具的堆积，如积木、皮球、小动物、布娃娃、小汽车等。每个家庭几乎都一样，孩子一出生，父母、长辈都会购买许多玩具送给孩子，希望自己的孩子愉快成长，在游戏中获得知识，增长智慧。随着孩子年龄的增长，玩具越来越多，堆积在房间里凌乱不堪，非常烦心。儿童房的收纳工具和收纳方法介绍如下。

1. 利用小巧简单的矮柜　把同类型的玩具放在同一个收纳盒里，然后放入矮柜的格子中，整齐又规律。这种矮柜还有一个好处就是可以培养孩子自我整理的能力。将矮柜的颜色设计成粉色或蓝色，也许更符合孩子的审美世界。

2. 利用吊柜的上层空间　孩子好动，喜欢玩耍，一般 1.4 米以下的空间尽量少堆积杂物和橱柜，给予孩子足够的空间活动。利用 1.4 米以上的空间可以收纳很多东西，可放置一些孩子不常用的玩具或者需要在成人帮助下使用的玩具。

3. 利用床下的闲置空间　儿童卧房一般放置的是滑梯床和高低床。床的下面提供了收纳的空间。可以买一些较矮的柜子和箱子放在床下收纳玩具，也可以把玩具整齐地摆放在床下，既给了孩子一定的隐私空间，又有足够的活动空间。

4. 利用墙角空间　墙角位置可以利用转角隔板或者转角柜来收纳玩具，也可以在墙角挂上一个悬挂式玩具收纳袋。要求孩子每天整理，这样运动收纳两不误，可获得很好的效果。

5. 设计一个小小工作台　给孩子设计一个小小工作台，在周围墙面上挂上一根金属吊杆，上面吊几个小收纳篮，可以把一些做手工用的工具放置在里面，也可收纳一些较轻的玩具，还可以用洞洞板做背景，洞洞上可以挂各种工具。有了自己的工作台，孩子的玩具就有了相对固定的位子，不会被乱扔乱放。

6. 利用床头空间　在床头给孩子设计一个可以放置杂物和书本的收纳架，让孩子养成临睡觉前归置好自己东西的好习惯。如果空间较小，设计小巧的隔板也能起到同样的作用。

（三）厨房用品收纳整理

1. 收纳工具　在很多家庭里，厨房的整理是令人头疼的事情。因为厨房的东西多而杂，蔬菜、水果、大米、白面、锅、碗、瓢、盆，零零散散一大堆。有的厨房狼藉一片，各种各样的调味品堆积在一起，各种碗、筷、叉、勺摆放杂乱无序，显得非常凌乱。在这样的环境中做菜煮饭，不仅影响心情而且影响食欲，下面介绍简单的厨房收纳工具。利用这些工具有效整理厨房，合理收纳厨房用品，让厨房瞬间变得整齐干净。

（1）储物罐：小小的储物罐可以把各种各样的调料、干果都储存起来，整齐美观，又防潮防虫。平时装咖啡、果酱的瓶罐不要扔掉，都可以利用起来。

（2）储物盒（箱）：形状规则的储物盒可以储存食物，大的储物箱还能储存米面，集中放置，摆放整齐，既美观又增加了空间的使用效率。

（3）蔬菜篮：超市买来的蔬菜，有些是不需要冷藏的，如土豆、萝卜、洋葱等，堆放在地上，既不卫生又不好看。利用蔬菜篮把蔬菜分类整理存放，非常方便。有些蔬菜篮还可以放在台面上，用来存放洗干净的蔬菜。

（4）长挂杆与小挂钩：在厨房的墙上钉一根挂杆，将小挂钩挂在挂杆上，铲子勺子就可以悬挂起来，干净卫生又使用方便。再买一些粘钩贴在墙上，抹布围裙就有了合适的位子。

（5）菜板夹、锅盖架：炒菜时不知把锅盖放在哪合适，菜板平放在台面上湿嗒嗒的，购买一个菜板夹、锅盖架就可以解决这样的问题，既不杂乱又方便使用。

（6）调料架：多层调料架能够充分利用空间，把调料存放起来，节省了台面面积。

（7）微波炉架：把微波炉安放在固定的架子上，既安全又方便，同时还能有效地利用微波炉上下方的空间。

（8）碗盘架：刷干净湿漉漉的碗盘直接放在橱柜中，时间长了，会让隔板变形，同时，在潮湿的环境下容易滋生细菌，不利于健康。购买一个碗盘架，沥干水分，既卫生又方便。

（9）锅架：厨房里大大小小的锅总是没地方放，有时候需要把所有的锅都搬出来才能拿到想用的那一个。其实用一个锅架就可以解决问题，把锅整齐地排放在锅架上，既整齐美观，又方便取用。

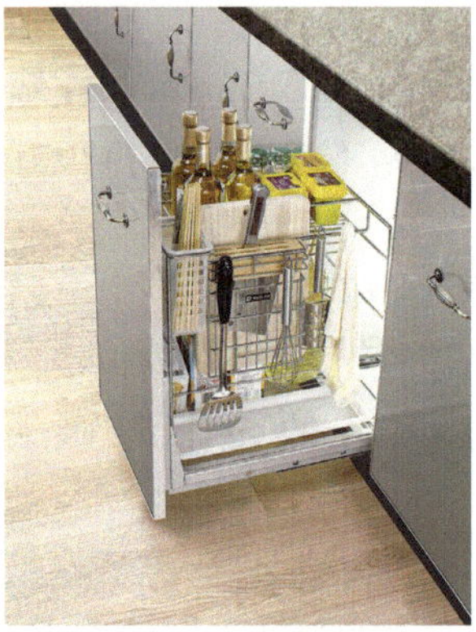

图 3-14　多功能抽拉篮

（10）多功能抽拉篮（图 3-14）：能够充分利用橱柜的内置空间，还能将拐角处的空间利用起来，实现空间利用价值的最大化。把碗盘、酒杯、调料瓶等放在里面既卫生又一目了然，非常实用。

2. 收纳方法　做饭是一项非常辛苦的工作。如果收纳整理合理有效，就会节省时间和减轻不必要的劳动。以上介绍了收纳工具，下面介绍收纳方法。

（1）用途一致的物品就近收纳：当你想喝一杯咖啡时，从接水、烧水、放置咖啡、取出牛奶和砂糖……到喝到咖啡为止，一直走来走去忙个不停，那就有必要重新审视一下自己的收纳场所了。

厨房里把用途一致的物品就近收纳，会使家务活轻松起来。例如，喝咖啡、喝茶所需用品都放在一个地方，需要时站在一处就可以解决问题，不用跑来跑去。按照这种方法，可以将烤箱和它的附属用品放在一起，垃圾箱和垃圾袋放在一起，厨房洗涤用品放在一起，以此类推，既省了时间又方便快捷。

（2）增加置物架，减少空间浪费：在厨房里，吊柜和橱柜空间的划分一般在装修时就已经建好了。当遇到一些新购买的物品，或难以整齐放置的常用物品时，可以随时在墙面上安装置物架、隔板和挂杆，将物品整齐地摆放在上面，拿取方便，既美观又实用。

（3）厨房小家电归置摆放，拿取方便：现代家庭厨房小家电越来越多，虽然使用方便，但整理麻烦，平时存放时要分类整理，如电饭锅、咖啡机、面包机、豆浆机等使用频率较高的电器，应放置在有电源插孔的操作台面上，或放置在操作台下方橱柜中的大夹层中，以利于使用后机器的散热。若长期不用，应存放在吊柜中，并放入干燥剂。

（4）刀、叉集中放置，安全高效：厨房里刀具的使用频率较高且具有危险性，所以在收纳整理时要置于安全的地方。一般统一放置于操作台下的柜中抽屉里，内置带有磁性的刀架，以免刀具滑落划伤；也可用隐藏式刀架盒，不显杂乱，拿取方便、快捷、安全。

（5）餐具摆放有序，不显凌乱：厨房餐具的摆放较为灵活，不论上下柜都适宜。一般将瓷器材质或大型餐盘、餐碗收纳在厨具下柜，并把不同类型的碗碟分类码放在拉取式碗架里，随手可以拿到，以免摔碎；也可摆放在吊柜中，并搭配开放式层板或透明的厨具门，既可收纳储物，又有展示收藏的美观效果，增添厨房的观赏性。

（四）玄关物品收纳整理

玄关是开门的第一道风景，是给客人留下第一印象的地方，也是反映主人生活格调的“脸面”。打开房门，首先看到的是玄关和上面的摆设品。不外露杂物的玄关收纳会提供一个整洁美观的环境。但玄关收纳的物品既多又杂，包括家人替换的各种鞋子、出门的包、雨伞、围巾、帽子、钥匙等。下面说说玄关的一般收纳方法。

1. 挂钩挂放　常用的帽子、围巾、包和钥匙之类的物品，存放不需要特别的呵护和打理，可以选择简单灵活的挂钩挂放，既不占用空间，又能在出门时带来方便。挂钩的高度和数量的配置较为灵活，可根据人数及物品需要安装。除了适合大人的挂钩之外，还可以专门为孩子增加几个低矮的挂钩，随手挂放，养成收纳的好习惯。

2. 收纳式鞋凳摆放鞋子　在玄关处增加坐凳，能够让家人和客人都坐下来换鞋，尤其方便老人和孩子，避免弯腰的不便和单脚站立的失衡。箱式的坐凳还能形成大容量的储物空间，可以收纳日常更换的鞋子等，或预留单独空间存放客人的物品，如果能搭配上舒适的靠垫则更加贴心舒适。收纳式的换鞋凳更适合抽屉式的设计，开启时不影响上部摆放的物品。高度一般在 60～80 厘米，略低于一般的桌椅，否则弯腰时会感到不适。

3. 大柜子储物　如果玄关面积足够大，可以设置一个顶天立地的大柜子，它的收纳能力是超强的。这样换季的鞋靴都有了放置的地方，临时不用的物品都可以收纳进来，如一些不常用的小家电、出门替换的衣物和准备送走的东西等。做好了玄关的收纳，整个房间都不会凌乱。

（五）卫生间物品收纳整理

家庭卫生间的空间有限，但是东西却很琐碎，常常会被紧凑地摆放在下面的柜子里，而上面的空间往往被忽略。尤其是盥洗台或洗衣机上方。如果安装一组吊柜，放置一些备用物品，如洗发水、牙膏、牙刷、毛巾等，就能节省空间；也可在洗手台面上方适当高度的墙壁安装一个镜柜，关上门就是一面镜子，打开门，毛巾、剃须刀、吹风机等浴室用品一一呈现在眼前，用起来既方便又能增加浴室的收纳空间（图 3-15）。

图 3-15　卫生间收纳

如果卫生间面积较小，可用浴帘分隔开洗浴区和盥洗区，让空间看起来不显凌乱；还可以在墙壁上安装横杆，挂放毛巾、浴巾等。这样既拿取方便，又干净整洁；也可以放置带有轮子的收纳柜，根据需要可以在不同的空间随时移动。

链接

维持房间整洁的方法

1. 找出无法维持房间整洁的真正原因，如没时间、没有收纳空间、个性邋遢、无法丢掉东西等，只有找到真正的原因，才会解决问题。

2. 养成购买前思考的习惯。购买物品时，先想好收纳的位置和是否真的需要再购买，想维持环境的整洁，就要避免增加物品，不要随便拿免费而又用不到的东西，囤积到家里，徒增整理的麻烦。

3. 养成随手整理的习惯。随手整理只需要短短的5分钟，生活工作再忙，5分钟的空当总是能挤出来的，利用每天5分钟的时间“物归原位”，就能大幅减少散乱在房间的物品数量。

4. 维护收纳整理好的场所。房间里的整洁干净需要家人维持保护，要告诉家人尊重他人劳动成果。只有每个家庭成员的配合，才会使居家环境干净整洁。

【实操】 整理衣柜

1. 操作准备 抹布、小刷子、干燥剂、卫生球（樟脑丸）等。

2. 操作步骤（图3-16）

图3-16 整理衣柜步骤

（1）清空衣柜：将衣柜中的物件全部清理出来，放在宽敞的地方。

（2）清洁衣柜：用准备好的抹布、小刷子清洁衣柜隔板、挂杆挂钩、整理箱及柜体的每一部位，干燥待用。

（3）衣物分类：将清理出来的衣物按照过季区、当季区、常换区（或长短、尺寸）进行分类。过季的衣物放在衣柜顶部，如没有安装顶柜可用大号收纳箱存放在挂杆下方。当季的放在衣柜下方。常换的放在衣柜中部，保证随手可以拿到。

（4）收纳整理：成套或配套的衣物选择挂放。单件衣物按上装、下装、裙子归类悬挂或折叠摆放。较厚衣物用卷式收纳码放，可以节省空间。褪色、破损、有污迹及长期不穿的衣物舍弃或选质量较好的捐赠。内衣、袜子及其他小饰物，用小型收纳箱或格子抽屉来放置。

（5）防潮防蛀：将准备好的干燥剂、卫生球（樟脑丸）分别放置在每层隔板上，以免衣物受潮发霉和虫蛀。

自测题

1. 简述衣物洗涤剂的种类和特点。

2. 鉴别各类服装面料的方法有哪些？
3. 列举去除衣物血渍的多种方法。
4. 写出熨烫、折叠衬衫的具体步骤。
5. 设计一个收纳整理衣柜的具体方案。
6. 如何养护蚕丝被和羽绒被？
7. 列举厨房收纳工具，并说说具体使用方法。
8. 设计一个卫生间物品合理收纳的具体方案。

第4章

家用电器的使用与清洁

学习目标

1. 了解家用电器的分类、性能和安全用电知识。
2. 熟悉各类家用电器的维护和保养。
3. 掌握各类家用电器的使用与清洁。

家用电器的使用与清洁项目见图4-1。

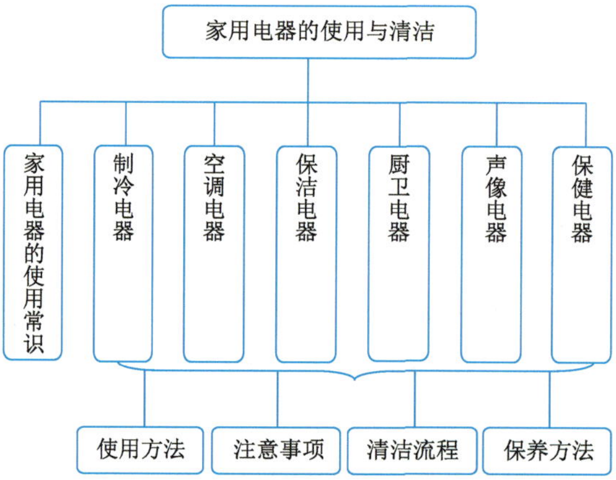

图4-1　家用电器的使用与清洁

第1节　家用电器的使用常识

家用电器又称民用电器或日用电器。家用电器在现代家庭中扮演着重要角色，它的使用和普及把人们从繁重、琐碎、费时的家务劳动中解放出来，为人们提供了丰富多彩的文化娱乐生活，创造了更为舒适优美、更有利于身心健康的生活和工作环境，已成为现代家庭生活的必需品。然而，众多家用电器的特性各不相同，如果使用不当或保养不及时，不仅会影响到其使用寿命，还会引发一些安全事故。所以要想安全有效地使用家用电器，就要掌握他们的使用方法、清洁及保养知识。

一、家用电器的分类

家用电器从不同的角度可以分为很多种类：①按容积大小的不同，可分为大家电和小家电两种；②按色彩变化的不同，可分为白色家电、黑色家电、米色家电和新兴的绿色家电等；③按功能用途的不同，可分为制冷电器、空调电器、厨房电器、保洁电器、声像电器、保健电器等。

二、家用电器使用不当造成的危害

1. 人体触电　家用电器的不正确使用导致的触电事故非常多，造成了严重的人员伤亡和财产损失。

2. 有毒气体的危害　家用电器中所配的元器件在电器发生故障时会释放一氧化碳等有毒气体。

3. 过高温度的危害　过高的温度不仅会影响使用者的安全，还会影响产品的安全性能，如使产品局部自燃、释放有毒气体、引发火灾等。

4. 爆炸危险　家用电器有时在大的短路电流冲击下易发生爆炸。

5. 过量的噪声　很多家用电器如洗衣机、空调等同时开启时，会产生严重的噪声危害，特别是有损婴幼儿、老人、孕妇的身体健康。

6. 机械伤害　使用不当会造成机械伤害，如烧伤、烫伤等。

三、正确使用家用电器

家用电器的使用原本就是“双刃剑”，只有充分了解家用电器的安全性能，掌握安全使用的基本常识，才能降低安全隐患，充分享受现代文明带给我们的便利和舒适。常见安全用电常识如下所示。

1. 每个家庭都应具备一些必要的电工器具，如验电笔、螺丝刀、绝缘胶带等。认识了解电源总开关，学会在紧急情况下用专用工具切断总电源。

2. 购买合格的家用电器。使用时严格按照使用说明书操作，而且仔细阅读说明中提示或警告的注意事项。

3. 使用电器时，先插电源插头，后开电器开关。使用完毕，先断电器开关，后拔电源插头。插拔电源插头时不要用力拉拽电线；电线的绝缘皮剥落，要及时更换或者用绝缘胶布包好。禁止在一个线板上使用两台或两台以上的大功率电器，使用完毕后要及时断电。

4. 不随意拆卸、安装电源线路、插座、插头等，维修或者移动电器的时候要先断电。

5. 电吹风、电饭锅等家用电器在使用时会产生高热，应注意远离纸张、棉布等易燃物品，防止发生火灾，同时应注意避免烫伤。电器设备一旦出现烧焦味、异常声响、冒烟、打火等异常现象，应先用绝缘体拔掉插头切断电源，再灭火。

6. 不用湿手触摸电源，不用湿布擦拭电源。发现电器周围漏水时，应暂时停止使用，及时切断电源并立即通知维修人员处理。要避免在潮湿的环境下使用电器，更不能让电器淋湿、受潮或在水中浸泡，以免漏电，造成人身伤亡。

7. 不在电线上悬挂物品或晾晒衣物；不把接地线连接到水管或煤气管上；家里如有煤气泄露时，不可启动任何电器设备，及时通风。

第2节 制冷电器

制冷电器是指用于冷冻、冷藏物品和制作冷饮一类的家用电器，主要有冰箱、冰柜、冷饮机、冰淇淋器、制冰机等。

一、电冰箱的使用与清洁

电冰箱按箱门的结构可分为单门式电冰箱、双门式电冰箱、对开双门壁柜式电冰箱、多门式电冰箱。

（一）电冰箱的使用及注意事项

1. 各类食物的储存方法（表 4-1）

表 4-1 电冰箱各类食物储存一览表

分类	具体方法
肉类储存	温水洗净、控干、沥去血水，切成若干块（大小应为一次食用的分量），分装在塑料袋中进行储存，避免串味。熟肉类食品不宜存放在冷冻室，冷藏存放不宜超过 3 天。生肉类冷藏室可储存 1～2 天；冷冻室可保存 2 个月左右
禽类储存	若为现杀家禽，清除内脏，洗净、控干、沥去血水，撒少量细盐，装入塑料袋并扎紧。冷藏室可储存 1～2 天；冷冻室可保存 2 个月左右。一般整只储存。若为已处理好的家禽，可直接冷冻储存
鱼的储存	去鳞、去鳃、去内脏。洗净、控水、撒盐、装入塑料袋。短期冷藏（1～2 天内食用），放入软冻室保存；长期储存（1 个月）要放入冷冻室保存
鲜虾的储存	短期储存，放水里汆一下，装入塑料袋，放入软冻室即可；长期储存（1 个月）须将鲜虾洗净后放入金属盒注水冻结，然后取下金属盒，装入保鲜袋密封包装，放进冷冻室
水果蔬菜的储存	洗净、控水，为避免水果释放的催熟剂缩短蔬菜保鲜期，应分类装入保鲜袋并扎紧袋口，放入冷藏室的保鲜抽屉。不可放冷冻室储存

2. 不宜存放的食物（表 4-2）

表 4-2 电冰箱不可存放食物一览表

分类	具体内容
不宜存放的水果	香蕉、芒果、火龙果、龙眼、木瓜、鲜荔枝等热带水果在电冰箱中储存，容易造成营养损失，果肉发黑腐烂。橘子、橙子、柠檬等柑橘类水果，在低温下表皮油脂容易渗到果肉当中，使果肉发苦变味。草莓、桑葚、杨梅等即食类水果放入电冰箱储存，会影响口味和发生霉变
不宜存放的蔬菜	洋葱、红薯、南瓜、土豆、胡萝卜等蔬菜在常温环境中保存即可，放入冰箱容易发霉；黄瓜、青椒放入冰箱会被冻伤，长毛发黏，容易烂掉；西红柿冷冻后，果肉会呈水浸状软烂，或出现散裂现象，导致食物煮不熟、营养流失

续表

分类	具体内容
不宜摆放的食物	烘烤食物如面包、月饼等，放入电冰箱容易变干变硬，影响其口感；巧克力冷藏后取出，表面容易结霜，失去原味；火腿在低温下储存导致水分结冰，肉质松散或结块，极易腐败
不宜摆放名贵药材	人参、鹿茸、天麻、党参等药材放进电冰箱内不仅容易受潮，还容易被细菌入侵，破坏药性

3. 使用注意事项

（1）生熟食不宜混放，可分别密封包装后以熟在上生在下原则分开存放，以防出现交叉感染。从冰箱内取出需要加热的食物，必须要彻底加热后再食用。

（2）不可堆放储存食物。食物之间应留有空隙，利于冷空气的循环。应坚持用多少取多少的原则，避免食物因反复解冻造成污染。

（3）熟食储存前必须凉透。食物带入的水蒸气凝聚后不仅会促使霉菌生长，导致食物发生霉变，还易造成电冰箱结霜结冰。

（4）尽量缩短和减少开门次数。频繁开关门会使箱体内的冷气大量流失、压缩机频繁启动，导致耗电量增加。

（5）新买来的电冰箱，使用时要抽掉底部的包装材料，如发泡塑料、纸板等。暂不用的电冰箱应彻底清洁后放置于干燥的地方。长期停用的电冰箱应 1 个月通电一次。

（6）经常检查电源线是否有破损，防止漏电。

（7）电冰箱在搬运、放置过程中倾斜角不要超过 45°。电冰箱工作时，不要连续地切断和接通电源。

（8）电冰箱要采用三相电源插头，要防止电冰箱的电源线与压缩机、冷凝器接触。在使用过程中触摸电冰箱的金属部件有麻电感觉时应停止使用。

链接　**电冰箱冬夏两季的温度调节**

电冰箱的温控按钮数字越大，则冰箱冷藏室的温度就越低。由于夏季和冬季温差很大，为了达到省电和保证食品的冷冻质量的目的，人们在冬天将冰箱温度调得很低，在夏天将冰箱的温度调的非常高，其实是错误的。根据“天气越热调节的越小，天气越冷调节的越大”这个调温原则，在寒冷的冬季，应将电冰箱调到 4 挡或 5 挡；在炎热的夏天，应调到 1 挡或 2 挡；在春秋两季只需将冰箱温度调节到 3 挡。这样才有利于电冰箱达到更好的节能省电的效果。

（二）电冰箱的清洁

1. 电冰箱的化霜除臭

（1）电冰箱的化霜：电冰箱的化霜主要有人工化霜、半自动化霜和全自动化霜 3 种方法。

1）人工化霜：拔下电源插头，取出箱内的所有食物，让压缩机停止工作，自然化霜，也可以借助电吹风加快化霜速度。

2）半自动化霜：按下化霜控制按钮，化霜即可完成。

3）全自动化霜：整个化霜操作无须人工参与，电冰箱间隔一段时间后会自动化霜。化霜完成后压缩机自动恢复运转。

（2）电冰箱的除臭

1）将茶叶或是竹炭用纱布包裹后放入电冰箱能除臭。

2）将柠檬切片或新鲜橘皮放入冷藏室，亦可达到去除异味的效果。

此外，把小苏打、黄酒、食醋等物品倒入玻璃瓶放入电冰箱内，去除冰箱的臭味效果也很好。

2. 电冰箱的清洁消毒 电冰箱的清洁消毒流程见实操。

【实操】 电冰箱的清洁消毒流程

1. 操作准备 纯棉抹布干湿共两块、软毛刷、脸盆、电冰箱专用消毒液、洗洁精、橡皮手套等。

2. 操作步骤（图 4-2，表 4-3）

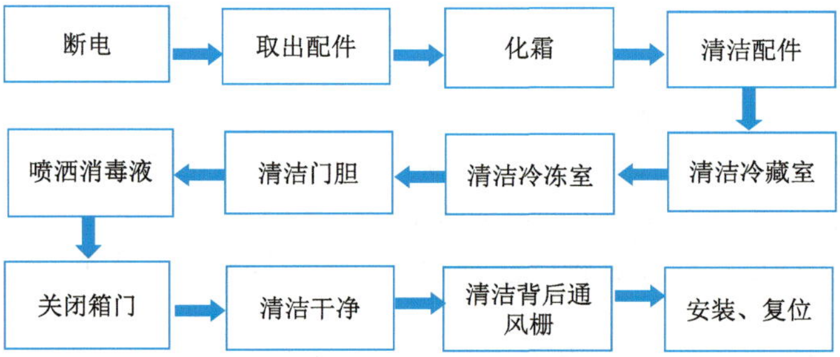

图 4-2 电冰箱的清洁消毒步骤

表 4-3 电冰箱清洁步骤一览表

序号	步骤	图解
1	清洁前，先切断冰箱电源，将冰箱内的食物拿出	
2	取出搁架、果蔬盒、瓶框等配件，用抹布蘸着混有洗洁精的水擦洗，清洗完毕后通风晾干	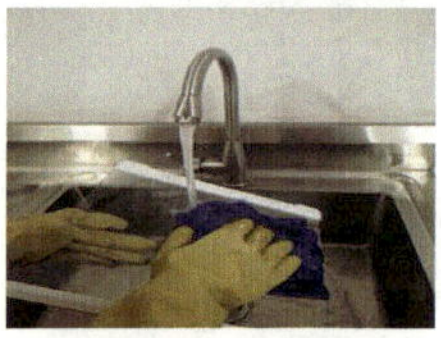
3	让冷冻室自然化霜，可在冰箱底下垫毛巾，避免弄湿地板	

续表

序号	步骤	图解
4	用微湿柔软的布擦拭冰箱的外壳和拉手，油渍较多的地方，可蘸点洗洁精擦拭	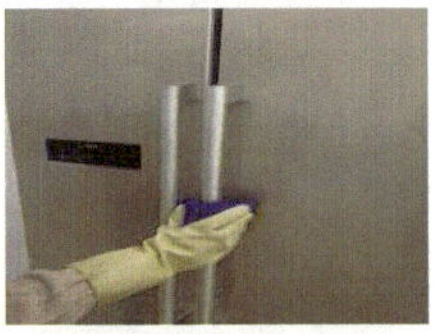
5	软布蘸上清水或洗洁精，擦洗冷藏内胆。清洁冰箱的开关、照明灯和温控器等设施时，要把抹布拧得干一些	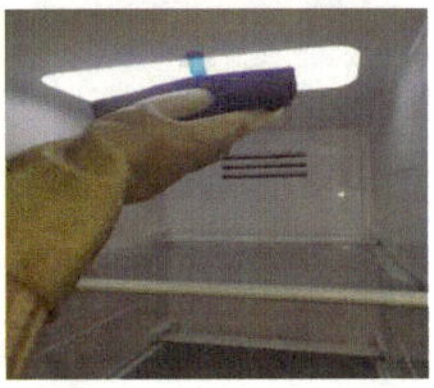
6	冷冻室内的冰融化后，用毛巾擦拭干净，切忌用尖锐的物品铲除冰块，容易导致电冰箱故障	
7	门封条用 1∶1 醋水擦拭，可以起到消毒作用	
8	清洁完毕后，用电冰箱专用消毒液喷洒箱体及所有配件，尤其注意对死角的喷洒	
9	用清水反复擦拭，最后用干抹布擦净。操作时戴橡皮手套，避免对手造成腐蚀	
10	用软毛刷清理冰箱背面的通风栅，用干燥的软布或毛巾擦拭干净。清洁完毕，插上电源，检查温度控制器是否设定在正确位置	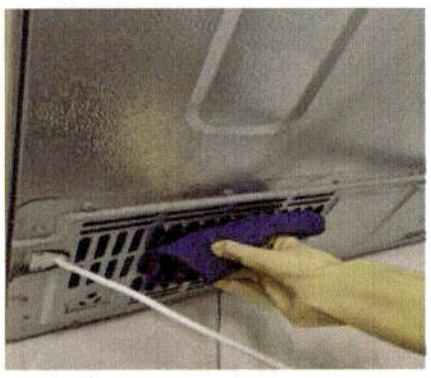

（三）电冰箱的保养

案例 4-1

2009 年 9 月 1 日凌晨 1 时 5 分，高州市消防中队接到报警，位于茂名市高州市红绿大转盘处一幢居民楼三楼居民室内突然起火、浓烟滚滚。高州市消防中队接到火警后，消防官兵赶赴现场，实施扑救。经现场侦查了解到情况，原来是冰箱着火引起的。

为了让电冰箱正常工作，避免电冰箱发生故障，引发事故，除掌握正确的使用方法外，还要学会日常的保养，才可延长其使用寿命，远离危险。

1. 电冰箱应选择远离热源、避免阳光直射、通风较好、较干燥的地方放置。离墙至少 20 厘米。

2. 电冰箱内严禁存放易燃、易挥发的化学试剂及药品，以免形成混合气体，遇火花爆炸起火。

3. 定期清洁电冰箱。每周整理一次电冰箱，保证其干净卫生。不可忽略对门封条的清洁，拆卸时不要使劲拉扯，以免拽坏。勿用腐蚀性溶剂清洗电冰箱。

4. 学会简单的电冰箱故障排除。如若出现门封条变形、电冰箱漏水、产生噪声及运行时震动摇晃，都应停止使用。

二、冷饮机的使用与清洁

冷饮机是制作冷饮的电器。除了冷饮机外，还有热饮机、冷热两用智饮机。它体积小、耗电少、操作简单、清洁卫生，是家庭及饮食行业较受欢迎的家电设备。

（一）冷饮机的使用及注意事项

1. 将设备安装在通风良好的地方，周围必须有 15 厘米以上的空间，以水平方式放在坚固的柜台上。

2. 使用机械专用插头，装上接地线及漏电保护开关。

3. 使用之前，检查电线设备是否完好无损。不可在插头接触不良或电线受损的情况下继续使用，否则极易导致触电甚至火灾。

4. 投放的食物不可过大、过厚、过硬，以免损伤切削刀和造成电机超载。

5. 停机后如再次启动须间隔 5 分钟以上。严禁随意转换冷饮机制冷或制热的工作状态。

（二）冷饮机的清洁

冷饮机的离心过滤器内不可储存过多的食物碎末，要及时清理。要经常保持冷饮机内外干净。饮料缸在每次使用后也需认真清洁，不可用水龙头冲洗，更不可将机体放在水里，以免电器的绝缘部分被破坏。清洗塑料桶及橡胶附件时不可使用 80℃以上热水，以免损坏零件。

三、家用制冰机的使用与保养

制冰机是制作食用冰块的制冷电器。

（一）家用制冰机的使用

【实操】　家用制冰机的使用流程

家用制冰机的使用步骤见图 4-3。

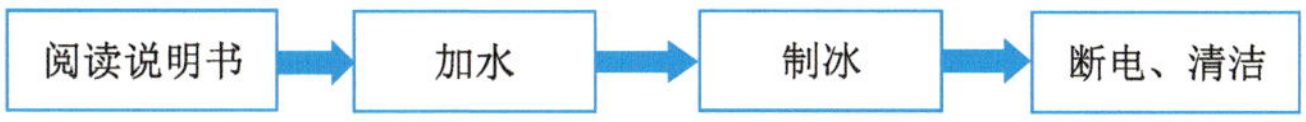

图 4-3　家用制冰机的使用步骤

1. 认真阅读说明书，找到制冰机上的装水区、电源区、控制面板区等，并了解各部分功能。

2. 不同型号的制冰机加水方式不同，有自带水桶和连接外部水源两种。一般第一种指示灯表示的就是加水情况，当水加满后，指示灯会提醒进行下一步操作。第二种指示灯表示冰满情况。当冰块全部凝结成形，就可以倒出冰块进行下一批冰块的制作。

3. 使用完毕后切断电源，清洗干净。

（二）家用制冰机的清洁

清洁时应关掉电源，用抹布蘸取加有中性洗涤剂的水擦洗机身、储冰箱、水管、水槽、滤网等附件。严禁用酸性、碱性等腐蚀性溶剂清洗，严禁用水管直接对准机身冲洗。可使用吸尘器或小毛刷清洗冷凝器表面的灰尘，不可使用尖锐金属工具清洁，以免损坏冷凝器。

（三）家用制冰机的保养

1. 应使用独立电源，最好配有熔断器和漏电保护开关，并且要接地线。

2. 安装应远离热源，无太阳直射，室内温度应低于 35℃。

3. 制冰机安装必须保持水平，否则会导致不脱冰及运行有噪声。

4. 制冰机用水要符合国家饮用水标准，避免水中的杂质堵塞水管，污染水槽和冰模，影响制冰性能。

5. 制冰机不使用时，应清洗干净，并用电吹风吹干冰模及箱内水分，放在无腐蚀性气体及通风干燥的地方，避免露天存放。

第3节　空 调 电 器

空气调节电器，简称空调电器，又称空气调理器，是指用人为的方法对室内空气的温度、湿度、纯净度、气流速度等进行处理，满足人们生活需要的一类家用电器，主要有家用空调、空气净化器、空气加湿器、电暖气、电风扇、空调扇、换气扇、空气去湿器、负离子发生器等。随着生活水平的提高，这类电器以独有的优势走进百姓的生活。

一、家用空调的使用与清洁

家用空调的分类很多，其中常见的空调类型为窗式空调、分体挂壁式空调、分体立柜式空调、嵌入式空调、吊顶式空调、中央空调等。

（一）家用空调的使用及注意事项

1. 使用方法（表 4-4）

表 4-4 家用空调使用方法一览表

序号	步骤
1	关闭室内的门窗
2	选择模式。按下遥控器上“开关”按钮，机器开始工作，选择遥控器的相应的模式制冷/制热
3	选择温度。制热温度在 20～24℃，制冷温度尽量在 25～28℃，过高或过低不仅会导致人身体不适，还会增加耗电量，不利于节能环保
4	选择风向。制冷时冷气下沉，风向宜成水平方向；制热时热气上升，风向宜竖直向下。这样可使室温均匀，达到最佳效果。出风口不可正对人的方向
5	在空调刚运转时选择高速挡，待温度适宜时再调至中速、低速挡

2. 使用注意事项

（1）应专线专用，插头要插到底。

（2）设定合适的温度。切勿不停地调节空调温度，否则会导致压缩机出现异常。一般与环境温度相差不超过 8～10℃为好。

（3）定期开窗，屋内循环注入新鲜空气可以有效降低室内污浊气体的浓度，预防空调病的发生。但不可频繁开关房间门窗，导致冷气流失。

（4）老人呼吸系统功能较弱，使用时温度不可调节的太低。若室内外温差太大，出入时容易引发脑卒中等疾病。儿童免疫功能较低，出门前半个小时就应关闭空调并开窗通风，以适应室内外温度变化。

（5）严禁在空调运行的房间内吸烟；严禁对着正在运转的空调喷洒杀虫剂或挥发性液体，以免漏电酿成事故。

（6）在睡眠和外出时启用定时器，使空调仅在必要时间内运转，可达到既节能又舒适的效果。

（7）使用时需经常观察接口部位是否有制冷剂泄漏。若发现有油渍，应及时予以处理，以免长时间泄漏而造成制冷剂量不足，甚至造成压缩机损坏。

链接

如何预防空调病

①若夏季长时间待在有空调的房间，应适当增添衣物，膝部遮盖毛巾等加以保护，同时应间歇性起身活动。②室温应恒定在 26℃左右，尽量保持室内干净卫生，减少疾病污染源。③经常开窗换气，以确保空气对流。一般开机 1 小时之后关机，更换新鲜空气，也可安装空气净化器过滤房间内的污浊气体，减少室内滋生的细菌。

（二）家用空调的清洁

案例 4-2

2013 年 6 月 16 日，空调维修工小冯上门维修空调外机时，空调外机突然爆炸。“检查时，空调怎么会突然爆炸呢？”面对疑问，小冯表示，爆炸很可能与排气孔堵塞有关，压缩机排气不畅，压力增大导致爆炸。据悉，发生爆炸的空调购于 2011 年，由于房间经常没人住，购买的空调没用过几次，更别谈清洁了。

【实操】　家用壁式空调的清洁流程

1. 操作准备　空调专用清洗剂、中性洗涤剂、干布、软毛刷等。

2. 操作步骤（图 4-4，表 4-5）

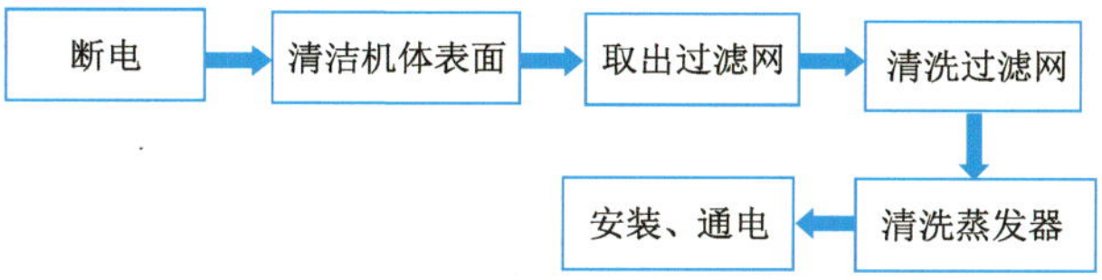

图 4-4　家用壁式空调的清洁步骤

表 4-5　家用壁式空调清洗流程一览表

序号	步骤
1	拔下插头、切断电源
2	清理面板表面，注意外壳上的死角部位，防止灰尘堆积
3	打开面板，取出过滤网，在含有中性洗涤剂的水中先浸泡后用软毛刷清洁。洗净后不可在阳光下暴晒或在火炉等明火处烘干，以免滤网变形
4	将空调专用清洗剂摇匀后均匀喷洒在蒸发器上，借助软毛刷抹平。让其反应 5～8 分钟便于彻底渗透、分解污渍。最后用清水擦洗，用干布擦干
5	将清洗好的空调安装复位，开机运行

（三）家用空调的保养

只有对家用空调进行经常性的维护保养，才可以保证其良好的使用效果，延长其使用寿命。保养方法如下所示。

1. 经常清扫空调面板和机壳的灰尘。定期清洗空调的空气过滤网和室外散热器。不可用洗衣粉、洗洁精、汽油、天那水等腐蚀性溶剂清洗。

2. 空调外壳是塑料，不可受压，否则导致面板变形，影响冷暖气通过。

3. 室内外机组的进风口和出风口保持畅通无阻。

4. 在春秋两季，最好保持一个月开机一次。空调要长期停机时，应全面清洗，然后用防尘套将空调套好。最后将室外机体罩上保护罩。同时用干净、柔软的干布将遥控器擦拭干净，并卸下电池。

二、空气净化器的使用与清洁

空气净化器又称“空气清洁器”，用于室内空气的净化，是国际公认的改善室内空气质量的方法之一。空气净化器适用于刚装修或翻新的居室；有老人、儿童、孕妇、新生儿的居室；有哮喘、过敏性鼻炎及花粉过敏等病人的家庭；饲养宠物的家庭等，适用范围很广。

（一）空气净化器的使用及注意事项

1. 在运行初期，建议调至最大风量挡运行至少 30 分钟，以达到快速净化空气的效果。

2. 去除室外大气污染物时，建议尽量保持门窗处于密封状态。长时间使用，应注意阶段性换气通风。

3. 净化新房内污染（如甲醛、苯、甲苯等）时，建议有效通风后再使用。

4. 当过滤网更换指示灯亮起时，必须要及时清洗。为避免失效过滤器吸附的污染物二次排放造成污染，需定期更换或清洁过滤器。

5. 存放时，应清洁后装进包装盒内，存放在通风、干燥处。平时注意防潮。

（二）空气净化器的清洁

【实操】 空气净化器的清洁流程

1. 操作准备 软毛刷、中性清洁剂、干湿抹布、手套、吸尘器等。

2. 操作步骤（图 4-5）

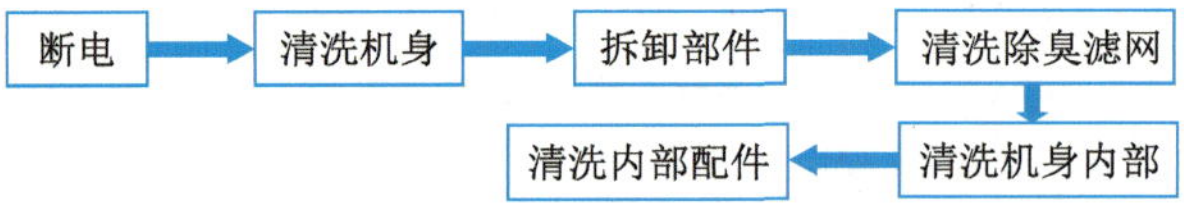

图 4-5 空气净化器的清洁步骤

（1）断电：切断电源。

（2）清洗机身：首先清洗整个外部机身，清洗时用抹布擦洗，如果机身表面灰尘较多或是有难以清洁的污染物，可使用湿抹布或者蘸中性清洁剂进行擦拭。最后需用干抹布再擦拭一遍，以免滞留的水渍吸附灰尘。

（3）拆卸部件：首先将面板、过滤器一一拆卸，以便于清洁部件及内部空间。拆卸时要注意先后顺序。用吸尘器或是软毛刷清扫前置滤网（机箱后盖）的灰尘，或者用抹布擦拭，有些产品可以水洗。

（4）清洗除臭滤网：用抹布擦拭边缘部分的积尘，然后用吸尘器清洁主体部分，直到全部干净为止。

（5）清洗机身内部：空气净化器的传感器入口、风机、风叶等都需一一清洁。可用长毛刷刷除风叶上的灰尘。

（6）清洗内部配件：将拆卸的配件放入清水浸泡，之后用抹布进行擦洗，最后用清水冲洗干净，放置通风处晾干。活性炭滤网的清洁只需定期拿到太阳底下暴晒 2～4 小时，就可以恢复活性炭自身的活性，延长其使用寿命。

链接

什么是负离子发生器

负离子又称“空气维生素”。人工产生空气负离子的设备称为负离子发生器，也属于空气净化器的一种。它具有制造负离子、改善肺功能、促进新陈代谢、增强抗病能力、改善睡眠、杀菌、清新空气、消烟除尘、保护视力等作用。因为负离子在空气加热、冷却和过滤过程中，与金属表面接触后会很快消失，所以空调房间的负离子密度会比室外少一半，而负离子可以对人们的神经系统起到镇静作用，并有抑制哮喘、降低血压的作用，因此建议使用空调的房间里放置负离子发生器。

三、电风扇的使用与清洁

电风扇的种类很多，主要有吊扇、台扇、落地扇、壁扇、空调扇等。

（一）电风扇的使用及注意事项

若电风扇使用不当，其吹出的风可使人致病，所以应合理使用。

1. 吹风不宜过大。尤其是在通风较好的房间和有过堂风的地方。

2. 不宜在身体虚弱或大汗淋漓时直接对着身体吹风，更不宜在睡熟时直接对着身体吹风，否则极易生病。

3. 放置平稳，摇头范围内不得有障碍物，不临时接长电源线，不带电移动电风扇。

4. 定时旋钮要顺时针旋动，不可逆时针旋动，以免损坏计时器。

5. 定期添加润滑油。在运转中若发出怪声、焦糊味或冒烟，应立即关闭。

6. 电风扇要防潮、防晒、防尘。停用季节要包装好，放在通风干燥的地方。

（二）电风扇的清洁

首先拔掉电源，扭松螺丝，取下网罩扇叶。接着用柔软干净的棉布蘸肥皂水将上面的污物擦洗干净之后用清水冲洗干净，然后用干布擦净晾干，最后安装复位。清洁时需注意动作要轻，不可碰撞扇叶，如果是塑料扇叶，不能用热水擦洗，以保持扇叶原有的角度，否则将影响使用。切不可用汽油、酒精等腐蚀性溶剂擦洗，因其会使电风扇油漆老化、褪色甚至脱落生锈。

（三）电风扇的储藏

1. 整体存放 电风扇清洁干净后，组装好，用干净的布罩包好，放在干燥通风又不容易受碰撞的地方。

2. 分体储存 把电风扇各部件按次序放在包装箱内，一定要铺平、垫稳，保护好扇叶，然后放在干燥的地方，存放地要远离热源，避免部件受损。

空调扇在使用时的注意事项

图4-6 空调扇

①给空调扇（图 4-6）注水时尽可能使用纯净水，以减少冷凝过程中细菌的滋生。②使用空调扇时，距离人不能过近，应保持空气流通和湿度均衡。③夏天空气湿热，空调扇吹出的冷风在出风口产生冷凝水凝聚，所以出风口容易滋生细菌，因而免疫力较差的老人和小孩应该尽量少用空调扇。④空调扇长时间使用后，灰尘、污物会阻塞过滤网，最好每 2 周清洗一次过滤网和风帘。⑤长期不用时，要将水箱内的水清理干净，让机内特别是过滤网完全干透后再用塑料袋装好，以备来年再用。

四、空气加湿器的使用与清洁

空气加湿器（图 4-7）是一种增加房间湿度的家用电器。采用高端的人性化设计，独有“零噪声设计”的电路，使用户睡得安静、用得放心。当机器缺水后，风机、变压器、线路板不工作，实现了节能环保，成为集加湿、美容和装饰于一体的新型电器，特别适合家庭使用。

图 4-7 空气加湿器

（一）空气加湿器的使用及注意事项

因为空气加湿器的功能多样，但若不能正确使用，则会导致各种细菌繁殖，反而对人体造成伤害。因此在使用时要注意以下几点。

1. 使用纯净水。自来水硬度较高，加湿器喷出的水雾中因含有钙镁离子，会产生白色粉末，污染室内空气。

2. 随时根据天气情况、室内外的温度使用加湿器调节湿度。一般湿度为 40%～60% 较为合适，如果空气湿度太高，人会感到胸闷、呼吸困难；湿度太低，人们容易患上感冒。潮湿的空气会加重关节炎、糖尿病病人的病情，故一般不建议该类病人使用。

3. 不可在无水状态下开机。注意每天更换水箱中的水。水存放时间过长，水质会发生变化，容易滋生细菌。

4. 勿在水箱中加入劣质添加剂（如劣质香水）、杀菌剂或除垢剂，容易造成水箱和底座着水部位出现裂缝，影响机器正常工作。

5. 使用时不要放在床头或沙发旁等靠近人体的位置，以减小辐射伤害。

6. 收纳时要将各部件清洗、擦干，放置通风处风干后装入包装箱（提示：千万不能用塑料袋包装收藏）。

（二）空气加湿器的清洁

空气加湿器如果长时间不清洗，会滋生很多细菌，通过喷雾器传播到空气中，影响人的身体健康。

【实操】　空气加湿器的清洁

1. 操作准备　抹布、除垢剂、棉棒、白醋、中性清洁剂、软毛刷。

2. 操作步骤（图 4-8，表 4-6）

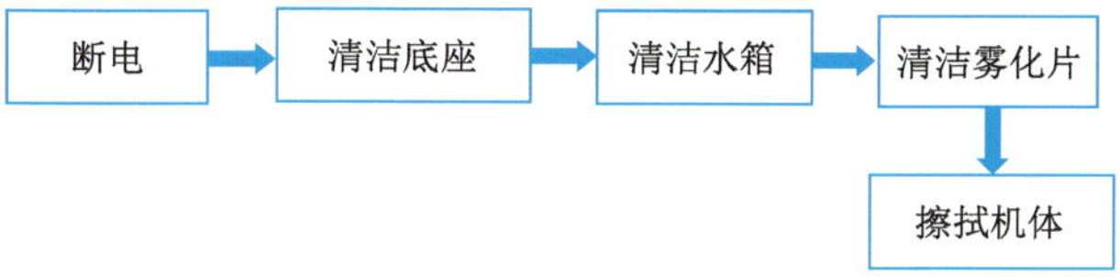

图 4-8　空气加湿器的清洁步骤

表 4-6　空气加湿器清洁流程一览表

序号	步骤	图解
1	切断电源。防止不小心滴入水滴出现触电现象	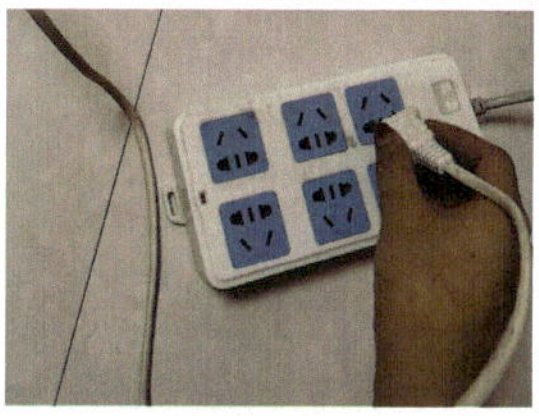
2	用抹布清洁机身，不可将整机放入水中或用水冲洗。不能用煤油或酒精等溶液擦拭；更不可用钢丝球、刷子等硬物刷蹭，避免机器受损	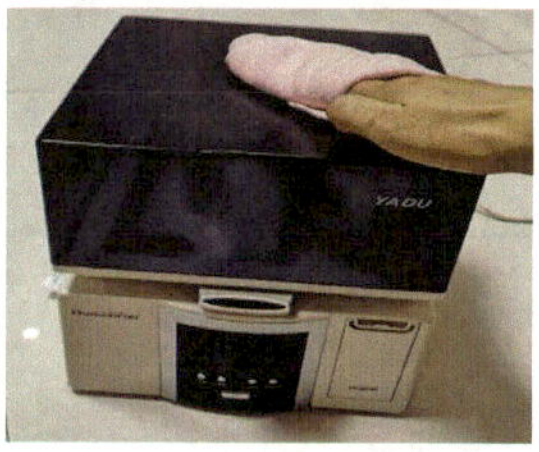
3	将加湿器拆开，一部分为装水箱，另一部分为底座	

续表

序号	步骤	图解
4	将底座中的水倒掉，往底座中加入一定的水和中性清洁剂，同时将其摇晃均匀，让清洁剂进行充分溶解。一段时间之后将水倒掉	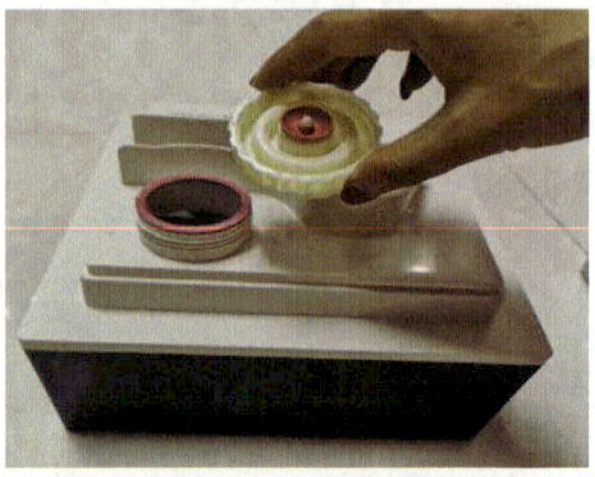
5	往水箱倒入除垢剂或是中性清洁剂后塞进一小块毛巾，拧紧水箱盖，然后用力晃动水箱，将污水倒出，最后再用干净水冲洗	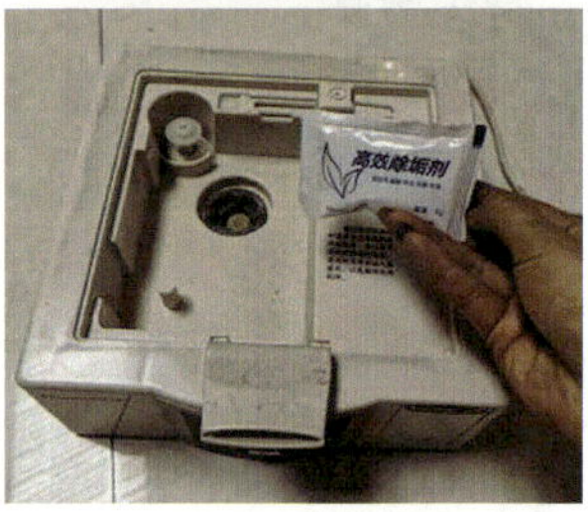
6	雾化片上有水垢出现时，使用白醋或专用除垢剂等将水垢充分溶解，用软毛牙刷轻轻刷洗后倒掉，最后用清水冲洗干净	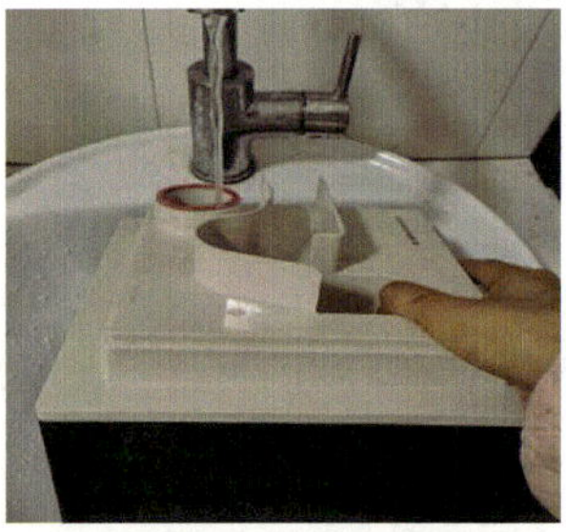
7	用抹布将加湿器擦拭干净	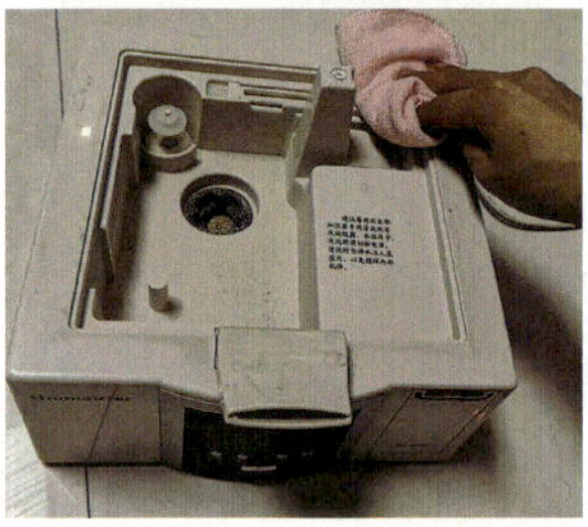

链接

空气加湿器的多用妙招

①加湿器里加几滴花露水，可缓解儿童鼻塞。②加湿器里滴入薰衣草精油，可提高睡眠质量。③水箱中加入食醋，可预防感冒。④水箱中加消毒药水，为室内清洁消毒（消毒时，室内不得有人）。⑤在水箱中加入3～4滴柠檬精油，能对女性皮肤起到调节作用，还能美白皮肤。⑥水箱里加入淡盐水，可舒缓喉痛及慢性咽炎。⑦切洋葱时打开加湿器可避免刺激眼睛。⑧电脑旁边放加湿器，可以清除静电。

第 4 节　保 洁 电 器

一、洗衣机的使用与清洁

案例 4-3

江西省南昌市新建县樵舍镇一对年幼的姐妹在家玩耍时，不慎爬进洗衣机被绞死。由于事发蹊跷，引发全国网友的关注和讨论，不少网友认为该事件非常离奇且疑点重重，包括孩子是怎么进去的？洗衣机盖子是如何关上的？并指出孩子的体重大大超出洗衣机限重。最后据南昌市公安局发布《关于新建县樵舍镇两女童死亡事件的警方调查情况通报》称，经公安部专家到场会诊，排除两女童因中毒死亡和猝死的可能，并排除他杀，符合在洗衣机桶内高速旋转状态下受体位和旋转加速度作用致胸廓运动和心肺功能障碍而死亡。

随着科技的发展和进步，洗衣机已成为人们居家生活的必备品，既省时又省力，非常的方便。但错误的操作不但会使我们的衣物洗的不够干净，还会对洗衣机有所损害，降低洗衣机的使用寿命，甚至引发事故。

（一）洗衣机的使用及注意事项

家用洗衣机的种类很多，按洗衣机自动化程度分为普通型洗衣机、半自动型洗衣机、全自动型洗衣机。

1. 使用方法　见实操。

【实操】　全自动洗衣机的使用流程

全自动洗衣机的使用步骤见图 4-9。

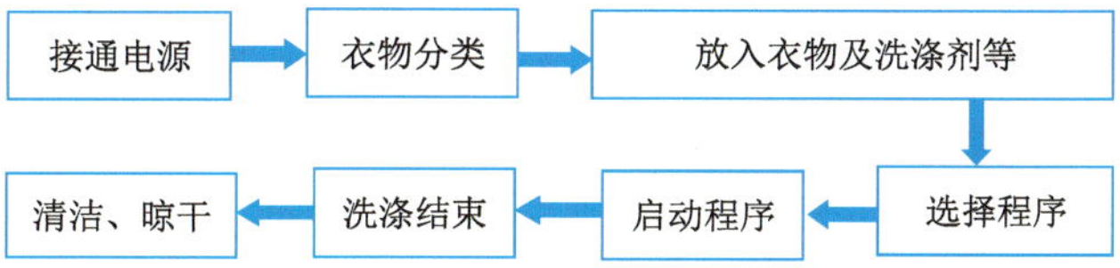

图 4-9　全自动洗衣机的使用流程

（1）接通电源：插上电源插头，放下或接好排水管，打开水龙头。

（2）衣物分类：检查要洗涤的衣物口袋里是否有硬币等杂物，并按照颜色、材质、用途等进行分类。

（3）放入衣物及洗涤剂等：将要洗的衣物和洗涤剂及添加剂（柔顺剂、预洗剂）等放入洗衣机内，并将机盖关上。

（4）选择程序：按下电源开关，根据所洗涤衣物的多少选择水位，根据洗涤衣物的面料等具体情况选择程序。

（5）启动程序：按下“起动／暂停”按钮，洗衣机开始工作。

（6）洗涤结束：所选择的程序工作结束后，蜂鸣器会发出蜂鸣声。

（7）清洁、晾干：工作结束后，关上电源开关，并将电源插头从插座上拔出，把自来水龙头关上，然后打开机盖，取出洗涤衣物晾晒，把线屑过滤网袋清理干净，并将洗衣机擦干。

链接　**滚筒洗衣机如何洗涤更省电、省水**

①根据衣物质料选择合适的洗涤水温。②根据衣物的脏净程度选择不同的起始洗涤程序。③不太脏的衣物选用快速洗涤程序。

2. 使用注意事项

（1）洗衣机应放置在室内干燥、通风、地面平整处，接可靠的接地线；不可放置于露天、阳光暴晒及有腐蚀气体的环境；更不可将洗衣机靠近火炉、暖气或其他热源。

（2）洗涤过程中，不可用高温或开水洗衣；不可超重洗衣，避免因超负荷工作导致衣物洗不干净。

（3）洗衣机放置时插座高度要离地面1.8～2米。排水软管管口不应高于地面20厘米。

（4）脱水过程中不可用手接触脱水桶，以免将手卷入，发生危险。不可洗涤或脱水含有挥发性物质（溶剂、酒精等）的衣物，以免发生事故。

（5）洗涤过程中，避免溅湿控制面板导致烧毁内部的线路。在脱水不平衡时，洗衣机会停机并报警，把偏挤在一边的衣物放均匀方可运行。

（6）不要让洗衣机长时间空转，以免引起波轮轴上的密封圈发热老化。

（二）洗衣机的清洁

长时间不清洁洗衣机，洗衣机内部会隐藏许多脏东西。不仅会让被清洗的衣服越洗越脏，而且会减少洗衣机的使用寿命。这些脏东西有的是来自衣服上的灰尘和细菌，有的是来自衣服上的纤维物质，还有的是自来水中的一些水垢等。

【实操】　全自动洗衣机的清洁流程

1. 操作准备　洗衣机专用除垢剂、抹布、刷子、中性洗涤剂、橡皮手套。

2. 操作步骤（图4-10，表4-7）

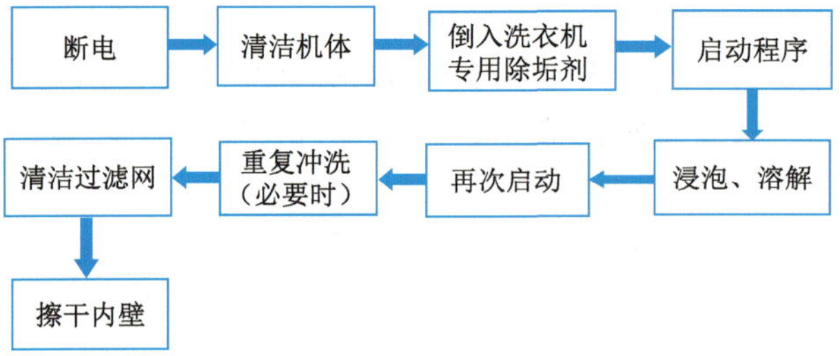

图4-10　全自动洗衣机的清洁步骤

表 4-7　全自动洗衣机的清洁流程一览表

序号	步骤	图解
1	切断电源	
2	用抹布蘸含有中性洗涤剂的水拧干擦拭机体	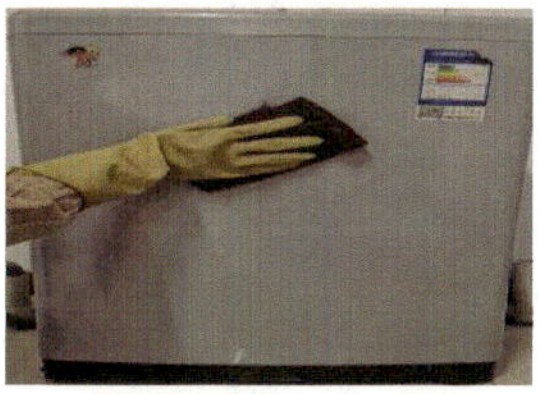
3	将洗衣机专用除垢剂直接倒入洗衣机筒内，启动洗衣机。运转 5 分钟左右，使其充分溶解	
4	关闭电源，浸泡 1 小时（初次使用或污垢较严重时，需浸泡 2～3 小时）。按标准模式清洗 1 遍，若残留的气味较浓，可以用清水重洗一次	
5	清洗过滤网时，先将过滤网从进水阀里面拔出来，用刷子清除上面的污垢，然后用清水洗净，最后再插进进水阀内。清洗后，用抹布擦干净内筒。打开机门，通风、晾干	

（三）洗衣机的保养

1. 不使用洗衣机时要把过滤袋摘下来晾在外面，让它充分干燥。

2. 不要搬动加满水的洗衣机，特别是正在运行的洗衣机。不可长时间连续使用洗衣机。

3. 衣服洗完后要立刻拿出来晾晒，将洗衣机里的水排尽并开盖晾干。排水管道在每次使用后用干净水冲洗一次。

4. 使用结束后，要及时切断电源，取下进水管，用软布将机体表面和内部的水分、污浊擦干，并清洗过滤网。不可用汽油、漂白剂擦拭，以免对机体表面的材质造成腐蚀。

5. 侧开门的洗衣机在使用完毕后要把镶嵌在门口的垫圈中的水擦干，以免滋生霉菌。

二、吸尘器的使用与清洁

目前市场上的吸尘器类型主要为卧式类吸尘器、立式吸尘器、智能吸尘器、杆式吸尘器、手持便携式吸尘器、除螨吸尘器、桶式吸尘器。按功能又可分为干式吸尘器、干湿两用吸尘器、水过滤吸尘器。

（一）吸尘器的使用及注意事项

1. 使用方法（表 4-8）

表 4-8　干式吸尘器的使用步骤一览表

分类	步骤	具体做法	图解
	1	打开前盖检查集尘袋是否良好	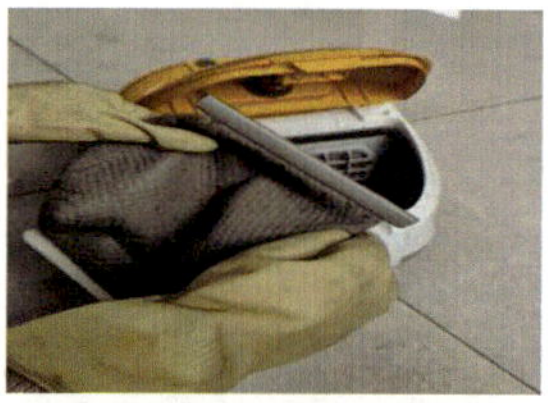
使用前	2	按不同需要选用各款配件	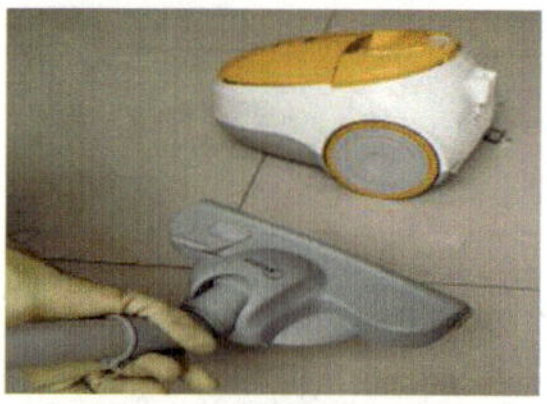
	3	插上电源，开启电源开关	
使用后	1	打开集尘器	
	2	取出集尘袋和过滤网、倒掉灰尘	

续表

分类	步骤	具体做法	图解
使用后	3	洗净、晾干	
	4	装好集尘袋和过滤网	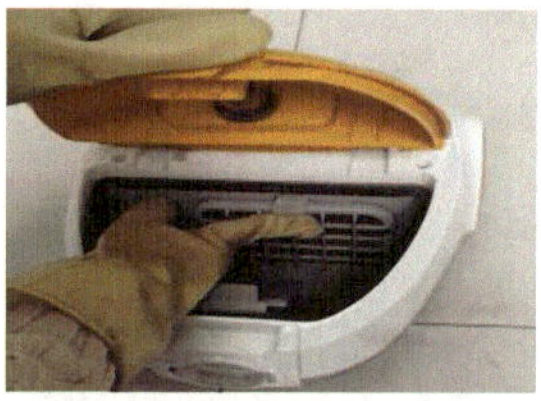
	5	放置于通风的环境	

2. 注意事项

（1）每次使用前后都应检查风口、管道、集尘袋有无堵塞与泄露。及时清理集尘袋及其他附件，以保持通风路径畅通。集尘指示灯亮后应立即清理集尘袋方可继续使用。

（2）使用时轻拿轻放，不能外力撞击。使用过程中，不可吸入酒精、汽油、煤油、泥土、碎玻璃、大的纸团、未熄灭的烟头、金属碎屑（铁钉子、针）等物体，以免引起吸尘器电机故障甚至引发事故。

（3）每次使用半小时应间歇停机。每天累计工作的时间不可超过 2 小时。若主机发出焦味，或有异常振动和响声，应及时送修，不要勉强使用。

（4）不要让吸尘器靠近火源及其他高温场所。软管不要过度拉伸，不要频繁弯曲。放置时避开阳光直射。

（5）经常检查电源线及插头是否有破损，用完后把电源线收回。不使用时，应拔下电源插头，不可拉扯电源线。

（6）清洁吸尘器时，严禁浸入水中清洗，不要用汽油、天那水等有腐蚀性的清洁剂清洗，以免外壳龟裂。

链接　**吸尘器的简单故障排除**

如果发现吸尘器在使用过程中吸力下降，应排除以下几个问题。①吸尘器的吸入口是否被堵塞，应立即清除。②集尘袋是否灰尘已满，应立即断电清洗。③挡位是否调节正确，应根据使用环境选择合适的挡位。④电机是否存在故障。

（二）吸尘器的清洁

【实操】 干式吸尘器的清洁流程

1. 操作准备 抹布两块（干湿各一块）、软毛刷、中性洗涤剂、肥皂水。

2. 操作步骤（图 4-11）

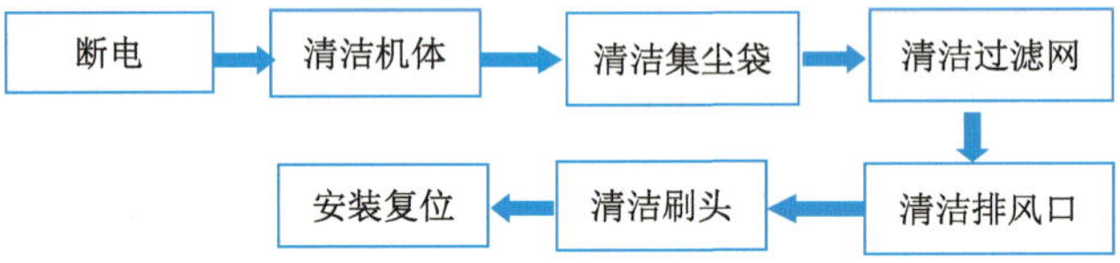

图 4-11 干式吸尘器的清洁流程

（1）断电：拔掉电源线，并按住收线按钮，将电源线收于机体内。

（2）清洁机体：用蘸有肥皂水的抹布擦拭机体表面，不能用有机溶剂清洗，以免外表塑料开裂、褪色或者掉漆，更不可用钢丝球等硬物清洁。

（3）清洁集尘袋：打开前盖按钮，取出集尘袋，将垃圾倒入垃圾桶内，在清水中用中性洗涤剂加温水彻底清洁，并检查有无穿孔或漏气，最后晾晒。

（4）清洁过滤网：打开前盖，取出过滤网。若为以滤纸为过滤介质的过滤网，可用软毛刷刷去过滤纸上的尘土;若为以绒布为过滤介质的过滤网,应用冷水清洗后再晾干，不可用热水洗泡，也不可烘干。

（5）清洁排风口：用软毛刷刷净吸尘器背后排风口聚集的灰尘。

（6）清洁刷头：将软毛刷上的毛发杂物清除干净，检查软毛刷的磨损情况，及时更换。

（7）安装复位：将晾干的过滤网和集尘袋装好，再把前盖盖好，扣牢。

（三）智能吸尘器的使用及注意事项

图 4-12 智能吸尘器

1. 智能吸尘器简介 智能吸尘器（图 4-12）是新一代家庭“保姆”。其内置高智能芯片，能充分计算房间的大小与障碍物区域，配合预定清洁模式，从地毯到硬地面，自动调节清扫路线、自动侦测地板表面的情况、自动调转速度及吸力。智能吸尘器机身装有踩空传感器，可以防止从高处掉落。它还有防缠绕功能，当边刷被一些物体（如地毯、流苏或线缆）缠住时，它就会停止旋转并反向旋转以摆脱缠绕。此外，智能吸尘器机身还装有感应器，识别到前方的家具或者障碍物时，它会自动减速，以减轻碰撞。智能吸尘器可轻松完成对房间里毛发、瓜子壳、灰尘等垃圾的清扫。清扫任务完成后会自动回到充电座充电。

2. 注意事项

（1）智能吸尘器不会自动停止打扫，所以要设置定时功能。

（2）不要在潮湿的环境中使用，以免电机受潮发生短路起火。不是干湿两用的智能吸尘器不可吸水。

（3）严禁在易燃易爆的危险场合使用智能吸尘器，以免引起火灾爆炸事故。

（4）使用时间不宜过长，如果机身过热，应停止使用，防止电机因过热而烧毁。

（5）要及时清理垃圾。取出垃圾盒，拨开盒子旁边的卡扣，掀起滤网，清理垃圾。

（6）长期不用时，需拔下电源线，将电池取出并整理好，收藏在干燥的地方。

链接　**吸尘器的节电技巧**

①及时清除过滤袋（滤芯）上的灰尘。②定期给吸尘器转轴添加机油，并更换相同型号的电刷。③经常检查吸尘器风道、吸嘴、软管及进风口有无异物堵塞。根据不同的需要选择吸嘴，既可提高吸尘效果，又可省电。④根据不同的清洁环境调节到合适的吸力。

三、蒸汽挂烫机的使用与清洁

蒸汽挂烫机（图 4-13）是指能挂着熨烫衣服和布料的家用电器。它通过水蒸气软化衣服和布料，用“拉”“压”“喷”的动作使衣服和布料平整、完好如新，省略了熨斗的烦琐步骤。蒸汽挂烫机适用于家居内对衣服、窗帘、地毯的熨烫和消毒，使用简单、操作方便，节约能源和时间，已成为家庭必备品。

图 4-13　蒸汽挂烫机

（一）蒸汽挂烫机的使用

1. 使用方法

【实操】　蒸汽挂烫机熨烫衣物的使用流程

蒸汽挂烫机的使用步骤如图 4-14 所示。

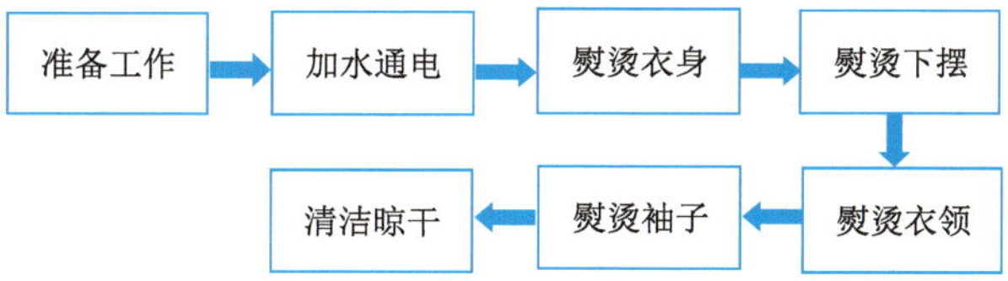

图 4-14　蒸汽挂烫机的使用步骤

（1）准备工作：检查各部件是否安装到位，有无松动或是破损。

（2）加水通电：把衣服挂在支架上，水箱装满水，同时打开主机开关，30 秒左右出蒸汽。

（3）熨烫衣身：用戴防烫手套的手抓住衣物的下部往下拉。尽量将衣物表面拉平整。再用蒸汽喷头贴紧衣物，轻轻往下压，然后垂直上下拖动喷头，利用高温蒸汽先软化纤维后拉力定型。

（4）熨烫下摆：熨烫衣服下摆时，抓住衣服两侧，拉紧进行压烫，警惕蒸汽烫伤（可以运用夹板辅助熨烫）。

（5）熨烫衣领：熨烫衣领时，可以借助衣领垫进行操作。把领子翻过去，从背面进行熨烫比较容易。

（6）熨烫袖子：熨烫衣服袖子时要稍微用力把袖子拉直，蒸汽喷头压在袖子上的时间要长一点，然后来回压烫。

（7）清洁晾干：熨烫结束后切断电源，倒掉水箱里剩余的水，用干布将蒸汽挂烫机擦拭干净。将衣物挂置到阳台上进行晾晒，将挂烫机放置于干燥的角落存放。

2. 使用注意事项

（1）禁止先启动电源后加水的操作方式，防止干烧。

（2）尽量使用纯净水，减少水垢的生成。

（3）熨烫衣物时左右拖动喷头熨烫会导致喷头喷水。

（4）切勿在水中加入任何清洁剂和化学物品。切勿加入热水，避免损害水箱与机体。

（5）熨烫结束后，待机身冷却再倒掉储水，避免被热水和热气烫伤。

蒸汽挂烫机较蒸汽熨斗的优势

①功能优势：经常使用熨斗，容易导致面料纤维发硬与老化。蒸汽挂烫机避免了对面料的直接损伤，并能快速、方便、轻松熨好衣服，使衣服光亮如新。②使用优势：蒸汽挂烫机因高温产生的污垢不会像平板熨斗喷沾到衣服上，而是保留在底部发热器储垢室中。同时，高温蒸汽还具有除尘、杀菌、消毒的功效。③易操作优势：蒸汽挂烫机操作简单，只需打开开关，调节所需的温度旋钮就可以轻松熨烫各类衣物；而平板熨斗稍不留神就会烫坏衣物。④便捷优势：蒸汽挂烫机加水一次能熨10件以上衣服，而熨斗容量过小，须频繁加水。

（二）蒸汽挂烫机的清洁

蒸汽挂烫机使用一段时间后，若发现蒸汽喷射量比以前明显减少，熨烫效果越来越差，说明蒸汽挂烫机主体内有沉淀水垢，应及时进行清理。去除水垢方法如下所示。

【实操】 蒸汽挂烫机的水垢清洁

1. 操作准备 干湿抹布两块、挂烫机专用除垢剂、橡皮手套。

2. 操作步骤（图4-15）

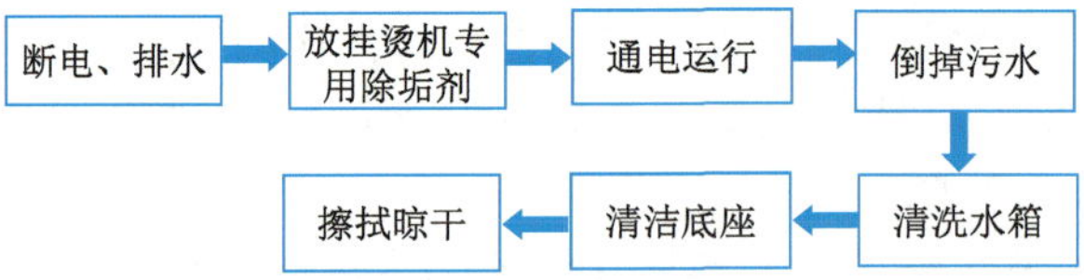

图4-15 蒸汽挂烫机的水垢清洁步骤

（1）断电、排水：关掉电源，拔下插头，将水箱中储水排净。

（2）放除垢剂：水箱中加入挂烫机专用除垢剂与水，按1∶10的比例加满。

（3）通电运行：将水箱放在机器上，插上电源打开开关，让机器工作30分钟左右。

（4）倒掉污水：工作结束后，关掉电源，拔下插头，把水箱及主体里的混合液完全排出。

（5）清洗水箱：往水箱内倒入适量的清水，提起水箱左右摇摆，然后将水排出，依次重复，直至将水箱洗净（需戴橡皮手套操作，避免双手受到腐蚀）。

（6）清洁底座：清洁水箱下面的底座，先倒掉底座里的水，然后用抹布擦干，如有水垢沉淀，需用白醋和水以 1∶1 的比例兑好倒入底座溶解浸泡，约 10 分钟后倒掉溶解物，用净水清洗，最后将底座擦拭干净。

（7）擦拭晾干：用抹布将机体表面擦拭干净，放置通风处晾干。

（三）蒸汽挂烫机保养

1. 要注意插座电源电压，应该与蒸汽挂烫机实际电压相符，避免发生异常情况。

2. 注意插头、插座及电源安全，不要拖曳或拉拔插头。如发现电源线有损伤，应停止使用。

3. 不要在蒸汽挂烫机上挂过多的衣服，避免支架承压过大。蒸汽挂烫机旁不宜摆放易燃物，也不宜摆放有腐蚀性的物体。

4. 蒸汽挂烫机要定期清洁，及时清理堵塞导管、喷头的异物，避免水垢积存过多，影响水质。

5. 使用完毕后，套上专业防尘罩，以免落土，并能防止外部塑料彩色部分褪色或变黄。长期不用时，将蒸汽挂烫机清洁干净。干燥后，扳开锁扣按钮，回收伸缩杆，将导气管从固定架上取下，取下衣架，装回包装盒内，置于阴凉干燥处存放。

链接　**蒸汽挂烫机的蒸汽明显减少的原因与解决办法**

①进水孔堵塞，蒸汽孔堵塞，部分蒸汽孔无法出汽。办法：疏通蒸汽孔，并对主机清洗和保养。②主机发热锅结垢，造成能效降低。办法：除垢。③水箱过滤网有堵塞，过滤网较多水垢等。办法：清洗或者更换过滤网并对主机清洗和保养。

四、蒸汽熨斗的使用与清洁

熨斗分类很多，按功能可分为普通型、调温型、蒸汽型、蒸汽喷雾型、调温喷汽型等。

（一）蒸汽熨斗的使用及注意事项

1. 使用电熨斗时，必须采用保护接零（或接地）的安全措施，接线要确保正确无误。

2. 首次使用应先擦去表面的防锈油脂。当熨斗温度超过所需温度时，应切断电源降温，不可用蘸水法降温。

3. 蒸汽熨斗水温达不到所调温度容易导致水从底板漏出。使用自动调温电熨斗，应注意调温机构是否起作用，以防止温度过高而着火。

4. 熨烫棉、麻、毛织物时，熨斗可直接与面料接触；熨烫维纶织物时，熨斗最好与衣物的反面直接接触，不要盖湿布；熨烫丝绸、尼龙等薄织物和合成纤维织物时，应在织物上垫一层湿软布；各种合成纤维织物的熨烫温度不宜过高，熨烫时熨斗要经常移动，压力要适当，并且要均匀一致。

5. 熨好之后的衣物不要马上放进衣柜，晾干之后收藏才不会使衣服发霉。

链接　**如何补救烫坏的衣物**

①如衣物熨至轻微起镜面（多出现于深色衣物中），可使用蒸汽把它恢复正常（用蒸汽时，熨斗切勿直接接触衣物，应距离衣物少许，用蒸汽喷向起镜面的地方，直接把它恢复正常），若情况比较严重，则可使用少量爽身粉扑于衣物表面，5 分钟后，将熨斗调至蒸汽温度用布隔着衣物烫平，衣服便可恢复原样。②棉织物熨焦不严重时，撒些细盐，轻轻揉搓。③用少许苏打粉，掺水调成稀糊，可使焦痕消失。

（二）熨斗的清洁

【实操】　蒸汽熨斗的清洁、除垢

1. 操作准备　专用除垢剂（白醋）、抹布、棉棒、小苏打等。

2. 操作步骤（图 4-16）

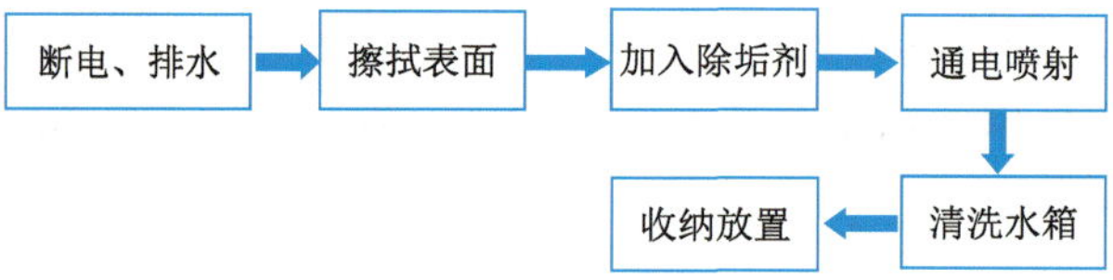

图 4-16　蒸汽熨斗的清洁、除垢步骤

（1）切断电源。等蒸汽熨斗完全冷却之后排干净水。

（2）用软的湿抹布擦拭蒸汽熨斗表面。如果衣物焦化粘在底板上，将电熨斗预热到 100℃左右，断开电源，在水垢处涂上少量小苏打，用干净布来回擦拭，可以去除底板污垢。不可强行刮除。

（3）将兑入专用除垢剂的水注入熨斗，用强力蒸汽喷放方式喷射蒸汽，然后用抹布擦除水垢，也可用棉棒擦除。

（4）将水箱清洗干净。为避免产生水垢，平时应灌注纯净水。

（5）竖立放置进行储存，以免镀层损坏。

（三）蒸汽熨斗的保养

1. 使用时要轻拿轻放，防止跌落，更不可用熨斗敲击物品，以免损坏内部元件和接线柱上的瓷套管，造成漏电。使用中无论发生任何意外情况，都要先切断电源再进行处理。

2. 熨烫完毕，先将调温旋钮转至冷区，再切断电源，并竖立放置，待自然冷却后排净积水再存放。

3. 喷雾电熨斗的水最好使用冷开水或净化水，以防喷气孔被堵。

4. 底板结焦发黑，可在污垢处涂上少许牙膏，然后用绸布或棉布反复用力擦拭，可去掉污渍。

第 5 节　厨 卫 电 器

一、抽油烟机的使用与清洁

抽油烟机（图 4-17）又称“吸油烟机”，是一种净化厨房环境的家用电器。它能抽走厨房油烟，减少油烟对人身体的伤害，为人们的健康保驾护航。抽油烟机发展到今天种类繁多，从排烟结构可以分为顶吸型、近吸型及侧吸型；从款式形态上分为中式和欧式。

图 4-17　抽油烟机

（一）抽油烟机的使用及注意事项

1. 必须使用可靠接地的电源插座。发现电源线损坏，必须及时更换。

2. 安装时机体保持水平，四周应避免门窗过多，空气对流过大会影响油烟的排放效果。

3. 排风出口到机体的距离不可过长，转弯半径尽可能大且少转弯。气体不可排到用于排出燃烧煤气或其他燃料的烟雾使用的烟道中，以防火灾的发生。

4. 禁止炉火直接烘烤抽油烟机。更换灯泡时，要先拔掉电源。

5. 油烟机的安装高度一定要恰当，既不碰头，又能保证抽油烟的效果。

6. 长时间不用需拔掉电源线插头。

链接

抽油烟机省电攻略

①启动时开强风。油烟机启动时最耗电，因此启动时先开大风挡再调小。②不要频繁拆洗。经常拆洗会导致零件变形，从而增加阻力，增加电能消耗。③利用小灯。利用抽油烟机上照明设备可以达到省电的目的。④不要用于除味。抽油烟机的换气范围较小，换气作用较慢，排除异味同样会增加电能的消耗。

（二）抽油烟机的清洁

抽油烟机是现代家庭厨房必备的家用电器之一。长期使用会造成表面和内腔充满油污，影响其正常排烟效果，所以抽油烟机的日常清洁和定期清洁在很大程度上决定了家中空气的质量，绝对不能忽视。

【实操】　抽油烟机的清洁流程

1. 操作准备　油污净、抹布、保鲜膜、报纸、橡皮手套、肥皂粉等。

2. 操作步骤（图 4-18，表 4-9）

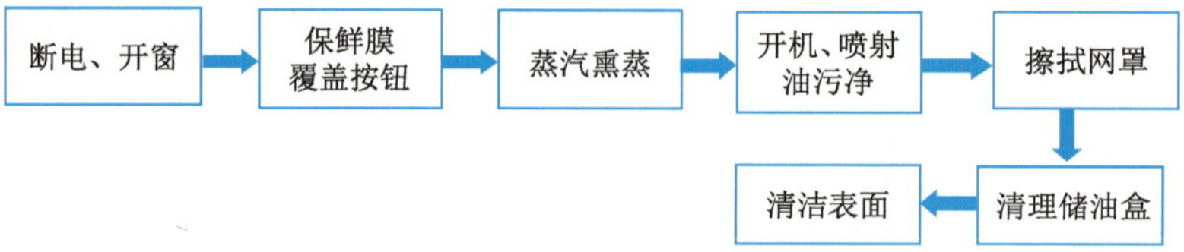

图 4-18　抽油烟机的清洁流程

表 4-9　抽油烟机的清洁流程一览表

序号	步骤
1	断电。打开门窗，灶台上铺上报纸，以免被滴落的油污污染
2	用保鲜膜将按钮覆盖。以免清洁剂浸入，引发漏电或其他故障
3	在高压锅内放水加热，待有蒸汽排出时取下限压阀，打开抽油烟机将蒸汽水柱对准扇叶，油污水会循着排油槽流入废油盒里
4	打开抽油烟机，对着机身、网罩直接喷洒油污净，10 分钟左右关闭抽油烟机
5	油污会顺着去污剂流入储油盒。关闭电源，擦拭网罩
6	储油盒清洗干净后，在盒里撒肥皂粉，再注入约 1/3 的水，这样，滴下来的油就浮在水面上，直接倒掉，容易清洗
7	用抹布从左到右擦拭机体表面

抽油烟机清洗小技巧

①电吹风加热法：用电吹风对着油污吹 30 秒左右，可使油污变软，用百洁布蘸上洗洁精，边吹边擦，可以轻松擦掉油污。②涂抹洗洁精：可以用微湿的软布蘸取不兑水的洗洁精擦拭机身、扇叶。晾到自然干透。下次清洁时，用热水直接擦拭机身，可以轻松洗掉油污。清洁结束后，可以继续涂抹不兑水的洗洁精。

（三）抽油烟机的保养

1. 必须使用独立的插座，避免漏电。
2. 使用时不要一直开最大的功率。容易造成抽油烟机高负荷工作，导致发生故障。
3. 每次使用后趁着抽油烟机上还有余热用抹布擦拭机体表面，可以轻松擦去沾在抽油烟机上的油渍，保持干净。
4. 定期清洗抽油烟机，以免电机、涡轮及表面粘油过多，影响正常工作。禁用锐利硬物和钢丝球等工具和强腐蚀性、强碱强酸的洗涤剂进行清洗。
5. 直接擦拭风叶上的油污容易导致风叶变形，清洗时可在风叶上喷洒清洁剂，让风叶旋转甩干。
6. 不要擅自拆开油烟机进行清洗，定期清洁需请专业人员操作。

二、电磁炉的使用与清洁

电磁炉（图 4-19）又名“电磁灶”，具有升温快、热效率高、无明火、无烟尘、无有害气体、体积小巧、安全性好等优点，被誉为“绿色炉灶”，是一种高效节能厨具，也是家庭所青睐的厨房电器。

图 4-19　电磁炉

（一）电磁炉的使用及注意事项

1. 要使用配套的插座和插头。

2. 使用时要放置平稳，避免锅中汤汁的外溢，引起烫伤。

3. 使用锅具时要选择铁质、不锈钢等锅底相对较大的平底锅且不能过重。切勿对空锅进行加热。

4. 要保证气孔的通畅。如果发现电磁炉的风扇无法正常转动，应立即停止。

5. 为了足够的安全保障，使用前检查电磁炉的保护功能是否完好。

6. 按钮要轻、干脆。按钮启动后，手指就应离开，不可按住不放，以免损伤簧片和导电接触片。

7. 切勿弯曲、捆绑电线或用力过猛拉扯电源线，导致电线损坏。如果炉面有破损应及时停用，以免发生危险。

8. 切勿让儿童自行操作和使用电磁炉。切勿将刀叉之类的金属物品放置在顶板上，以防受热烫伤。

链接　**如何预防电磁炉的辐射**

①严把“选购关”，选择正规的厂家正规品牌，保证产品质量。②使用时不要与电磁炉靠得太近。应保持 30 厘米的距离，并尽量避开散热隔栅处。③使用电磁炉时应避免佩戴金属项链等金属物品，以防受到更大的辐射。④做好保养工作，及时清除面板上的油污，最大限度地避免电磁波泄露。

（二）电磁炉的清洁

【实操】　电磁炉的清洁方法

1. 操作准备　干湿两块抹布、中性清洁剂、专用去污剂、棉棒、软刷（牙刷）。

2. 操作步骤（图 4-20）

断电 → 清洁面板 → 清洁底部风扇、网罩

图 4-20　电磁炉的清洁步骤

（1）断电：待电磁炉留有余温时进行清洁，避免油渍与水渍沉积。

（2）清洁面板：用柔软的棉布蘸取中性清洁剂从中间向四周进行擦拭。较重的油污和水垢可用专用去污剂进行局部处理。不可用钢丝球等擦拭面板。

（3）清洁底部风扇、网罩：先用干净的抹布清洁风扇、网罩的外部，再使用软刷（牙刷）将网罩刷干净。吸气和排气孔可用棉棒除去尘埃，不可用曲别针和金属丝之类的硬物剐蹭排气口。如果需要进行风扇内部的清洁，需请专业保洁人员进行处理，不可自行

拆卸。

（三）电磁炉的保养

1. 及时断电。切勿使不工作的电磁炉一直处于通电状态。

2. 切勿在潮湿和靠近火焰的地方使用电磁炉。

3. 每次使用结束后要清洁电磁炉，以免蟑螂等小昆虫钻入风扇内部，导致电磁炉烧坏。清洁时，避免水气的侵入和有害液体的侵蚀。不能用水直接清洗电磁炉或是将其放入水中擦洗。

三、微波炉的使用与清洁

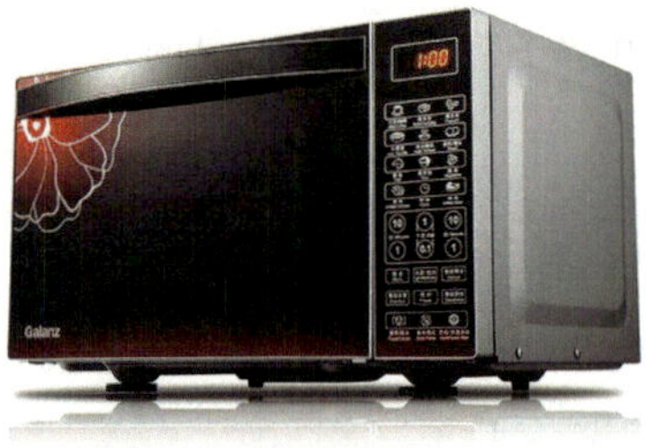

图 4-21　微波炉

微波炉（图 4-21）是一种用微波加热食品的现代化烹调灶具。目前市场上的微波炉产品类型很多，主要有机械型微波炉、光波型微波炉、烧烤型微波炉、蒸气微波炉、变频微波炉、智能微波炉等。

（一）微波炉的使用方法及注意事项

1. 使用方法

（1）有坚硬表皮的食物，需剥去硬皮再烹饪。西红柿、土豆、苹果、香肠等要穿刺小孔，让水蒸气能够挥发。

（2）烹调食物时，应覆盖保鲜膜。但需避免保鲜膜接触食物。在取出食物前，先将保鲜膜刺破排气，以防烫伤。

（3）烹饪的食物应均匀排列，不可堆在一起，食品形状越规则，微波加热越均匀。有些食物如鸡翅尖、鸡胸、鱼头、鱼尾部或蛋糕的角端等部位易于烹调过度，用铝箔纸包裹可避免将食物烤干。

（4）用微波炉烹饪时，应尽量减少用盐量，可避免烹饪的食物外熟内生。烹饪中途对汤类搅拌，或是对相互重叠的食品进行重置，均有助于增强烹饪效果。关掉微波炉后，因炉内尚有余热，食物可继续烹调，过 1 分钟后取出为好。

2. 使用注意事项

（1）保持空气畅通。避开高温潮湿的环境，放置在距离地面高 85 厘米的地方。后壁应留有 10 厘米的空隙。

（2）忌超时加热、忌油炸食品、忌与其他电器共用同一插座、忌空转微波炉。

（3）使用微波炉专用器皿。金属制品、竹器、漆器、不耐热塑料容器、有凹凸状的玻璃制品等均不宜在微波炉中使用。

（4）不可贴近微波炉观察窗，防止眼睛因微波辐射而受损伤。

（二）微波炉的清洁

微波炉长时间不清洁会导致炉内有异味，污染食物，遗留的残物可能会在下次使用时因高温导致着火，引发危险。

【实操】　微波炉的清洁方法（从里到外的顺序）

1. 操作准备　抹布、中性洗涤剂、洗洁精、专用清洁剂、钢丝球、软刷、橡皮手套。

2. 操作步骤（图 4-22，表 4-10）

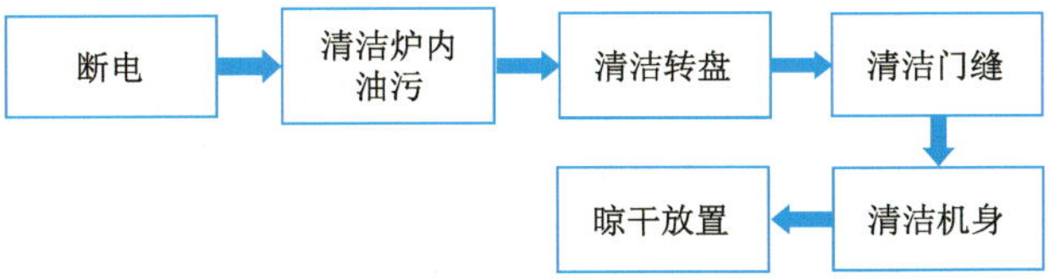

图 4-22　微波炉的清洁步骤

表 4-10　微波炉清洁流程一览表

序号	步骤	图解
1	断电。在炉内放一杯水，滴入洗洁精，加热 2～3 分钟，产生的水蒸气，可使顽垢变松软	
2	用抹布擦净内壁的污垢	
3	清洁配件，然后用专用清洁剂均匀喷洒，最后用钢丝球刷洗干净	
4	先用软刷清洁门封杂物，然后抹布擦拭干净	
5	用抹布蘸取含有中性洗涤剂的水拧干后擦拭机身及炉门四周，结束后，放置干燥处晾干	

（三）微波炉的保养

1. 应经常清洁炉内及门封条的残渣。勿用钢丝球或带腐蚀性的清洁剂及小刀刮擦油污，以免破坏炉壁的金属保护。

2. 定期检查炉门四周及门锁，如有损坏、闭合不良，应停止使用，以防微波泄漏。万一不慎引起炉内起火时，切忌开门，而应先关闭电源，待火熄后再开门降温。

四、电烤箱的使用与清洁

电烤箱（图 4-23）被称为专用的“食品烘烤专家”。用电烤箱烤制的食物具有低脂肪、低胆固醇的优点。目前市面上的电烤箱种类繁多，根据电烤箱的型号可分为普通简易型电烤箱、自动控制型电烤箱、可调温型电烤箱、三控型（定时、调温、调功率）自动型电烤箱。

图 4-23　电烤箱

（一）电烤箱的使用及注意事项

1. 要放在平稳的地方，背面与墙面需保持约 5 厘米的距离。必须专线专用，以避免发生意外。

2. 使用前预热。所需温度越高，预热时间也就相对越长。不要在电烤箱工作时频繁打开箱门。

3. 使用时掌握好烘烤食品的温度、时间。一般越厚的食物，所需烘烤的时间越久，但是温度要低，以避免外熟内生，薄的食物则相反。

4. 烤肉时最好用锡纸包裹，既可防油滴落又能避免食物表面被烤焦。

5. 判断菜肴是否熟透可用筷子或竹签插入食物来判断，如果能轻易插入，特别是肉类，就表示已熟透；如果是糕点或其他的料理，看筷子上是否还沾有湿的生料。

6. 为避免沾黏，烘烤前可在烤盘或烤架上刷一层油脂或是铺上锡箔纸。中式料理用色拉油或橄榄油；西式料理用黄油。烘烤时要翻面，使其受热均匀。

7. 取出食物要停电操作，用手柄叉卡好烤盘，防止烫伤。避免将塑料制品及不耐热玻璃放置箱内，从而引发火灾或是爆炸。

链接　**电烤箱烤制食物时间温度（表 4-11）**

表 4-11　电烤箱烤制食物时间温度一览表

食物名称	时间（分钟）	温度（℃）
饼、桃酥、串烧肉	10～20	150
红烧鱼、烧排骨	30～35	150
鸡、鹅、鸭、烧肉	25～30	200
牛排、蛋糕、鸡翅	20～25	150
各类酥饼、烤花生	15～20	100
面包、烙饼	12～15	200

（二）电烤箱的清洁

电烤箱经常烤制肉类食物，所以烤箱内壁、烤网、烤盘及底盘等部件油污染比较严重。因此每次使用完毕都要及时清洁，才可以避免对食物的污染。

【实操】　电烤箱的清洁流程

1. 操作准备　橡皮手套、油污净、清洁块、中性洗涤剂、清洁刷、抹布、尼龙布等。

2. 操作步骤（图 4-24，表 4-12）

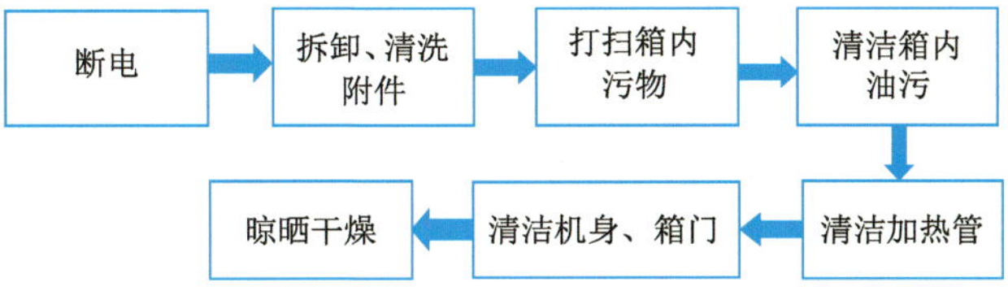

图 4-24　电烤箱的清洁流程

表 4-12　电烤箱的清洁流程一览表

序号	步骤	图解
1	切断电源。烤箱温度下降至不烫手，开始进行清洁	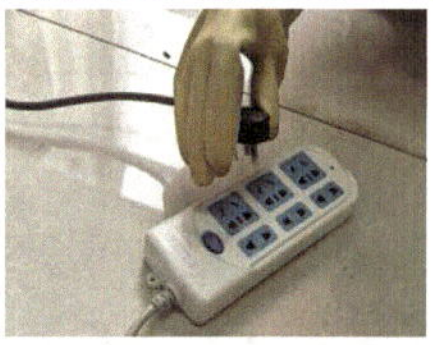
2	拆卸烤箱内烤网、烤盘等附件，放入含有中性洗涤剂的水中浸泡，之后用抹布清洗干净	
3	在烤箱的门边上铺好旧报纸，用清洁刷将烤箱内的食物残渣全部刷出	
4	用油污净喷洒烤箱内壁，油污特别重的地方，可以用清洁块做重点部位的除污。不可用水直接冲洗	
5	用干布或是清洁力较强的尼龙布擦拭加热管。不可用过湿的抹布擦洗以免发生漏电短路	

续表

序号	步骤	图解
6	用抹布蘸取中性洗涤剂稀释液拧干后擦拭烤箱的外壳、箱门，最后用干抹布擦净。清洁干净后，打开烤箱门，放到通风处晾晒	

（三）电烤箱的保养

1. 使用电烤箱制作食物时不可让食物碰到电烤箱的加热管，同时要防止油滴落到加热管上，否则会影响其加热效果。

2. 经常保持箱内外清洁干净，避免污染食物。每次使用后及时清洗烤盘、烤网等部件。及时用干布擦拭内腔，防止电气元件受潮。

3. 不用时把功率、温度控制、定时三个转换开关转到关停位置上，放在干燥、通风、洁净处。不可在烤箱上放置重物。

电烤箱的多功能用途

①常规的家庭烘焙制作：烤蛋糕、烤面包、烤曲奇、烤泡芙。②发酵:可以用作醒发箱。③烧烤肉类：烤鸡翅、烤鱼块等。④去潮：如果家里的坚果类食品（瓜子、杏仁、核桃、板栗等）受潮，用烤箱翻热除湿，冷却后就可恢复酥脆。

五、热水器的使用与清洁

热水器按照原理不同可分为电热水器、燃气热水器、太阳能热水器、磁能热水器、空气能热水器、暖气热水器等。

（一）电热水器的使用与清洁

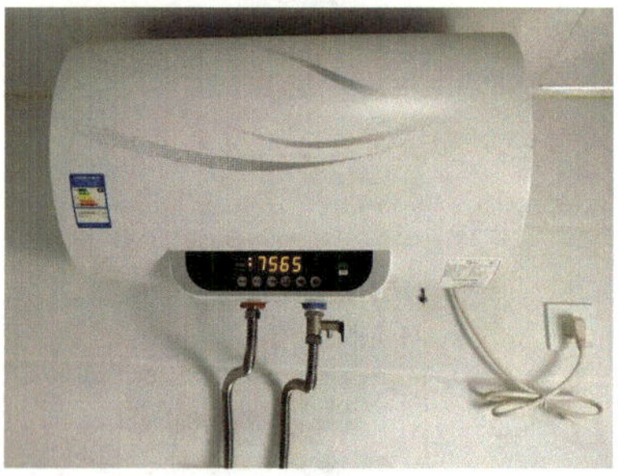

图 4-25　电热水器

电热水器（图 4-25）是指以电作为能源进行加热的一种厨卫电器，是与燃气热水器、太阳能热水器相并列的三大热水器之一。电热水器按加热功率大小可分为储水式（又称容积式或储热式）、即热式、速热式（又称半储水式）三种。

1. 电热水器的使用及注意事项

（1）电热水器的电源应配置防水插座。接通电源，指示灯亮，表示正在加热，当水温到达设定值后，指示灯熄灭。

（2）储水式电热水器要先注满水，再通电加热，经预热后即可使用。要求自来水处于常开状态，保证水箱有水。如遇忽然停水，需关闭电源，暂停使用。

（3）电热水器通常用“蓝色”表示冷水，用“红色”表示热水。为了防止烫伤，使用时先开冷水阀再开热水阀，关闭时，先关热水阀，再关冷水阀。

（4）一般将电热水器温度调为 40℃左右，既可以省电，还可以避免水温过高而产生水垢，引起电热水器故障。

（5）当打开水阀没有出水时，要立即断开电源，避免电热水器在无流动水的情况下工作而损坏。泄水阀滴水属于正常现象，切勿将其堵死，否则极易产生危险。

（6）电热水器附近不得放置易燃物品，以防引发火灾事故。

链接

电热水器水垢的危害

①阻碍热的传递，致使电热水器受热不均匀，造成局部过热，或者局部压力过大，最终损坏电热水器，甚至发生危险。②造成电热水器水温降低、供水量减少。③危害身体健康。水垢长期沉淀和积累使电热水器水中的有害物质不断增加，细菌在长时间不断更新、交替反应中生成了很多有害物质，可引发多种皮肤病，如洗完澡后皮肤瘙痒和起红点。

2. 电热水器的清洁

【实操】　电热水器的清洁流程

（1）操作准备：专用清洗剂、中性洗涤剂、干湿抹布。

（2）操作步骤（图 4-26）

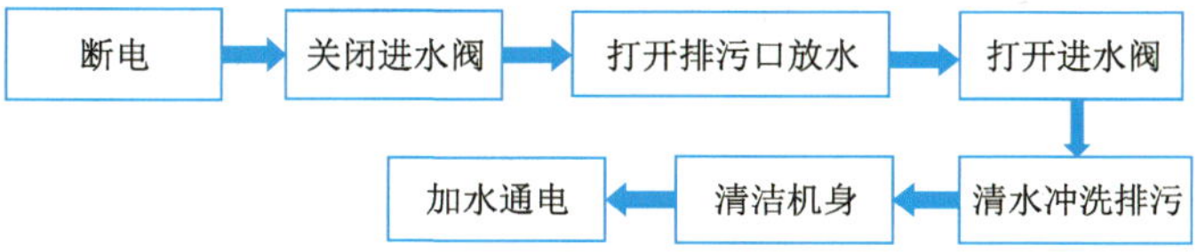

图 4-26　电热水器的清洁流程

1）将电热水器断电。

2）关闭进水阀门。

3）确定内部水温降低后打开热水龙头排水，避免烫伤。打开排污口放水。

4）打开进水阀，注入自来水和专用清洗剂清洗。

5）关闭进水阀，排放污水。

6）用抹布蘸取中性洗涤剂稀释液拧干后擦拭电热水器的外壳，用清水冲洗抹布后再擦拭，最后用干抹布擦拭干净。

7）打开进水阀，加水，通电运行。

链接

为什么储水式电热水器要经常更换镁棒

镁棒的全称为镁阳极棒，在储水式电热水器中具有阻隔水碱、水垢侵蚀内胆的作用。镁棒具有一定的使用寿命，一旦消耗完毕后就会导致内胆结垢，致使电热水器有安全隐患，所以，对于储水式电热水器来说，镁棒是一个不容忽视的部件，需要定期更换。一般使用年限为2～3年，有些劣质产品不到半年就消耗殆尽。如果电热水器在使用时出现加热慢、耗电量增大等现象，则应及时请专业人员上门维修检查。如若是镁棒出现问题，应立即更换。

3. 电热水器的保养

（1）长期不使用电热水器，尽量关闭，否则既耗电，又耗损电器。

（2）每年请专业保洁人员上门做内胆的除垢清洁，延长电热水器使用寿命。

（3）清洁过程中切勿用水喷洒，也不要用酸性溶液擦拭。

（4）电热水器使用寿命不应超过6年。超过年限，需及时更换。

（5）电热水器出现质量问题时切勿自己拆卸，一定要联系售后进行维修。

（二）燃气热水器的使用与清洁

图4-27　燃气热水器

燃气热水器（图4-27）是采用燃气作为主要能源材料，通过燃烧加热方式，达到制备热水目的的一种热水器。即开即用，无须等待，而且占地面积较小，实现产热和供热分离，避免了沐浴过程中因电器故障产生漏电造成触电的危险，是现代家庭中最常见的厨卫电器。

1. 燃气热水器的使用及注意事项

（1）严格按照使用说明书进行操作。按照先开水再开气的原则操作；使用后，先关气后关水。

（2）长时间使用燃气热水器，喷嘴与点火针及感应针容易积碳，影响顺利点火。因此要经常检查并及时清理。

（3）经常在管路及各接头处涂抹肥皂水泡沫，以检查燃气管道及外接胶管是否有漏气、裂纹、老化、松脱等故障。一旦发生漏气，先关闭总阀，后打开门窗通风，以防电火花引起火灾。

（4）燃气热水器四周应有安全间距，不要密封在吊柜内。每次使用前应检查房间窗户或排气扇是否打开、通风是否良好。刮风天气发现倒灌风或倒烟时，应暂停使用。

（5）不可长时间连续使用燃气热水器，出现漏气、漏水、停水后火焰不灭或有火苗窜出等现象时，应停止使用，及时通知售后修理，严禁私自拆卸。

2. 燃气热水器的清洁保养　燃气热水器能否定期清洁保养，成为其安全使用的关键。应做到以下两点。

（1）日常清洁：经常用湿布将外表的脏物、油污等擦净。然后用干布抹净。不易清除的污物用中性洗涤剂擦除。不可用汽油等腐蚀性溶剂清洗。点火电极部位有脏物时应用干布擦拭干净，以保证点火质量。

（2）定期清洁：需定期检查进水阀、过滤纱网，并及时进行清洗。需定期检查并及时清洗热交换器和主燃烧器，避免因燃烧不完全产生有害气体，发生中毒。由于操作过程具有危险性，需请专业人员上门操作。

（三）太阳能热水器的使用与清洁

图 4-28　太阳能热水器

太阳能热水器（图 4-28）把太阳光能转化为热能，将水从低温度加热到高温度，以满足人们在生活、生产中的热水需求。

1. 太阳能热水器的使用及注意事项

（1）太阳能热水器内的存水根据当地的水质状况定期排放，排水时间可选于早上集热器较低温时。

（2）使用太阳能热水器时先开冷水，后开热水，以免烫伤。

（3）水龙头出口端一般都有滤网装置，应定期自行拆下清洗，可加大水量流出。

（4）太阳能热水器平均 2～3 年需对真空管内部进行检查、清理、消毒。防止真空管内部聚集水垢影响吸热效果。

（5）若太阳能热水器配置专用仪表需注意防雷防电，打雷时切勿洗澡并拔掉电加热插头。

2. 太阳能热水器的清洁保养　定期清洁养护太阳能热水器不仅有利于延长其使用寿命，还能保证我们用水的健康。由于太阳能热水器的清洁保养难度很高，所以必须请专业人员进行操作。一旦发现漏水，应及时断电，通知售后处理。

链接　**太阳能热水器中多日未用的热水还能洗澡吗**

太阳能热水器中多日未用的水一般都较热，达到 70℃以上，这个温度区域是水中细菌繁殖的极佳温度。因此，多日或长期不用的热水，水质较差，细菌多，要及时排放掉，不可用来洗澡，更不可加热饮用。

六、电饭锅的使用与清洁

图 4-29　电饭锅

电饭锅（图 4-29）是一种能够进行蒸、煮、炖、煨、焖等多种加工的现代化炊具。其具有烹饪和保温功能，使用起来清洁卫生，没有污染，省时省力，是现代家庭不可缺少的厨房电器之一。常见的电饭锅分为保温自动式、定时保温式及新型的微电脑控制式三类。

（一）电饭锅的使用及注意事项

1.使用电饭锅焖大米时，锅内的米要分布均匀，不可一边高一边低。

2. 使用电饭锅时，应将食物先放入锅内，盖上盖，再插上电源插头。取出食物之前应先将电源插头拔下，以确保安全。

3. 使用时需注意锅底和发热板之间要有良好的接触，可将内锅左右转动几次。电饭锅排气口冒出蒸汽时，不可触摸，更不可堵住排气口。

4. 用完后要及时断电，否则，自动保温仍在起作用，既浪费电，也容易烧坏元件。按键开关自动弹起后，不宜马上开锅，一般再焖 10 分钟左右才能使米饭熟透。

5. 不可取出内胆接通电源，否则容易烧毁电热盘。

6. 切勿用其他器皿替代内胆放在电热盘上加热。内胆与电热盘表面要保持干净，避免接触不良。

链接　**使用电饭锅省电小技巧**

①做米饭时最好将米淘净并在清水中浸泡 15 分钟左右，然后再下锅，可以缩短煮饭的时间，且煮出的米饭特别香。②电饭锅切勿当电水壶用。同样功率的电饭锅和电水壶烧一壶开水，电水壶只需 5～6 分钟，电饭锅需 20 分钟左右。③避开高峰用电是最好的节电方法。④保持内锅外锅清洁。

（二）电饭锅的清洁

电饭锅经常用于煮饭，所以内锅底的脏物主要是饭粒的焦渣。电饭锅的外壳烤漆也因为经常有汤汁的溢出而被腐蚀，使外壳的烤漆脱落，开关与安全装置也会因为汤液或饭粒的进入而失灵。所以每次使用完毕后必须将电饭锅清洗干净。

【实操】　电饭锅的清洗流程

1. 操作准备　抹布干湿两块、中性洗涤剂、螺丝刀、白醋。

2. 操作步骤（图 4-30，表 4-13）

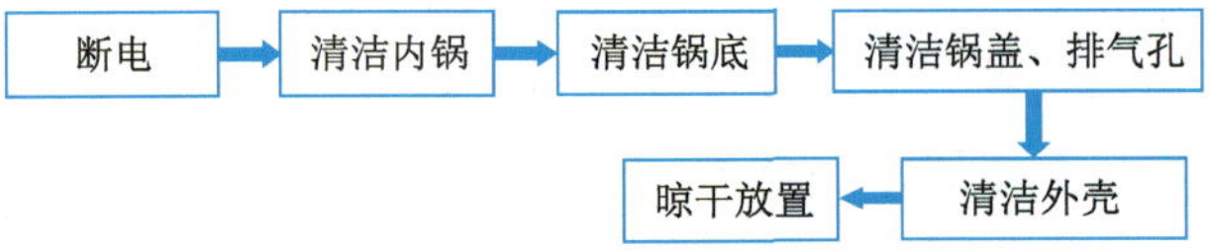

图 4-30　电饭锅的清洗流程

表 4-13　电饭锅的清洁步骤一览表

序号	步骤
1	切断电源
2	清洗内锅时用热水浸泡后再刷洗，最后用抹布擦干净。不要用坚硬的刷子去刷。内锅产生黑斑，可用白醋浸泡，过夜后除净
3	当电饭锅内部控制部位有饭粒或污物掉进去时，用螺丝刀取下底部的螺钉，揭开底盖，将其中的饭粒、污物除掉。切勿使电器部分和水接触，以防漏电
4	清洁锅盖时要将顶部的排气孔取出来用清水冲洗抹净。较脏的污迹可用中性洗涤剂兑水进行擦拭。最后用干抹布擦干
5	用湿抹布蘸取中性洗涤剂稀释液拧干后擦拭电饭锅的外壳及控制面板
6	清洁结束后，打开锅盖晾干

（三）电饭锅的保养

1. 使用电饭锅时要轻拿轻放。不要磕碰电饭锅的内胆。内胆变形后导致煮饭受热不均，易煮夹生饭。

2. 电饭锅的功率较大，电流也大，容易造成触电、起火等事故。应经常检查电源插座和电源线是否有破损。

3. 不宜煮酸、碱类食物，也不要放在有腐蚀性气体或潮湿的地方，以免损坏机件，发生故障。

4. 不要随意拆卸电饭锅的电器部件，以免影响电饭锅的性能和使用效果。

七、消毒柜的使用与保养

随着人们生活水平的不断提高，越来越多的中国家庭认识到消毒柜（图 4-31）的重要性，良好的消毒设备可以保证人们使用的餐具是干净卫生的。所以消毒柜现已发展成为现代厨房中重要的电器之一。

图 4-31　消毒柜

（一）消毒柜的使用及注意事项

消毒柜为全钢结构，一般有红外线消毒和臭氧消毒两种方式。

1. 消毒柜要“干用”　将餐具洗净沥干后再放入柜内能缩短消毒时间和降低电能消耗。滴水的餐具放进消毒柜，易烧坏管座或其他部件，缩短消毒柜的使用寿命。消毒过程中不可打开柜门。

2. 每天通电　处于密封状态的消毒柜，消毒后存放在柜内的碗筷未干透，反而成了细菌滋生的温床。所以消毒柜最好每天通电消毒一次，最少也要每周开启 3 次，这样既能起到消毒的目的，又可延长其使用寿命。

3. 餐具放置合理　将不耐高温的餐具放进低温消毒室消毒，耐高温的餐具放入高温消毒室。餐具应竖直放在层架上，不可叠放。彩绘器皿在高温下可能会释放有害物质，危害人体健康，尽量不要使用消毒柜高温消毒。

4. 位置摆放要科学　应放置在干燥通风处，距墙不宜小于 30 厘米。

5. 定期清洁保养　经常检查柜门封条是否密封良好，以免热量散失或臭氧溢出。发现异常应停止使用。

（二）消毒柜的清洁

正确清洁保养消毒柜，能有效地延长消毒柜的使用寿命，防止因使用不当造成内胆生锈、餐具损坏等问题。

【实操】　消毒柜的清洁流程

1. 操作准备　干湿抹布、中性洗涤剂、尖头筷子。

2. 操作步骤（图 4-32）

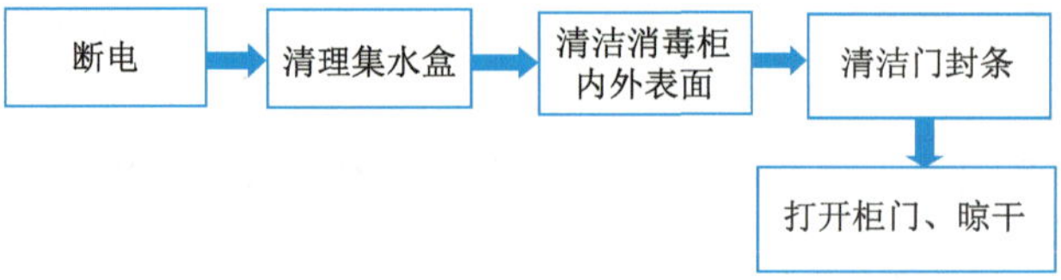

图 4-32　消毒柜的清洁流程

（1）断电：拔下电源插头。

（2）清理集水盒：将柜体下端集水盒中的水倒出并洗净。

（3）清洁消毒柜内外表面：用干净的湿抹布擦拭消毒柜内外表面，如若太脏，可用湿抹布蘸中性洗涤剂擦洗，然后用干净的湿抹布擦净，最后用干抹布擦干。清洁时，注意不要撞击加热管或臭氧发生器。

（4）清洁门封条：在尖头筷子上包一小块薄薄的微湿抹布，从上到下慢慢拨出门封条的污垢。

（5）打开柜门、晾干：清洁完毕后，打开柜门，自然晾干。

八、家用洗碗机的使用

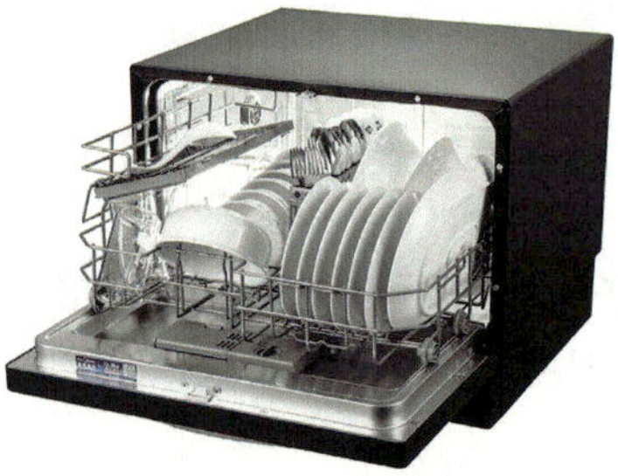

图 4-33　家用洗碗机

家用洗碗机（图 4-33）是高级厨卫电器，是指居家使用的适宜清洗碗筷、餐具等家用产品的一种机器。家用洗碗机集洗涤、消毒、烘干为一体，还能彻底杀菌。一般按洗涤形式可分为喷嘴式洗碗机和叶轮式洗碗机两种；按结构分为台式和柜式两类。

（一）家用洗碗机的使用及注意事项

家用洗碗机应安装在有进水管和下水道的地点，且放置在坚固安稳的平台上。

1. 洗碗机的使用方法

【实操】　家用洗碗机的使用流程

家用洗碗机的使用步骤如图 4-34 所示。

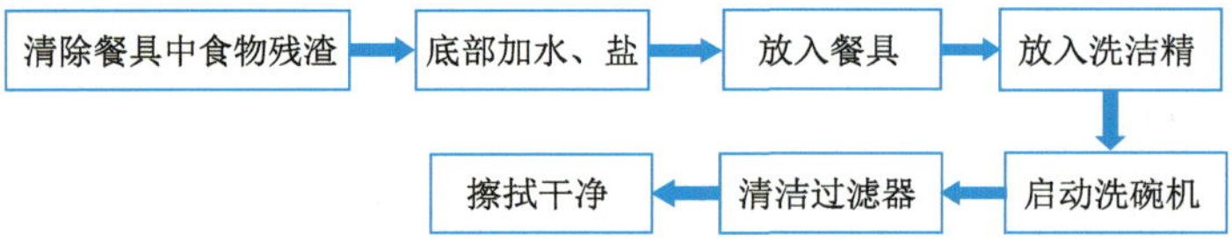

图 4-34　家用洗碗机的使用流程

（1）清除餐具中食物残渣。

（2）底部加水、盐：打开机门，给底部的软水器加入专用盐，减少水中的钙镁离子，增强洗涤效果。同时加入清水，最后拧紧软水器的盖子。

（3）放入餐具：将要洗物品放入碗篮，向下扣着放置。弯的深底的物品需要倾斜放置，放入的餐具不能从碗篮底部伸出，也不要超出碗篮太高，避免阻挡喷臂旋转。两件餐具之间不能上下叠放。

（4）放入洗洁精，关闭机门。

（5）启动洗碗机：打开电源，选择标准洗程序，按启动键启动洗碗机。

（6）清洁过滤器：完毕以后，不用马上取出餐具，需要用时再取也可。每次洗碗完毕，倒出过滤器残渣，在自来水下面冲洗干净即可。

（7）用干布将洗碗机擦拭干净。

2. 使用注意事项

（1）放置要远离石油气炉等热源，不可让阳光直射，以免外壳漆层褪色变黄或脱落，影响外表美观。

（2）不可使用高于 70℃的热水，以免塑料、橡胶件变形或损坏。使用结束后排出的热水仍有相当高的温度，小心烫伤。

（3）洗涤餐具中不可夹带鱼骨、剩菜、米饭等杂物。否则容易堵塞过滤网或妨碍喷嘴旋转。高级漆器餐具、纸制品餐具、泡沫饭盒等不可放入洗碗机内清洗，以免洗涤烘干后变形。

（4）避免用洗碗机烘干餐具。尽可能采用自然通风干燥的办法，降低能耗。

（5）长时间不用，应用温水清洁机内油污，再用干布擦干，装入包装纸箱，存放于通风干燥处。

（二）家用洗碗机的清洁

要保持洗碗机内外的清洁卫生。每次使用完毕后，最好用刷子刷去过滤器上的污垢和积物，以防堵塞。然后取下过滤网，用清水冲洗干净。为防止洗碗机内部产生异味，每月应作一次清洁。具体方法：先把搁物架、下喷淋器取下，用低泡沫的清洁剂擦拭机器内壁，再用抹布擦净，最后加入适量的洗碗粉，让洗碗机运行一个标准洗。洗涤槽内每月应用除臭剂清除臭味。

第 6 节　声 像 电 器

一、电视机的使用与清洁

案例 4-4

2016 年 12 月 14 日中午，吕梁市某小区单位家属楼内起火。起火原因是家中电视机爆炸引发，爆炸产生的冲击波令客厅面目全非，并引燃电视机柜、沙发等屋内物品。窗口冒出大量浓烟和塑料燃烧释放的有毒气体，大量浓烟导致室内能见度极低。经过消防员近 30 分钟的奋力扑救，大火被完全扑灭，幸好没有造成人员伤亡。

随着社会的进步和发展，电视机已是每个家庭必备的居室电器，它的出现不仅丰富了我们的生活，还美化了家居。但如果不能够正确使用电视机，同样也会带来不可预知的安全隐患。

（一）电视机的使用

目前市场上的电视机主要分为显像管电视、背投电视、等离子电视、液晶电视、数字电视等类型。

1. 摆放环境 电视机应放置在通风较好、较干燥、离墙或柜 10 厘米以上的平稳的地方。远离热源、避免阳光直射。使用单独的单相带接地的插座，不可放置在潮湿的环境中，使其内部元件受潮，引起元件生锈，从而导致绝缘下降，发生漏电危险。

2. 电视机的使用及注意事项

（1）不宜无节制反复开关。不可频繁调节色彩、音量、对比度、亮度等。

（2）电视机的亮度不宜过大，以保护显像管，避免其提前老化。

（3）夏季打雷，最好关掉电视机，拔下天线和电源插头，防止电视机受雷击烧坏。

（4）电视机旁不要摆放带磁性的物品，如磁铁、手机、手表、银行卡等。

（5）看电视时，拿掉盖布或罩布，看完后不可马上遮盖，若等热量全部散失后遮盖又容易将灰尘带入机内，最佳时间是在电视机尚有余热时罩上防尘罩。

（6）电视机工作时，不要用湿手或湿布擦拭屏幕表面，更不能将凉水溅滴到电视机屏幕上，以免炸裂伤。底部不要垫泡沫塑料，以免影响散热。

（7）注意保护眼睛，不可离得太近，观看时间不宜过长，晚上看电视时可开一盏小灯，减轻眼睛疲劳。

（二）电视机的清洁

【实操】 电视机的清洁流程

1. 操作准备 干湿两块液晶屏专用清洁布、液晶屏专用清洁剂、酒精、棉球（棉棒）、牙签、软抹布、毛刷。

2. 操作步骤（图 4-35）

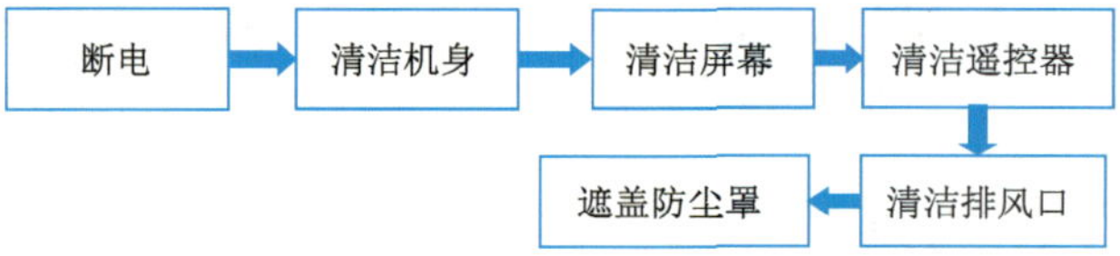

图 4-35 电视机的清洁流程

（1）断电：拔下插头、切断电源。开机状态下用湿的液晶屏专用清洁布清洁，液晶屏上容易出现水印。

（2）清洁机身：用软抹布在含有液晶屏专用清洁剂的水中浸湿并拧干，然后擦拭电视机机身的污垢、灰尘，最后用干抹布擦干。

（3）清洁屏幕：用液晶屏专用清洁布或是棉球（棉棒）蘸取液晶屏专用清洁剂从屏幕中心开始擦拭，轻轻地逐渐向外划圈，并不断更换干净抹布或棉球（棉棒），直至擦拭干净。不要用强酸、强碱性化学溶剂清洁剂晶屏幕。不要在一个地方来回用力擦，容易造成屏幕压痕或损坏（图 4-36）。

（4）清洁遥控器：各种开关和遥控器表面的污垢，可用棉球（棉棒）蘸取酒精擦拭，也可用牙签卷软抹布擦拭。

（5）清洁排风口：用毛刷除去电视机背面机械部分的灰尘。

（6）遮盖防尘罩。

（三）电视机的保养

只有做好电视机的日常保养，才能达到延长电视机寿命的目的。

1. 不要使显像管受到震动或碰撞，避免划伤和撞击液晶屏。不要经常挪动电视机，特别是带电操作，很容易损坏显像管的灯丝。

2. 保持电视机的干燥。水气长时间侵蚀液晶屏幕会对色彩产生影响。最好定期开机通电，驱赶湿气。

图 4-36　清洁电视机屏幕

3. 做好防尘工作，在平时不开机的时候，最好将电视机罩起来。清洁时要将蘸水的布拧干，避免水流到显示器边框的缝隙里造成电视机花屏。

4. 遥控器关闭电视机后须关闭电源开关。长时间待机极易造成电视机爆炸等事故。遥控器长期不使用时，应将电池取出，以免电池内电解液漏出而腐蚀盒内元件。

二、家用电脑的使用与清洁

（一）家用电脑的使用

图 4-37　家用电脑

1. 放置环境　家用电脑（图 4-37）应放置在洁净、适温、通风良好的环境中，并远离电磁干扰源。不要在高温、震动、有灰尘等不良环境中使用，否则容易出现死机甚至安全方面的故障等。电脑背面是辐射最强的部位，尽量不要让屏幕的背面对着有人的地方。主机也应放置在离腿远一点的位置，以免受到电磁辐射的伤害。

2. 使用及注意事项　电脑是家用电器中最主要的电磁辐射源之一。因此在使用时应注意以下几点。

（1）保持室内通风：电脑屏幕容易产生致癌物质，放置电脑的房间最好安装换气扇。

（2）调整合适的亮度：亮度越高，电磁辐射越强。但也不可过暗，否则容易引起眼睛疲劳。

（3）注意与屏幕保持适当的距离：离屏幕越近，辐射就越大。电脑屏幕的静电会使人脸部产生斑疹和色素，因此使用过程中及时洗脸洗手。

（4）注意正确的开关机顺序：开机时先打开外设（如显示器、音箱、打印机等设备）

电源，然后接通电脑主机电源。关机时先关闭主机电源，再关闭外设的电源，这样可减少对硬件的伤害。

（5）不可频繁的开关机：不用时切断电源，在 20 分钟之内不使用电脑则不进行任何操作；在 20 分钟到 1 小时内不使用电脑，可关闭显示器或使用休眠待机模式；如果超过 1 小时不使用电脑，则应关闭电脑。长时间待机会影响电脑的使用寿命，还容易发生火灾。

（二）家用电脑的清洁

家用电脑吸附过多的灰尘，容易加大电器的辐射量，对我们的健康产生不利影响。所以必须要保证电脑的清洁卫生，确保家用电脑健康安全运行。

【实操】 家用电脑的清洁流程

1. 操作准备 干湿两块液晶屏专用清洁布、中性清洁剂、牙签、软抹布、眼镜布、毛刷（便携式吸尘器）。

2. 操作步骤（图 4-38，表 4-14）

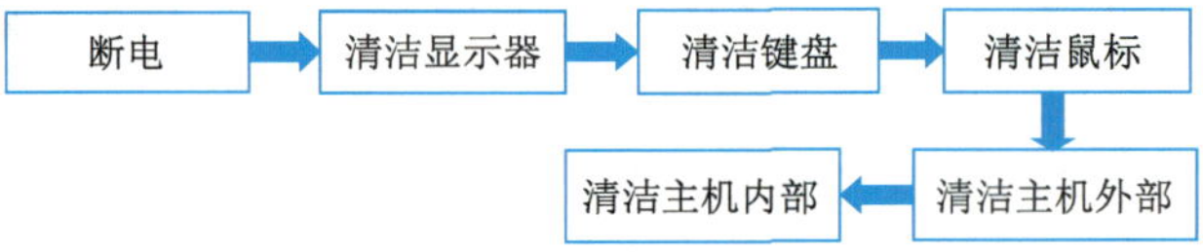

图 4-38 家用电脑的清洁流程

表 4-14 家用电脑的清洁流程一览表

名称	步骤	具体做法	图解
显示器	外壳	用软抹布蘸取含有中性清洁剂的水拧干后擦拭外壳。然后用干抹布擦拭干净	
	散热口	用毛刷顺着缝隙的方向清理散热口缝隙处的灰尘，也可用便携式吸尘器来完成	
	显示屏	用眼镜布顺着一个方向擦拭，并多次更换布面，防止沾有污垢的布面再次划伤涂层。如果是液晶显示器，先用毛刷刷掉表层的灰尘，然后再用液晶屏专用清洁布擦拭	
键盘	关机状态	将键盘倒置，拍出键盘内的碎屑；用毛刷扫除掉进缝隙中的碎屑；然后用柔软干净的湿抹布擦拭键盘；最后用牙签清洁缝隙内污垢	

续表

名称	步骤	具体做法	图解
鼠标		使用鼠标垫，防止灰尘和污垢进入鼠标	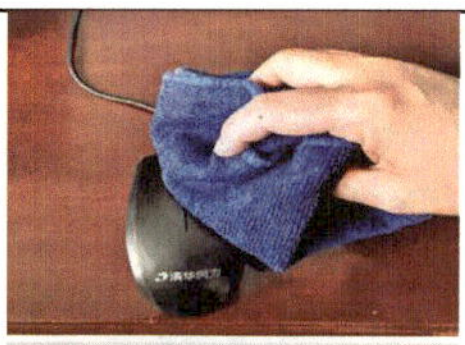
主机外部	断电状态	先用干软抹布清除浮尘，然后用软抹布蘸含有中性清洁剂的水拧干后将一些顽渍擦掉，最后用毛刷（或是便携式吸尘器）轻轻刷掉机箱后部各种接口表层的灰尘	
主机内部	专业清洗	主机内部过多的灰尘容易引起电脑故障，甚至造成烧毁硬件的严重后果。因为拆卸安装比较复杂，所以请专业的保洁人员做清洁	

链接

如何保护电脑的显示器

显示器是家用电脑的重要组成部分，做好显示器的保护对于延长电脑的使用寿命很重要。具体保护措施如下所示。

①显示器在工作时需要一个比较稳定的电压。②显示器需要具备良好的散热条件。③显示器需要进行屏幕保护，可以适当调低亮度。④显示器要防止内部积灰，需定期擦拭屏幕。显示屏带有保护涂层，故不可使用任何溶剂型清洁剂进行清洁。

（三）家用电脑的保养

台式电脑在使用时经常会出现突然罢工的问题，如图像闪烁、没有声音、按键不灵、运行缓慢，甚至突然蓝屏、黑屏，给我们的工作和生活带来了诸多不便。如果平时在使用中能注意台式机的保养，就可以避免很多不必要的麻烦。

1. 不要强制关机、不要突然断电。主机正常工作时，突然断电的话，由于硬件正在进行读写操作，很可能会损坏硬件，特别是硬盘。

2. 每隔半年给机箱内部进行除尘。由于散热需要从外部往机箱内部吸风，使用半年后，机箱内部就会落满灰尘。

3. 注意电脑使用环境。灰尘进入电脑内部，时间长了会影响机箱散热，损坏器件。不用时可罩防尘罩。

4. 长时间不用时定期开机运行。最好每隔 1 个月开机运行半小时以上，以驱散机箱内部的潮气。或者用纸箱包起来，里面放干燥剂，以防内部受潮。

5. 经常给系统瘦身。电脑使用时间长了，会因为多次上网或者安装卸载软件，在系统文件夹中产生大量临时文件，如果不及时清理，可能会使系统运行变慢，增加内存和硬盘消耗。所以必须要经常清理垃圾文件，删除一些不常用的软件。

6. 及时安装系统更新补丁，保持软件和驱动更新；定期杀毒，保持病毒库更新；不打开可疑文件，不访问可疑网站；不安装不兼容软件和驱动。

三、数码摄像机的使用与清洁

图 4-39　数码摄像机

数码摄像机（图 4-39）就是 DV，是 digital video 的缩写。尽管现在很多电子产品都拥有拍摄功能，但受像素的制约，数码相机还是很多家庭出行必备的物品。因此掌握它的正确使用方法同样是家政服务员必备的工作技能。

（一）数码摄像机的使用注意事项

1. 防强光　不可把镜头对着强烈的太阳或其他强光源，停止使用时，应随即关闭电源，放进背包。

2. 防高温　不可置于强光下长时间暴晒，也不要将机器放在暖气管道或电热设备附近，会导致机壳变形。可用遮挡工具来避光。

3. 防低温　温度过低容易损伤磁头和磁带，并容易造成机器故障。使用时可用报纸或塑料袋将摄像机包好。

4. 防水防潮　空气湿度越大，视频磁头磨损越快。

5. 防震、防碰　任何剧烈的震动、碰撞都会对设备产生损伤。拍摄时做到手不离机或机不离身。

6. 防烟避尘　应在清洁的环境中使用和储存。户外拍摄应随时用镜头盖盖住镜头，将摄像机的护套带上，以免损坏磁头。

7. 防磁　摄像机对磁场非常敏感，收音机、电视机天线都能使摄像机摄取的图像变形，一定要远离。

（二）数码摄像机的清洁

数码摄像机的清洁主要是对取景装置的清洁。特别是要保持镜头和液晶显示屏的清洁。镜头上的一点点的灰尘是不会影响图像质量的；如果聚集的灰尘过多，不仅会影响到拍摄的质量，还会对磁头造成磨损，这种情况下就需要做简单的清洁保养。一般用软刷或吹风机清除灰尘，如果要擦拭镜头，应先用气泵把尘埃吹走，再用镜头纸拭抹，避免尘埃刮花镜头。指纹印对镜头的损害是很大的，所以应尽可能快地将其清除，不使用时及时将镜头盖盖上以减少清洁的次数。

链接　**数码摄像机溅到水了怎么办**

如果不小心溅到水，立即关掉电源，擦拭水渍，再用橡皮吹球将各部位的细缝喷一次，最后，晾在通风处风干。如果掉进水里，可取下电池和记忆卡，与干燥剂一起放入塑料袋用台灯烤干，不可着急开机造成摄像机短路。如果是脏水，则送维修部修理。

第 7 节　保 健 电 器

一、家用跑步机的使用与清洁

家用跑步机（图 4-40）是较常见的家庭保健器材，是现代家庭健身的较好选择。

图 4-40　家用跑步机

（一）安全使用跑步机

1. 穿合适的服装，尤其是一定要选择舒适、合脚的运动鞋。
2. 使用前要先检查跑步机的放置是否平稳，台面是否干燥。
3. 跑步机开始转动的时候，把脚放到跑步机的台面上。第一次使用，要把双手扶在两侧的扶柄上。
4. 运动时眼睛要看前方，保持身体平衡。不要突然扭头，不要回头，更不可在跑步机上倒跑，或者做一些危险动作。
5. 跑步时不要手持重物。下跑步机时要等台面完全停稳，避免发生事故。
6. 颈椎病、腰椎病、骨质疏松、心脏病、关节炎等患者及体重超过 140 公斤的人，不可以使用跑步机。

（二）家用跑步机的清洁

保持清洁可大大提高跑步机的使用寿命。每次使用结束后，用抹布擦拭跑带上的汗渍及跑带两侧暴露的跑板及踏板，减少灰尘和污物在跑带下面的积累。跑带可用蘸肥皂水的软布擦拭，不要使用酸性清洁剂。注意不要让水流到跑带下和护壳内。

（三）家用跑步机的保养

1. 定期清洁机身。用棉质软布轻轻擦拭。
2. 定期检查跑带和跑板之间是否有异物。发现异物，立即清除。
3. 建议在跑步机下面铺上专用的运动地垫；一方面可以消除跑步时的噪声、保护地板；另一方面可以有效防止灰尘及异物进入电机箱或跑带和跑板之间。
4. 定期检查跑带的松紧，以及是否有跑偏现象。定期检查跑步机的紧急制动功能，确保安全有效。
5. 定期在跑带和跑板之间涂抹硅油，确保跑带顺滑运转。每周使用时间小于 3 小时，半年润滑一次；每周使用时间为 3～6 小时，3 个月润滑一次；每周使用时间大于 6 小时，1 个月润滑一次。

二、足浴盆的使用与清洁

（一）足浴盆的使用注意事项

1. 初次使用应仔细阅读使用说明书，了解足浴盆（图 4-41）结构及各项功能。

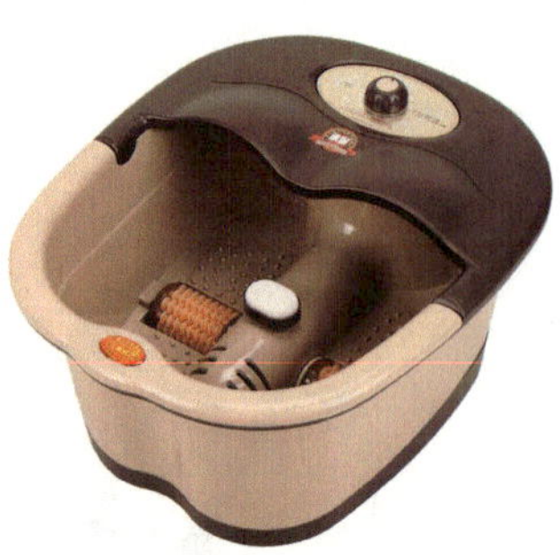

图 4-41　足浴盆

2. 足浴时不能用超过 60℃的热水，避免温度过高烫伤皮肤。使用过程中不可做激烈的动作，以免导致水溅出造成安全隐患，应避免频繁调节温度和按摩节奏，设置必须要合理。

3. 泡脚时水位必须达到要求范围。不要用湿手操作机器，使用过程中严禁站起，避免损坏足浴盆或者发生倾覆，造成摔倒甚至触电。

4. 使用药物要放置到包装袋中。避免药物阻断过滤网。如果出现泄漏，应停止使用。

5. 使用结束后，切断电源，将盆里的水排空，使用柔软的湿布擦去足浴器大部分水分，避免潮湿导致细菌滋生。放置在干燥、通风、避光的地方。

6. 定期清洁足浴盆的外观，最好每周一次。对于一些缝隙里面很难清洗的污垢，可以用洗涤剂或者钢丝球清洗，但是要注意不能太过用力，避免损坏机体。

如果长时间不用，要对足浴盆彻底清洁一次，放置晾干后装入包装盒。

（二）足浴盆的清洁

足浴盆的定期清洗有利于延长足浴盆使用寿命。

【实操】　足浴盆的清洁流程

1. 操作准备　清洁剂、软毛刷、抹布。

2. 操作步骤（图 4-42）

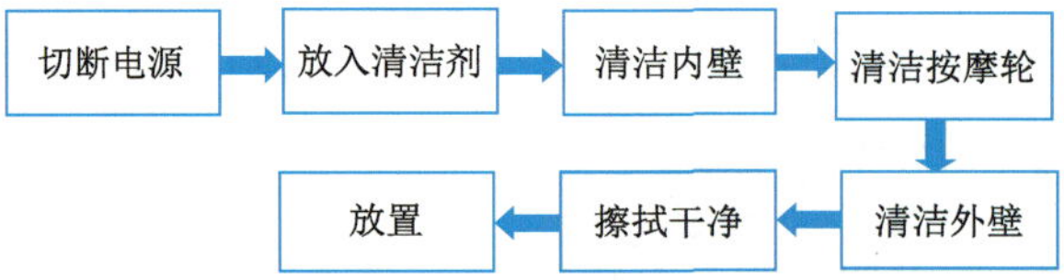

图 4-42　足浴盆的清洁流程

（1）切断电源。

（2）放入清洁剂：放入适量的热水，放置一段时间，使水垢变软，也可以添加一些清洁剂。不要使用强酸碱性的清洁剂，避免损害足浴盆。

（3）清洁内壁：用软毛刷清洗内壁，去除黏附在内壁上污垢。不能用硬物刮洗。

（4）清洁按摩轮：按摩轮容易滋生细菌，而且污垢也不易清除，可以用清洁剂配合软毛刷一起刷洗，顽固的污垢可以打开按摩功能，借助足浴器自身清洗污垢。

（5）清洁外壁：用拧干的湿布擦拭足浴盆的外壁，严重污渍可用中性洗涤剂加以辅助清洁。

（6）擦拭干净：清洁结束后用干抹布擦拭。

（7）放置：装进包装箱，放置于干燥通风的角落，避免灰尘污染。

三、按摩椅的使用与清洁

按摩椅（图 4-43）利用机械的滚动力作用和机械力挤压来进行按摩，起到疏通经络、气血循环的作用。使用之后使人精神振奋、消除疲劳，对身体健康有重要作用。因此，是很多家庭选择的家庭保健电器。

（一）按摩椅的使用注意事项

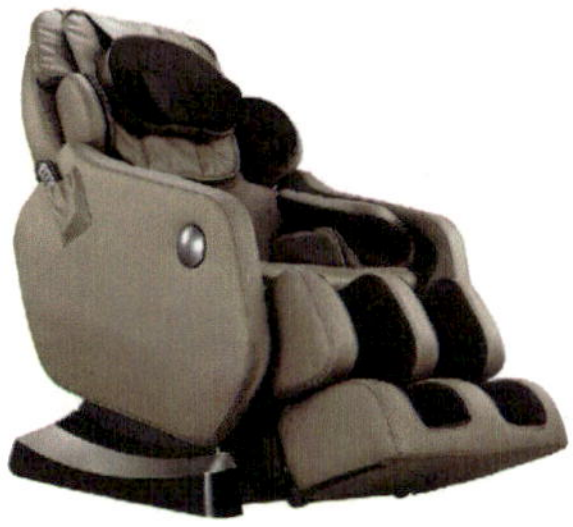

图 4-43　按摩椅

1. 使用前要检查。在面料破损的情况下禁止使用按摩椅。

2. 按摩时将靠垫放下；如果觉得颈部、肩膀的按摩力道不足时，可以将靠垫向后翻起。掌握好按摩的时间，每次不超过 30 分钟。

3. 要调整椅子的按摩力度，用力过小起不到应有的作用，过大易产生疲劳，损伤皮肤，按摩力量和次数要由少到多，由轻渐重。

4. 勿在饭后立即使用，勿在饮酒后使用。使用中感到身体异常，请立即停止使用。

5. 使用时应去掉手表、发饰等硬物，以免划伤按摩椅的皮质。按摩中途要离开座位，必须先关闭按摩椅，不可强行坐下或起身，避免引发事故或造成伤害。

6. 骨质疏松病人、心脏病人、高血压病人、局部皮肤破损病人、肿瘤病人、儿童、孕妇等人群不适合使用按摩椅。

（二）按摩椅的清洁

首先用柔软的干布、毛刷或吸尘器除掉按摩椅上的灰尘和毛发，然后用温水和适当的清洁剂将柔软的布蘸湿拧干后，以拍打的方式擦拭枕头、背垫、靠背皮套、坐垫皮套、承脚皮套、扶手及后盖部分。不可用腐蚀性溶剂如石油、酒精等清洁。最后再用洁净干布擦拭晾干。

（三）按摩椅的保养

1. 减少按摩椅的搬动。可以避免磕碰、划伤等移动损坏，还可保护其精密的内部结构。所以一次性将产品摆放到位，这是很关键的一步。

2. 按摩椅应专物专用。不可将按摩椅用于其他用途，如放置物品、小孩蹦跳玩耍等。这些都易造成不可预知的损坏。

3. 按摩椅应定期清理。这是按摩椅保养不可或缺的重要环节。

4. 放置在干燥、通风、避免阳光直射的居室内。可以防止按摩椅过早氧化，从而延长其使用寿命。

自　测　题

1. 如何给电冰箱做清洁？

2. 家用空调使用时需要注意哪些事项?
3. 简答蒸汽挂烫机的使用步骤。
4. 如何安全使用和清洁抽油烟机?
5. 微波炉和电烤箱使用时有哪些注意事项?
6. 简述消毒柜的使用注意事项。

第 5 章 居室花卉的养护

学习目标

1. 了解选择居室花卉的原则和分类。
2. 熟悉居室养花常见病虫害的防治和居室花卉的美化设计。
3. 掌握居室花卉的日常养护及花卉的四季养护。

第 1 节　常见居室花卉的分类

自古以来，花卉被文人墨客赋予鲜活的生命力和情感，以花喻人、喻物的文章诗词数不胜数。

花卉具有美化、香化、净化居室的功能。用花卉装点居室空间，使生活充满活力；闻着花香，会令人陶醉，心生惬意。花卉还是居室污染的克星，它可以阻滞灰尘，增加空气湿度，并吸收有害气体，有显著的消除污染、净化空气、保护环境的作用。

一、选择居室花卉遵循的原则

（一）消除污染，净化空气

大部分现代居室装潢时所用材料会释放有毒有害气体。居室养花时要选择具有化毒、吸收、分解与转化功能的花卉。

（二）抑制细菌，利于健康

居室养花如选择能吸滞粉尘又能分泌杀菌素杀死细菌，还能抑制病菌滋生的花卉，则可保持室内空气清洁卫生，使家人远离疾病，健康生活。

（三）互补互利，协调搭配

多数花卉白天吸收氧气，晚上释放二氧化碳，而有些花卉正好相反。养花时应注意花卉功能的互补，使两者互惠互利，保持居室空气清新。同时花卉选择时还要注意与居室色彩、空间布局相互搭配，才能收到画龙点睛、锦上添花的功效。

（四）了解习性，避免相互伤害

众多花卉中，有些花卉相依相伴，相互关爱；而有些花卉却相互欺凌，相互伤害。

所以选择居室花卉种养时要了解花卉的习性，避免相互伤害，做到让其美化家居的同时，还能让每种花卉都有生存之地，都能健康生长。

二、常见居室花卉的分类

花花世界，类别很多，我们可以多角度认识它们，了解它们的习性、特点，以便更好地养护，更好地装点生活空间。

（一）根据花卉对光照的要求分类

1. 喜阳性花卉　对光照要求高，喜光，必须在阳光充足的条件下才能生长发育、开花结果，如月季花、茉莉花、石榴花、水仙花等。

2. 喜阴性花卉　对光照要求不高，即使长期得不到阳光的直接照射，只要有散射光或折射光就能生长，阳光暴晒反而不利于其生长发育，如文竹、吉祥草、兰花等。

3. 半阴性花卉　既受不了较长时间的阳光直射，又不能完全在荫蔽的条件下生活，而是喜欢早晚接受阳光，中午则须庇荫，如杜鹃花、扶桑等。

（二）根据花卉对温度的要求分类

1. 喜温性花卉　一般在15～30℃的条件才能正常发育，如茉莉花、大丽花等。

2. 耐寒性花卉　可耐0℃以下低温，甚至有些花卉能在室外越冬，如紫罗兰、月季花、金盏菊等。

（三）根据花卉观赏器官分类

1. 观花类花卉　以观赏花色、花形为主，如仙客来、大丽花、杜鹃花等。

2. 观叶类花卉　以观赏叶色、叶形为主，如文竹、万年青、发财树、鸭脚木等。

3. 观果类花卉　以观赏果实为主，如石榴、佛手、金橘、无花果、五色椒等。

（四）根据花卉开花季节分类

1. 春季开花类　2～4月开花的花卉，如报春花、虞美人、金盏菊、蝴蝶兰等。

2. 夏季开花类　5～7月开花的花卉，如凤仙花、栀子花、茉莉花、白鹤芋等。

3. 秋季开花类　8～10月开花的花卉，如大丽花、菊花、木槿等。

4. 冬季开花类　11月至次年1月开花的花卉，如水仙花、仙客来、蟹爪莲等。

链接　**了解花卉习性，使花卉共生共荣**

1. 相生花卉

（1）百合和玫瑰种养或瓶插在一起，可延长花期。

（2）朱顶红和夜来香、天竺葵和月季、一串红和豌豆花种在一起对双方都有利。

（3）金盏菊与月季在一起会使月季花茁壮生长。

（4）山茶花、茶梅与山苍子摆放在一起，会明显减少灰霉病。

2. 相克花卉

（1）铃兰和丁香放在一起，丁香会迅速萎蔫。铃兰也不能和水仙在一起，会两败俱伤。

（2）丁香和水仙在一起会危及水仙的生命；丁香、紫罗兰、郁金香和勿忘我种养或瓶插在一起，彼此都会受到伤害。

（3）玫瑰和木樨草放在一起，前者会排挤后者，使之凋谢，而后者在凋谢前会释放出一种化学物质，使玫瑰中毒死亡。

第 2 节　居室花卉的养护流程

居室花卉的养护流程如图 5-1 所示。

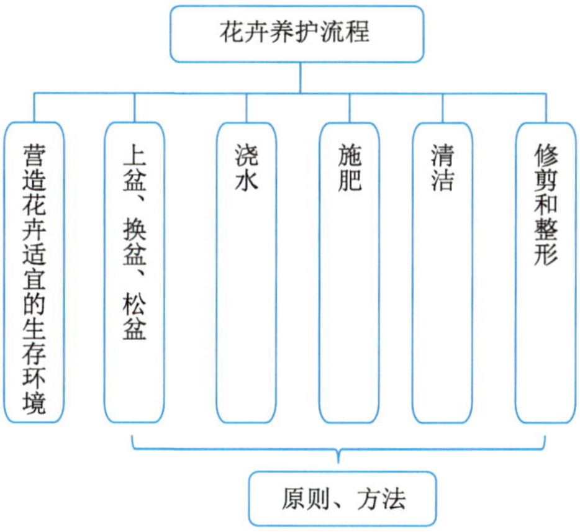

图 5-1　居室花卉的养护流程

一、营造环境

一花一世界，一屋一乾坤。要想使小小居室同时具备南北不同的风情和格调，就要巧妙构思，精心呵护，为花卉营造出一个适宜的生存环境，让不同习性的花卉共处一室，相互辉映，为生活留下浓墨重彩的一笔。

（一）光照

光照是花卉生长的重要条件。居室内光照强度各不一样，养花时要根据花卉的习性调节光照，摆放花卉，为花卉生长创造良好的环境。一般地，室内光照较强的地方安排一些喜阳性花卉，而喜阴性花卉或半阴性花卉则可放在这些花卉的后面或光照较弱的位置。

（二）温度

温度的高低会影响到花卉的开花状况。如果温度适宜，花卉生长就迅速，当温度低于或超过适宜的温度时，花卉生长会减慢，甚至停止生长。

（三）土壤

花卉从土壤中吸收生长发育所必需的营养素才能健康生长。根据 pH 大小可以将土壤分为三类，即酸性土壤、碱性土壤和中性土壤。养花时需了解花卉习性，给花卉配以合适的土壤。

大部分花卉喜中性和微酸性土壤，为防止土壤板结和碱化，要避免在建筑工地或不生长植物之处取土；要定期添新土或用微酸性水浇花，以改善盆土的碱性。

（四）水分

水是生命之源，是花卉进行光合作用的主要成分之一。花卉通过叶片的蒸腾作用来调节体内的湿度。水分过多会烂根；水分过少，叶片会发黄、卷曲或干焦。

二、上盆、换盆、松盆

图 5-2　松盆

花卉适宜的生存环境营造好后，就开始了真正的养花、护花之路。

上盆就是首次把花卉栽培到花盆里。之后花卉在生长过程中因植株的长大或根部生病或盆土变劣，还要换盆。

松盆（图 5-2）就是为盆栽植物松土，它是日常花卉养护管理中不可缺少的步骤之一。

松盆可以防止盆土板结。经常松盆，能有效防止杂草丛生；能使盆花的根系发达，茎秆粗壮，株形整齐，分枝性好，花色鲜艳，花期延长；还能增强土质的透气性和透水性。

松盆时动作力度要适度，不能太生硬，否则容易给花卉根系造成伤害。

1. 竹签松盆法　用竹签沿着盆沿把土挑松，挑的过程中要不断转变方向，以免伤害花卉根系。

2. 拍打花盆法　松盆时，一只手握住花盆，另一只手不断地拍打花盆壁，均匀地拍打数圈，使花盆中的土壤变松散。

3. 钉耙松盆法　用钉耙疏松表层土壤，适用于大中型盆栽植物。

4. 捅孔松盆法　用筷子或木棍插入盆土中，一直顶到盆底，顶松盆土后慢慢多次浇水，等土壤湿润后，用竹签或小钉耙疏松盆土。

三、浇水

给花浇水是一门学问，既不能多，也不能少，否则会影响花卉的健康生长。再者花卉自身习性不同，周围环境不同，浇水量和浇水时间也是不一样的。

（一）浇水的原则

浇水的原则如表 5-1 所示。

表 5-1　浇水原则

原则	说明
宁干勿湿	一定等到土壤完全干透了再浇，浇水要浇透。适用于特别耐旱的沙漠植物，如仙人掌、五珍松等
宁湿勿干	要经常浇水，保持盆土湿润。适用于耐湿性、半水半土的植物，如金钱草、蕨类植物等
干透浇透	盆土干透了再浇水，要浇到盆底有少量水渗出。适用于半耐旱或耐旱怕涝的花卉，如芦荟、虎尾兰、龙舌兰及多肉植物等
见干见湿	盆土表面干了就要浇水，浇到盆底有少量水渗出。适用于中性或喜水怕旱的花卉，如玻璃翠、金橘、长春花等
干湿交替	介于干透浇透和见干见湿之间，一般是在盆土基本上全干但还有一丝潮气的情况下浇水。绿萝、绿宝石、蟹爪莲适用这一原则

（二）浇水的时间、水温和次数

1. 浇水的时间　不是所有时间段都适宜给花卉浇水的。一般春季浇水宜在中午前进行。夏季浇水宜在早晨和傍晚进行；切忌中午浇水，此时容易烫伤花卉。秋季浇水宜在上午 10：00 和下午 4：00 以后，这时水温和盆土温度基本接近。冬季浇水宜在中午气温较高时进行。其实不管什么季节，不管哪个时间段浇水，都要灵活掌握，才不至于给花卉造成伤害。

2. 浇水的水温　浇水的温度一般在 30℃左右效果最好，即手伸到水里不感到冰凉刺骨即可。

3. 浇水的次数　给花浇水的频率要依花卉习性而定。浇水应有规律，要定时定量，否则会破坏花卉的生物钟，影响蓓蕾的孕育。

（三）浇花用水的选择

雨水、河水、湖水、地下水、自来水、井水等都可以用来浇花。这些水中以雨水为最好，它含有较多天然物质，而这些物质又是植物中最需要的。其次是河水，它养分多，水性温和，有利于花卉的生长。如果用自来水浇花，应先将其晾晒一两天，等水中的氯气挥发出来、水温接近气温、水中微生物增加之后再用。

另外，肥皂水、洗衣粉水、洗碗水等含有大量碱性物质，不宜浇花。茶水呈弱酸性，喜欢偏碱性的植物如玫瑰、石竹等不宜使用。淘米水要先发酵腐熟并稀释后再用。

链接

盆土是否缺水巧判断：一看二听三搓

1. 一看就是看土表颜色是否发白。
2. 二听就是用手敲花盆，听声音是否清脆。
3. 三搓就是抓起表土用手搓，看是否成散碎粉末或坚硬捏不碎。

四、施肥

肥料是护花使者，是保证花卉生长健硕，枝繁叶茂的重要物质基础。养花者既要了解花卉习性，还要掌握施肥之道，才能养出鲜艳美丽的花卉来。

（一）肥料的种类

肥料可以分为化学肥料和有机肥料两大类。

化学肥料主要有氮肥、磷肥、钾肥三大类。施用化学肥料见效快。

有机肥料主要由米汤、面汤等残米剩饭和收集的枯枝败叶发酵腐熟而成。它含养分较全，但肥效较慢，适合做基肥，一般不直接施用。

（二）施肥的原则

1. 适时施肥的原则 适时施肥就是要在花卉需要肥料时施用，如花叶变浅或发黄、植株生长细弱时即为施肥最佳时期；花苗发芽、枝条展叶时是追肥的好时机。

2. 适量施肥的原则 给花卉施肥并不是越多越好。施肥太多反而会使植株早衰甚至死亡。适量施肥应做到薄肥多施，一般每 7～10 天施一次稀薄液肥。

3. 依季节施肥的原则 春夏季节花卉生长快，长势旺，可适量多施肥；入秋之后花卉长势减弱，应少施肥；越冬花卉，冬季处于休眠状态时应停止施肥。一般掌握施肥“四多四少”，花卉即可健康生长。“四多”指黄瘦多施、发芽前多施、孕蕾多施、花后多施；“四少”指肥壮少施、发芽后少施、开花少施、雨季少施。

4. 依花卉习性施肥的原则 花卉对肥料也有自己的选择。例如，观花类花卉在孕蕾时多施磷肥，可使花多果硕；观果类花卉，在开花期应适当控制施肥，壮果期施以充足的肥料；香花类花卉，进入开花期，要多施磷钾肥等。

（三）施肥方法

1. 穴施（图 5-3） 在花盆内土边缘挖个洞，把固态肥料放入其中，再掩埋好。

图 5-3 穴施

2. 液施 指把有机肥或无机肥与水按一定比例配制成溶液浇灌盆土。液施时溶液浓度不能过高，否则会造成花卉的肥伤。

3. 混施 把有机肥或无机肥与土壤按一定比例混合垫在盆底或四周。这一方法主要在施基肥时使用。

4. 喷施 将稀释后的专用肥料喷洒在植物的花叶上，通过叶片的吸收，及时满足花卉对肥料的需求。

5. 撒施 把肥料均匀地撒在盆土上，让其慢慢溶化到土壤中。颗粒状复合肥适合使用此种方法。

链接　**自己动手制肥料，简单高效又环保**

1. 骨粉　将骨头放在水里浸泡 24 小时，洗去盐分杂质后放在高压锅内蒸煮 20 分钟，取出捣碎腐熟后，可掺入培养土中作基肥使用，也可撒于盆土表面作追肥使用。

2. 液态有机肥　将家禽动物粪尿、豆渣豆饼、鱼脏鱼鳞及水果皮、烂菜叶等，加上淘米水堆放在缸内加盖密封沤制，充分发酵。一般秋季配制，来年启封按水肥 8∶2 的比例稀释，作追肥使用。

3. 草木肥　取少量的骨粉与草木灰放入缸内，用水浸泡后加入适量菜叶或树叶、青草沤制，待腐熟后捞出即可使用。这种肥料经济实用、肥效又高，可使花卉枝青叶绿，花朵美丽。

五、清洁

花卉清洁有助于其从空气中吸收水分和氧气或将体内多余的水分蒸发到外界，能使花卉健康生长，也能使花卉展现优雅的风采，提高观赏价值，对净化室内空气大有裨益。

花卉的清洁包括摘除残枝败叶和叶面清洁两部分。

（一）摘除残枝败叶

植物有新陈代谢的过程，即使是常绿植物也会有枯叶产生。如果发现枯黄的叶子，应立即摘除。及时摘除枯败花叶，既能保持植物漂亮的外观，也能促进植物开花，还能预防枯花滋生病虫害。

（二）叶面清洁

1. 叶面清洁的时间　花卉清洁工作需每周进行一次，其他打理工作间隔时间可长一点。叶面清洁一般选择在早晨。选择这一时间段清洁叶面，能使叶面在入夜之前有充足的晾晒时间，避免因夜间缺少阳光及温度降低，使叶子处于潮湿的环境。

2. 叶面清洁的方法

（1）喷水清洁法：利用喷雾器的水流冲击力将叶片上的灰尘冲走。喷水清洁叶面时，要尽量避免水流入盆土，并将窗户打开，使之通风透气，晾干叶片。

值得注意的是下面这几类花卉是不适宜用喷水法清洁的。因为这些花卉一旦沾水，导致的结果可能是烂花、烂叶、烂根、花朵授精低下和枝叶徒长。第一类，叶片有绒毛的花卉，如仙人掌、蒲包花；第二类，花芽怕水、易感染病害的花卉，如仙客来、非洲菊、君子兰；第三类，开花期的花卉。

（2）擦拭清洁法：用蘸了水的海绵或棉布轻轻地将叶片上的灰尘污泥擦拭干净。叶片光滑的植物比较适合用这一方法。清洁时如果水中加点牛奶，会使叶子更加光亮，如果蘸些啤酒擦拭，能使叶片更加翠绿，质感更加肥厚。

（3）毛刷清洁法：用软毛刷将叶片上的灰尘刷干净。叶面有绒毛的植物如仙人掌及多肉类植物可以用此法。

（4）浸润清洁法：植株矮小、不开花、叶子无绒毛的植物，可以将叶子浸入水中轻轻晃动即可完成叶面清洁。

六、修剪和整形

养花还须会管理。合理的修剪和整形，可以改进通风条件，减少养分消耗，促使花卉提早开花；也可以使花卉株形优美整齐，提高花卉的观赏价值。

（一）花卉修剪的原则

花卉修剪的原则见表 5-2。

表 5-2　花卉修剪的原则

原则	说明
目的明确	整形初期就要考虑到修剪的目的，考虑到花卉的适宜条件，不要轻易下剪
因花而异，顺势而剪	在保持原有植株形状、考虑花卉自然属性的基础上，通过修剪使其分布更加合理美观
芽前修剪，保护花芽	芽前修剪可达到理想的株形。修剪前要注意保护花芽，而且剪口不能离芽太近，否则容易失水干燥，影响花芽萌发
留外不留内，留直不留横	藤本花卉，只需保留向外侧生长的花芽，保留直枝，剪掉徒长枝、交叉枝、过密枝，以保持良好的通风条件

（二）花卉修剪的常用方法

正确的花卉修剪方法能使植株生长有序，形态更美，花色更艳。

1. 摘心（打顶）　使其变成花球，如天竺葵、满天星等（图 5-4）。

图 5-4　摘心

2. 去底芽　使其变成棒棒糖型，保证主干养分充足，如月季花、紫薇等（图 5-5）。

图 5-5　去底芽

3. 剪枝　剪掉病弱枝、徒长枝、过密枝及任何看起来多余或看不顺眼的枝条，改善通风条件，让其更加漂亮（图 5-6）。

图 5-6　剪枝

4. 疏蕾　去掉侧蕾、弱蕾，集中营养开大花，如菊花等（图 5-7）。

图 5-7　疏蕾

5. 剪残花　使其更快开花，养大球根，植株整洁（图 5-8）。

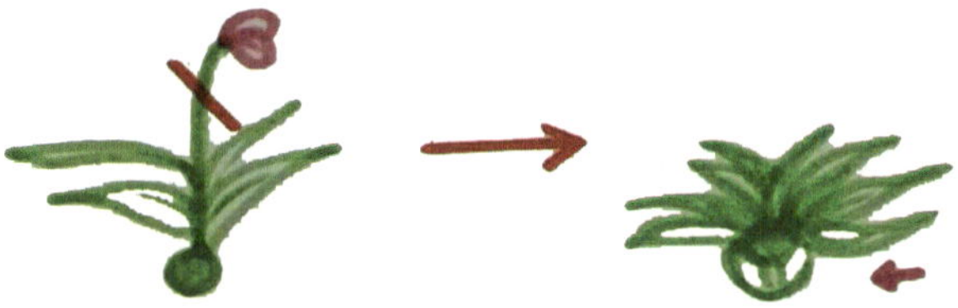

图 5-8　剪残花

6. 压枝　压低主枝，促进侧芽生长，使其多开花，如藤本月季等（图 5-9）。

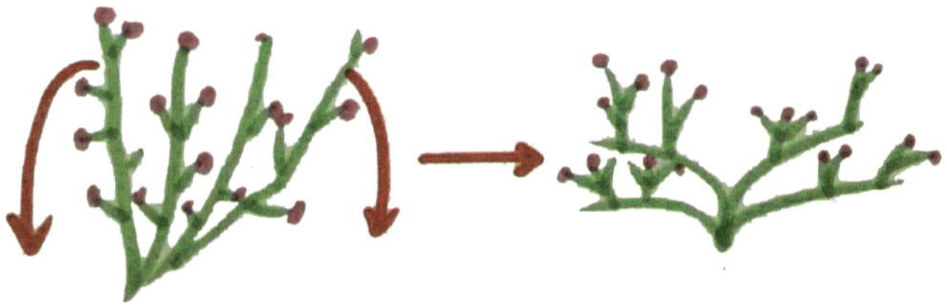

图 5-9　压枝

7. 修根　换盆和移栽的时候剪一下（图 5-10）。

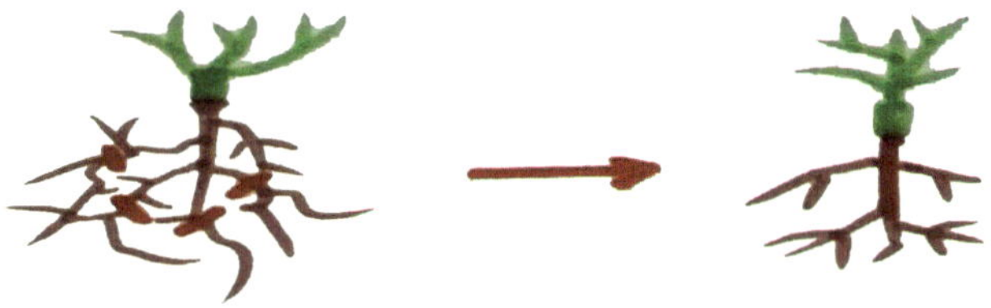

图 5-10　修根

8. 轻剪 剪去枝条全长的1/5～1/4，一般用于花后的修剪（图5-11）。

图5-11 轻剪

9. 重剪 剪去枝条的2/3～3/4，视情况也可以把地面部分都剪掉。这种方法一般在秋冬休眠期用（图5-12）。

图5-12 重剪

【实操】 鸿运当头的日常养护

1. 操作准备 花盆、土壤、剪刀、喷水壶、碎瓦片2块、小刀、软布。

2. 操作步骤（图5-13）

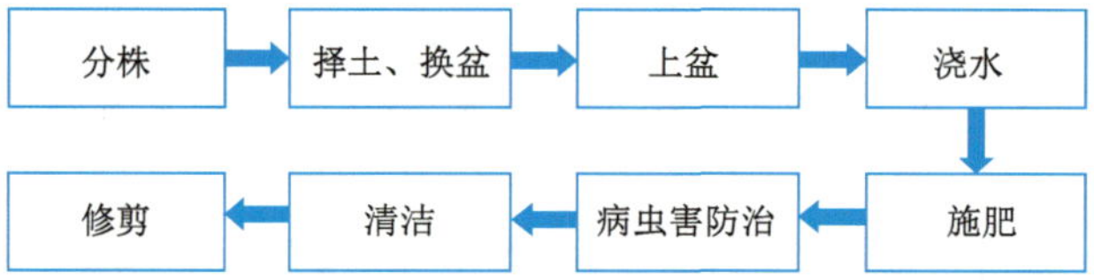

图5-13 鸿运当头的日常养护

（1）分株：一般春季进行。

1）脱盆。脱盆前先适当浇水，脱盆后用手轻轻把植株上的土块去掉，注意不要碰到块茎的嫩芽。

2）如植株上的盆土包裹太多，看不清块茎的嫩芽时，就用水冲洗植株根部，同时适当修剪掉弱的老根系。

3）用小刀轻轻把嫩芽和母株分离。要从上向下切开，开口尽量要小、平滑。

（2）择土、换盆

1）选盆。选择透气好的浅花盆，紫砂盆、瓷盆均可，不用塑料盆。

2）择土。选择疏松、肥沃、腐殖质丰富、透气性良好的微酸性沙土。

3）每隔1～2年换盆一次，以保证土壤充分的营养。

（3）上盆：盆底放2块碎瓦片，加入配制土，再把嫩芽放到盆中央、根系铺平，扶正嫩芽，从四周填充配制土，直到盆沿的2～3厘米处。

（4）浇水

1）平时保持盆土湿润即可。湿度保持在 50%～75%。中午之前浇水，浇于叶杯中，不可只浇于盆土中。注意通风。

2）夏季多浇水，但不能太多；秋天可少浇水，让土壤保持半干状态；冬季宁干勿湿，保持土壤稍微湿润。

3）每日用喷水壶对叶面喷水一次。

（5）施肥

1）一般每隔两周施一次稀薄有机液肥。切记避免将肥料施在植株中心。

2）花期、休眠期和夏季应停止施肥。

（6）病虫害防治

1）病害可喷洒多菌灵；虫害可喷洒氧化乐果。

2）灭菌、杀虫药片埋入土中。

3）室外进行。

（7）清洁：用材质柔软的抹布顺着叶片纹理轻轻擦拭。

（8）修剪

1）开花后从基部将花茎剪掉。

2）修剪老枝叶时让留下的叶片基部正好保留莲状叶筒。

3）修剪叶片时不要碰伤子株。

4）待子株长到老株高度的 2/3 时再行分株。

第 3 节　居室花卉常见病虫害的防治

花卉是有生命和灵性的，一旦照顾不周或过度照顾都可能会花蔫叶萎，甚至会生病。无论是新家还是旧室，在种养花的过程中都会不可避免地遇到病虫害侵扰。

一、居室花卉常见病害的症状及防治

（一）白粉病

1. 症状　受害叶片出现黄点并长出一层白色粉状物，严重时会叶片卷曲、植株佝偻、蓓蕾畸形，不能正常开放。

2. 防治

（1）注意疏剪枝叶，保证枝叶通风良好；发现病芽或病枝时及时摘除并深埋。

（2）保持温差不要过大。

（3）浇水时采用根灌，尽量不进行叶面淋水，以降低湿度。

（4）发病前每隔 10 天左右喷药一次预防。可以用 50%托布津 1000 倍液，50%多菌灵或 15%粉锈宁 1000 倍液。

（5）用浓度 0.1%的小苏打溶液喷洒受害植株，对月季、菊花、凤仙花等的白粉病防治率达80%以上。

（二）叶斑病

叶斑病是常见真菌性病害，包括黑斑病、褐斑病等类型。

1. 症状 受害叶片会出现黑色或褐色的圆形或不规则小斑点，并逐渐扩大，融合成片，使病叶萎黄直至凋落。潮湿时常出现黑色霉层、黑色小点等，降低花卉的观赏价值。

2. 防治

（1）配制培养土时注意给土消毒。

（2）及时剪去枯枝、落叶、病枝，烧毁或深埋，以减少病菌来源。

（3）注意通风，盆距不宜过密，以保持枝叶的通风透光。

（4）当下层叶片出现泥土污点时，应及时清洗干净并用农药喷洒。

（5）下雨多时，可以在植株下部和盆土面上喷代森铵1000倍液预防。

（6）向叶面或叶背喷托布津液。

（三）灰霉病

1. 症状 受害花瓣会呈水渍状斑并不断扩大软腐；受害叶片的叶缘或叶尖处出现暗绿色水渍状病斑，并不断向叶片中心扩展直至腐烂。

2. 防治

（1）及时疏剪枝叶，帮助花卉通风透气，并经常接受阳光照射。

（2）在盆面经常撒施草木灰，能大幅度降低灰霉病的发病率。

（3）在病菌高发期对植株喷洒75%百菌清500倍液。

（四）立枯病

1. 症状 立枯病菌常存在于土壤表层侵害幼苗。幼苗出土20天左右是最易染病期，染病幼苗会成片腐烂、猝倒和枯死。

2. 防治

（1）土壤装盆前，把土壤进行暴晒干透或开水浇透，给土壤消毒。

（2）用五氯硝基苯和福尔马林对土壤进行消毒。

（3）幼苗出土20天左右，严格控制浇水。

（4）多给花苗通风，幼苗出土后可喷0.5%硫酸亚铁。

（五）软腐病

1. 症状 植株受害部位会出现软腐现象，腐烂组织黏滑并有恶臭，7～8月份高温高湿时容易感染。

2. 防治

（1）避免通风和遭雨淋。

（2）浇水时不要浇到块茎顶端。

（3）移栽搬动时防止人工创伤，同时避免虫害发生。

（4）发现病叶病株时及时拔除烧毁，并更换土壤和对健康植株进行消毒。

（5）植株发病初期可以立即喷洒或浇灌链霉素液或土霉素液。

二、居室花卉常见的虫害及防治

（一）蚜虫

受害叶片卷缩、皱缩、畸形，花卉发育迟缓，甚至枯萎死亡，会诱发煤污病。这种害虫的防治提倡综合治理，一经发现，尽快采取行动，比较容易控制。如果仅用农药时，推荐用吡蚜酮、灭蚜菌。

（二）粉虱

受害叶片沿叶缘向背面卷曲，影响花卉正常生长发育。该虫害不仅易诱发煤污病，而且还传播病毒。粉虱害虫需要重复使用杀虫剂，如蚜虱净等才可见效。

（三）红蜘蛛

受害叶片失绿，呈现密集细小的灰黄色或斑块，或叶片卷曲、皱缩，严重时整个叶片焦枯发黄似火烤，脱落。该虫于秋季易危害植物，必须使用对口的农药及时防治，如用哒螨灵等。红蜘蛛不喜潮湿的环境，杀虫后要经常给植物喷雾。

（四）介壳虫

受害植物易落叶、枯枝甚至死亡。消灭这类害虫可以选用杀扑磷、氧化乐果等。用75%的酒精溶液反复擦拭病叶，或将棉球蘸食醋后擦拭，均可杀死害虫，还能使受害叶子重新返绿。

三、信手拈来身边物，自制药物防病虫

1. 辣椒　把辣椒和水按 1∶10 的比例搅拌，煮沸 30 分钟，取滤液喷雾，可防治蚜虫、蛞象。

2. 烟草　将烟叶和水按 1∶10 的比例配制，浸泡 24 小时，或煮沸 1 小时，取滤液浸透盆土，可杀死盆内蚂蚁；或将滤液加等量水稀释，再加肥皂少许，可防治蚜虫、红蜘蛛、叶蝉。

3. 花椒　把花椒和水按照 1∶10 的比例混合，煮沸，分成 5 份原液，再按容量比 1∶10 加水稀释喷雾，可防治粉虱、蚜虫。

4. 木槿　取木槿花和水按 1∶10 比例混合，浸泡 24 小时，其滤液可防治根腐及立枯病。

5. 姜　取姜捣烂榨汁，再把汁液和水按照 1∶20 的比例稀释喷雾，可防治腐烂病。

6. 葱　取大葱捣烂，按 2∶1.5 的比例加水，取滤液喷雾，可防治白粉病和蚜虫。

7. 蒜　把大蒜捣烂，加入等量的水搅拌后，再加入 3 倍的水稀释喷雾，可防治白粉病、灰霉病、根腐病，也可以防治蚜虫、红蜘蛛及其他软体动物。

8. 洗衣粉　把洗衣粉和水按 1∶150 的比例配制，搅拌均匀，每隔 5 天喷洒一次，连续喷洒 2～3 次，可防治蚜虫、红蜘蛛、介壳虫、白粉虱等。

链 接

科学用药，以防中毒

1. 选择正确的用药时间 日出性害虫宜上午 8：00～9：00 用药。夜出性害虫应在下午 5：00～6：00 用药。

2. 多药轮流使用 如果花卉同时受到虫害和病害的侵害，可以灭虫、灭菌同时进行。

3. 慎重用药 不同种类的花卉或同一品种不同发育阶段的花卉，对农药的反应也不同，所以要慎用。喷杀时要均匀周到，不要重喷，也不要漏喷。另外，大风天气时不要喷药。

4. 谨防中毒 绝大多数农药都是有害物质，用药时要注意安全，避免中毒。

第 4 节　常见居室花卉的养护常识

不同的花卉对水分、土壤、温度、湿度、光照等的要求都不同。即使同一种花卉在不同季节时养护的方法也是不同的。从春季及时换盆，防止气温骤降，避免冷风吹袭；到夏季注意防晒和遮阴，降温增湿，注意通风，及时防治病虫害；再到秋季加强水肥管理，合理修剪，适时入室；最后到冬季的防冻保温，浇水控制，施肥节制，适宜光照都要细心了解。只有正确养护，才能真正享受到花花世界带来的愉悦。

一、常见观花类花卉的养护

常见观花类花卉的养护见表 5-3。

表 5-3　常见观花类花卉的养护

名称	习性	养护常识	图示
杜鹃花	喜温暖潮湿、通风良好的半阴凉环境。畏干燥也畏积水，喜酸性土壤。12～15℃下生长旺盛，30℃以上或5℃以下生长不良，越冬温度 10℃ 花期：4～5 月	泥盆最佳。开花前每 10 天施一次磷肥，连续 2～3 次。春季上下午可见阳光，中午遮阳，花蕾显白色后，每天至少浇一次水 防治黑斑病和红蜘蛛	
金盏菊	喜阳，每天接受 4 小时日照为宜。耐寒不耐热，不耐潮湿。适宜生长温度为 18～25℃ 花期：4～6 月	不宜过多浇水，只需保持土壤润湿即可。每两个月修剪一次 防治枯萎病、灰霉病	

续表

名称	习性	养护常识	图示
蝴蝶兰	喜高温、高湿、耐半阴环境，极不耐涝，宜通风透气，忌强光直射，喜微酸性土壤。适宜生长温度为 18～30℃，低于 15℃停止生长 花期：春季	素烧浅陶盆为宜。冬季每一周浇水一次。薄肥勤施，有花蕾时停止施肥。开花后及时修剪 防治黑斑病、介壳虫、红蜘蛛	
白鹤芋	喜高温多湿及半荫蔽环境，畏强光久晒，不耐寒。喜腐殖质丰富的沙质土壤。适宜生长温度为 18～30℃，越冬温度不低于 15℃ 花期：春夏	生长期要充分浇水和喷水，并适当遮阳。生长旺盛期每 1～2 周施肥一次 防治黑斑病、介壳虫、红蜘蛛	
冷水花	喜温暖湿润环境，耐阴性强，喜阳但应避免强光直射，宜沙质土壤。适宜生长温度为 18～25℃，越冬温度不低于 10℃ 花期：6～9 月	盆土保持干而不裂，润而不湿为宜，定期适当修剪。每年最少换盆一次。盛暑不施肥 防治蚜虫、金龟子	
茉莉花	喜温暖潮湿、光照充足且通风良好的环境，畏寒冷和干旱，怕水涝。喜酸性土壤。适宜生长温度为 25～35℃，低于 10℃时生长停滞 花期：6～10 月	选用素烧盆或釉面盆 浇水遵循见干见湿原则，每 2～3 天浇一次。嗜肥，生长季节每周施肥一次 防治白粉病、介壳虫、红蜘蛛	
木槿	喜温暖、潮湿、光照充足的环境，略耐荫蔽，较能忍受寒冷和干旱。怕积水，适宜中性到微酸性土壤。适宜生长温度为 15～28℃ 花期：6～10 月	选用园土、腐叶土、炉渣混合而成的土壤，冬季修剪到 1.5 米左右，次年 3 月份再剪一次 防治黑斑病、锈病、蚜虫	
大丽花	喜温暖凉快、朝阳且通风良好的环境，畏强光和高温，不耐干旱和积水。喜疏松腐殖丰富的沙质土壤。适宜生长温度为 10～25℃ 花期：6～10 月	选用大口径泥盆。遵循干透浇透的浇水原则。忌浓肥，盛暑不施肥。适度修剪、整枝及摘心 防治白粉病、褐斑病	

续表

名称	习性简介	养护常识	图示
水仙花	喜温暖、潮湿和阳光充足的环境，耐半阴，不耐寒，怕炎热，喜土层深厚的冲击沙壤土。适宜生长温度为10～15℃，冬开花春储养夏休眠 花期：1～3月	刚上盆时宜每日更换一次新水，花苞长出后每周更换一次。花期内略施磷肥，阉割鳞茎时如有没剥除干净的侧芽萌生时应马上采取1～2次拔芽措施 防治线虫、叶斑病	
君子兰	喜凉爽潮湿且半荫蔽的环境，忌强光，忌高温，畏积水和寒冷，适宜生长温度为15～25℃，高于30℃会休眠，低于5℃停止生长 花期：冬春	选泥瓦盆和陶盆均可，浇水注意水不要留到叶心里。本花嗜肥，宜薄肥勤施。修剪时叶片端部剪为和好叶一样 防治叶斑病、软腐病介壳虫	

二、常见观叶类花卉的养护常识

常见观叶类花卉的养护常识见表5-4。

表5-4　常见观叶类花卉的养护常识

名称	习性	养护常识	图示
发财树	喜欢充分的日照，但忌强光直射，喜高温，也耐阴，不耐寒，忌水涝，喜微酸性土壤，适宜生长温度为15～30℃	宜用高大泥瓦盆。夏天浇水每3天一次，生长季节每月施一次复合肥 防治黄化病、叶斑病、红蜘蛛和介壳虫	
文竹	喜温暖潮湿，耐半阴，喜阳但忌烈日暴晒，不耐旱，怕积水。喜富含腐殖的土壤，适宜生长温度为15～25℃，越冬温度5℃以上	浇水遵循干透浇透原则，令盆土维持潮湿状态。薄肥勤施。常修剪，为形态优美 防治灰霉病和叶枯病、蚜虫和介壳虫	
吊竹梅	喜温暖潮湿、半荫蔽的环境，散射光为宜，耐酷热，耐贫瘠，不耐寒冷与干旱。适宜生长温度为15～25℃，越冬温度不低于10℃	避免用瓷盆或塑料盆。经常让盆保持潮湿状态。注意适度摘心修剪 防治灰霉病	

续表

名称	习性	养护常识	图示
虎皮兰	喜温暖、光照充足、通风良好的环境，也能忍受半荫蔽，怕强光久晒。能受贫瘠、干旱，怕水涝。适宜生长温度为 18～27℃，低于 13℃时会停止生长	选泥瓦盆或木桶。遵循宁干勿湿的浇水原则，注意不要把水浇到叶簇里 防治黑斑病和象鼻虫	
绿宝石	喜温暖潮湿及半荫蔽的环境。不耐寒、干旱，忌强光久晒。具有很强的攀缘能力，适宜生长温度为 20～28℃，越冬温度 5℃	泥盆瓷盆均可。盆土经常维持潮湿状态。每月薄施氮肥一次。尽早剪掉干枯枝叶 防治灰霉病和叶斑病	

三、常见观果类花卉的养护常识

常见观果类花卉的养护常识见表 5-5。

表 5-5　常见观果类花卉的养护常识

名称	习性	养护常识	图示
石榴	喜温暖、干燥、光照充足的环境，耐干旱，较耐寒，畏荫蔽潮湿，怕积水。冬天温度控制在 3～5℃ 观果期：5～7 月	每隔 1～2 年换盆和土壤。浇水遵循见干见湿、宁干勿湿原则。嗜肥，定期施饼肥或厩肥。定期修剪 防治黑斑病	
金橘	喜欢温暖、潮湿，也能忍受干旱，喜光照充足，但忌阳光久晒，略能忍受荫蔽，较耐寒。喜土层较厚有肥力的中性或酸性沙质土壤 观果期：6～8 月	大型泥瓦盆最宜。每两年换盆一次，生长季每周施一次氮肥。冬天要有两个月的 10℃低温。生长期和果实成熟后注意掌控水分 防治介壳虫	
无花果	喜温暖潮湿及光照充足的环境，耐积水，不耐严寒，较耐旱 观果期：4～6 月	冬天室内 0℃上下即可过冬。夏天除每天浇一次水外还应向枝叶喷 2～3 次清水，冬天不浇水 防治黄刺蛾、叶斑病	
佛手	喜温暖湿润、阳光充足的环境，耐阴、耐瘠、耐涝，不耐严寒，怕冰霜及干旱，适宜生长温度为 22～24℃，越冬温度 5℃以上 观果期：4～6 月	生长旺盛期多浇水，及时浇。薄肥勤施。春夏两季适当合理修剪 防治炭疽病、介壳虫、红蜘蛛	

第5节　居室花卉美化设计

居室花卉的美化设计就是将形状各异、色泽和质地不同的花卉按美学的原理及规律组合起来，构成一幅新颖别致的美丽画图，给人以清新明快、赏心悦目的艺术享受（图5-14）。

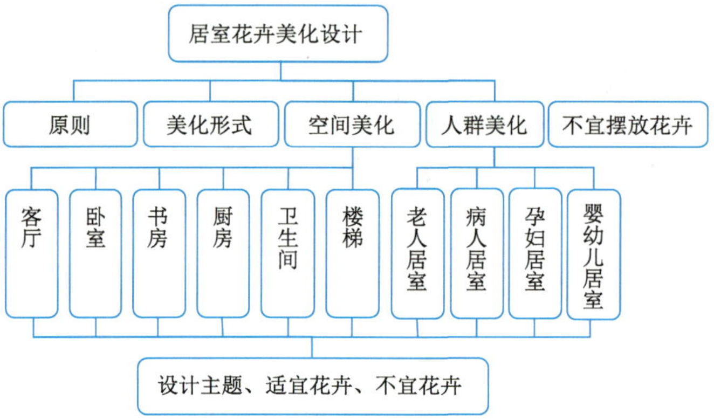

图5-14　居室花卉的美化设计项目

一、原则

创造美感，为居室创设温馨舒适又有生机活力的环境是居室花卉美化设计的最终目的。美化设计时应遵循一定的原则（表5-6）。

表5-6　居室花卉美化设计的原则

原则	说明
主题分明	居室花卉的美化拒绝以多取胜。主题思想应与居室的功能、空间氛围、装潢风格相匹配
比例适度	既要层次分明，又要留有空白，有虚有实，虚实对比，做到疏离相间、错落有致、层次起伏、生动活泼
色彩协调	花卉的多少及色彩选择要与居室环境色彩设计及采光条件相互搭配，相得益彰，做到冷暖相间，浓淡相宜，和谐统一
布局均衡	对称均衡使人产生端庄、整齐的艺术美感。不对称均衡生动而富于变化，自然流畅而又不拘一格

二、美化形式

现代家庭居室花卉的美化设计方式千姿百态，艺术外观数不胜数。每种设计都很独特，让人爱不释手。

（一）摆放式

摆放式是将盆栽花卉直接摆放在室内的桌面、茶几、窗台等地方，构成绿色视点，能起到画龙点睛的效果。这种方式机动灵活，可单盆摆入，也可群集配置。

（二）水养式

水养式是利用能在水中生长的植物，用水盆或水瓶养殖花卉的装饰技巧。水养时如果水中放入适量彩石，则显得更为别致。这种方法既方便卫生又时尚美观。

（三）瓶景式

瓶景式把多种植株矮小又耐湿的小型植物混合在一个玻璃瓶箱内栽培，摆放在几架或桌上，观赏起来会有别样风情。这是一种最新潮的花卉装饰方式，极富艺术感。

（四）悬垂式

悬垂式是用吊篮、吊盆垂吊养殖花卉。这种方式适宜于空间面积较小的厅室装饰。

（五）攀缘式

攀缘式是将攀缘植物种植在盆内，上设支柱或立架，使枝叶向上攀缘生长，形成花柱、花屏风状，也可布满墙壁或天棚，形成较大的绿化面，既美化空间，又陶冶性情。

（六）壁挂式

壁挂花卉是现代居室美化墙壁比较时尚新颖的一种方法，看上去宛如一幅立体壁画，景观独特，极富情趣。

（七）镶嵌式

镶嵌式指在墙壁及柱面适宜的位置镶嵌上特制的、造型别致的容器，栽培一些别具特色的观赏植物，使居室具有壁画般生动活泼的效果。

三、空间美化

（一）客厅

客厅是家人集中活动及接待客人的主要场所，所以客厅装饰就应突出明快大气、典雅自然，盛情好客的氛围。

1. 客厅花卉美化要领

（1）客厅花卉装饰数量不宜太多，点缀即可。

（2）装饰花卉时要尽量丰富空间层次，做到错落有致，层次分明。一般的大型植物摆放地上，小型植物摆放在台面或茶几上，垂盆植物悬吊。

（3）茶几上摆花时不宜置于桌子正中央，以免影响宾客视线。

（4）客厅正中间也不宜摆放植物，应稍微偏一侧为最好，这样显得不呆板，又不拥挤。

（5）巧用花语，传递美好心愿。

2. 适宜客厅摆放的花卉 适宜客厅摆设的花卉有幸福树、平安树、发财树、龟背竹、虎尾兰、散尾葵、鸭脚木、鸿运当头、仙客来、棕竹、黄金果、银皇后等（图5-15）。

图 5-15　客厅摆放绿植

链接

花言巧语，表达良好祝愿

1. **富贵竹**　花开富贵，竹报平安。
2. **仙客来**　美丽高雅，喜迎贵客。
3. **鸭脚木**　欣欣向荣，乐观向上。
4. **散尾葵**　优美动人，四面腾达。
5. **凤梨花**　好运连连，完美高贵。
6. **平安树**　安静和谐，平安祥和。
7. **茉莉花**　朴素自然，清净纯洁。
8. **棕竹**　生机勃勃，步步高升。
9. **龙血树**　延年益寿，护佑子孙。
10. **常春藤**　青春永驻，永不分离。
11. **黄金果**　金玉满堂，老少安康。
12. **白鹤芋**　事业有成，一帆风顺。

（二）卧室

卧室是供人休憩、让人放松的地方。当人们忙碌完一天的工作，卸掉一身的疲惫，回到家里时最想感受到的是舒适和安宁，所以卧室花卉美化设计的主题讲究的就是舒适和温馨。

图 5-16　卧室摆放绿植

适宜卧室摆放的花卉很多，可根据各自的喜好性情、格调修养来选择。茉莉花清香淡雅；雏菊生机盎然；凤梨花心无旁骛；白鹤芋高洁自信；紫薇、吊兰、柠檬、薄荷等让人安宁圣洁。此外，海棠、天竺葵、蝴蝶花、鸭跖草、多肉植物、棕竹、绿萝等也能营造恬静柔美之感（图 5-16）。

卧室不宜摆放过于芳香的花卉，它们会影响人们的身体健康；也不宜摆放尖锐线条类花卉，它与卧室主题不符。

（三）书房

书房既是阅读、学习和工作的地方，又是陶冶情操、放松休闲的精神享乐之地，所以用花卉装饰书房时就以清静、轻松、淡雅、简洁为主题。

为营造一份清雅祥和的氛围，书房花卉选择宜少不宜多，宜小不宜大。一般可摆放多肉植物、兜兰、兰花、文竹、吊兰、绿萝、万年青、竹芋、君子兰、散尾葵等（图 5-17）。

图 5-17 书房摆设绿植

大型绿植、线条尖锐的花卉不宜进书房，它们会破坏书房的书香气息。

（四）厨房

图 5-18 厨房摆放绿植

优雅的生活和情趣从一粥一饭开始。厨房不仅仅是吃饭的地方，还是享受生活之处。用美丽花卉装饰出来的厨房能把枯燥的烹饪变成浪漫的享受。

厨房面积一般都不是太大，而且油烟比较重，适宜摆放适应性较强的、能吸附油烟的、可食用的小型盆栽，如仙人掌和多浆植物、天竺葵、紫露草、吊兰、绿萝、常春藤、白鹤芋、三色堇、虎尾兰、百里香、鼠尾草、薄荷、水培植物或插入鲜切花等（图 5-18）。其实只要用心，一把香芹、一根胡萝卜都能装点出生活的情调来。

需要注意的是厨房花卉摆设时要避开食物和火源、热源，以免污染食物或被蒸汽、油烟熏蒸。

（五）卫生间

卫生间一般空间都狭小、潮湿，采光也不理想，还容易滋生细菌，产生难闻的气味。所以，在卫生间布置花卉时要紧紧围绕去除异味、降低污染、净化空气这一主题。适宜卫生间摆放的花卉很多，有蕨类植物、椒草类，如肾蕨、铁线蕨、吊竹梅、网纹草、冷水花、吊兰、鸡冠花、绿萝、蜀葵、艾叶、薄荷、常春藤、豆瓣绿等（图 5-19）。

图 5-19 卫生间摆放绿植

卫生间花卉摆放布置时，注意避开洗浴液泡沫飞溅的位置，以免影响花卉的美观和生长。

（六）楼梯

楼梯虽然只是连接上下楼层的小空间，但如果忽略美化设计，会给人留下单调、生硬和落寞之感。

图 5-20　楼梯摆放绿植

楼梯起步两侧可以放置橡皮树、棕竹等较为高大的盆栽。中间转角平台部位则宜放置一叶兰、天门冬、冷水花等低矮盆栽。沿楼梯侧面次第排列摆放一些小型盆栽，可以给人一种置身花海的感觉（图 5-20）。

四、人群美化

居室花卉的美化设计，除美化环境、养心养眼外，还要考虑居住人群的身体、年龄状况。随意摆放，可能会带来意想不到的烦恼。

（一）老人居室

人到老年，各种生理功能逐渐退化，对外界环境的适应性也会越来越差。因此，在用花卉美化老人居室时一定要考虑到老人的身体状况。

老人居室花卉的数量不宜太多，装饰时以净化空气、简约大气、增加生活气息为特色。如果居室通风条件好，可摆放米兰、吊兰、芦荟、茉莉花等花卉。如果通风条件不好，则不需要摆放任何花卉，否则会对老人身体健康造成伤害。适宜老人家里摆放的花卉还有人参、佛手、金橘、万寿菊、榕树、石斛花、文竹、棕竹、蒲葵、金银花、小菊花、康乃馨、五色椒等。这些花卉既能观赏，又能药用，寓意还很美好。

（二）病人居室

有些花卉虽然外观美丽动人，香气扑鼻，但由于病人身体虚弱，花粉和过浓的香气会诱发疾病，甚至加重病情。所以家有病人的居室里最好不要装饰花卉，要装饰时也须谨慎小心。

适宜病人居室摆放的花卉有文竹、龟背竹、菊花、秋海棠、金钻等，它们不含毒素，气味清淡。黄菊花、丁香、薄荷、紫苏等适宜易感冒的病人居室里摆放。

（三）孕妇居室

孕妇正处于特殊时期，所处环境一定要环保卫生。居室花卉美化时既要保证孕妇的身心健康，还要有利于胎儿的健康发育。选择花卉时应以创造清新空气、愉悦心情为主题。

适宜孕妇居室摆放的花卉有吊兰、绿萝、常春藤、雏菊、万寿菊、金橘、虎皮兰、龟背竹、一叶兰等。这些花卉都有吸收室内有害气体、净化空气、美化环境的功效，而且观之还赏心悦目，心情舒畅。白鹤芋也非常适宜孕妇居室里摆设，它除吸收室内有害气体外，还能使室内空气保持一定的湿度，可避免孕妇鼻黏膜干燥，很大程度上降低了孕妇生病的概率。

（四）婴幼儿居室

婴幼儿的免疫系统比较脆弱，呼吸系统的肺泡要比成年人大很多。婴幼儿的神经系统和内分泌系统也非常容易受到有害气体的侵害。如果房间内有害气体长期保持较高浓度，就有可能对婴幼儿的神经系统和免疫系统造成终生的不可逆的伤害。另外，茎上有刺的花可能会刺伤婴幼儿娇嫩的皮肤；有些花的花粉容易使过敏性体质的婴幼儿引发过敏，严重时会导致哮喘；含有毒素的花卉，其散发出来的气味同样会对婴幼儿的身体健康造成伤害。

适宜婴幼儿居室摆放的花卉主要有绿萝、彩叶草、常春藤、吊兰等，这些花卉可及时清除室内有害气体。一般可以考虑摆放无花粉和香气的花卉或无刺植物。

五、不宜摆放花卉

（一）奇香类花卉

1. 夜来香、风信子　香气浓郁，闻太久或长期共处一室会令人头晕目眩、胸闷气促，患有高血压、心脏病、哮喘的病人房里不宜摆放。

2. 兰花、百合　百合香味会令人神经过度兴奋，影响睡眠，也影响婴幼儿神经发育及注意力集中度。

3. 水仙、月季　气味芬芳，会向空气中传播细小粉质，不宜给呼吸道疾病、皮肤病、有伤口或免疫力低下的病人家里摆放，久闻也会使孕妇的情绪低落。

4. 松柏类花木　这类花木所散发出来的香气会刺激人体的肠胃，影响食欲同时也会使人心情烦躁、恶心呕吐、头晕眼花。

（二）自身有毒性的花卉

1. 天竺葵　这类花的花粉接触到皮肤会造成皮肤过敏，进而引发皮肤瘙痒症。

2. 黄杜鹃、夹竹桃　使孕妇昏昏沉沉、嗜睡、智力下降；使婴幼儿气喘头晕。

3. 一品红、马蹄莲、五色梅、花叶万年青、滴水观音等　这几类花的汁液有毒，一旦触及皮肤，奇痒难耐，轻则红肿，重则溃烂，尤其滴水观音如果汁液沾染到眼部会引起严重结膜炎甚至失明。这些花的果实也有毒，误食会引起咽喉肿痛、呕吐、腹泻、发热、呼吸困难等中毒症状，严重时会带来生命危险。

4. 郁金香、含羞草　这类植物内含有一种毒碱，如果长期接触，会导致人体毛发脱落、眉毛稀疏。

自测题

1. 居室花卉选择时应考虑哪些要素？
2. 以某一种花为例说明居室花卉的养护一般流程。
3. 居室花卉种养时常见的问题有哪些？如何防治？
4. 客厅、卧室、厨房花卉美化设计时应突出什么样的主题？
5. 举例说明不同人群的居室空间进行花卉美化设计时的注意事项。

第 6 章

常见宠物的饲养

学习目标

1. 了解观赏鱼病虫害的预防；宠物猫的体检。
2. 熟悉观赏鱼的选购；养宠物猫的基本用品；狂犬病的预防。
3. 掌握观赏鱼、宠物猫、宠物犬的喂食；宠物猫、宠物犬的大小便训练及清洁处理。

第 1 节　观赏鱼的饲养

饲养观赏鱼是人类极富情趣的一项休闲活动。我们可以欣赏到水族世界的种种奇观：有的似湖光山色，有的似峰峦叠翠，奇花异草，叶蔓丛生，各种鱼类争奇斗艳，游离其间，真是件让人赏心悦目的事情（图 6-1）。

图 6-1　观赏鱼

现在，在许多家庭中，喂养着各种各样的观赏鱼，成为庭院或厅堂一景，高雅别致，赏心悦目，但饲养观赏鱼并不是一件容易的事情，需要科学方法的指导（图 6-2）。

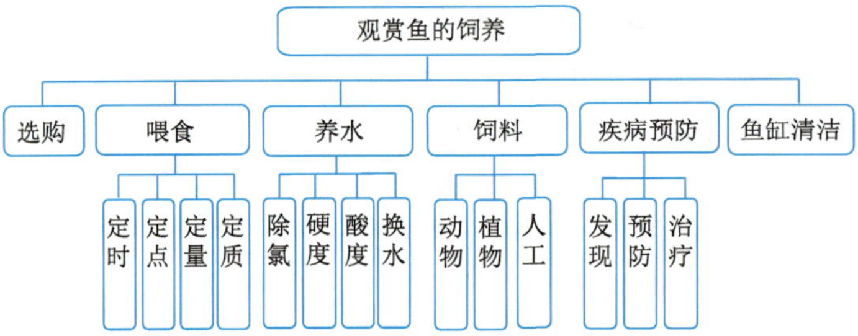

图 6-2　观赏鱼的饲养项目

一、选购

怎样才能买到好的观赏鱼呢？这是一个让大多数人都头疼的问题。饲养者可参考表 6-1，只要符合所列指标的观赏鱼就可以放心选购回家。

表 6-1　鉴别健康观赏鱼的方法

身体部位	特征
整体形态	鱼身各部位都不能畸形，体型匀称，身体要薄
活跃程度	游动灵活，泳姿稳健，平衡感强，当人靠近时，会主动靠近
体表	有光泽，鳞片完整无脱落，黏液无混浊，无寄生虫
头	头上无空洞，无异常
嘴	嘴上没突起，无出血或化脓
鳍	各鳍延展伸直，无破损，具有清澈透明感，基部无充血
鳃	鳃丝清晰，颜色鲜红，呼吸均匀缓和
眼睛	眼球明亮饱满，无突出或凹陷，且与身体比例合适，角膜透明
生殖孔	紧缩，无充血发红和外突
食欲与粪便	食欲良好，粪便结实，没有黏液便

链接

金鱼的分类

金鱼是世界各国普遍饲养的一种观赏鱼，养鱼一族非常喜爱这种色彩鲜艳的鱼类。金鱼的品种多达 300 余种，常见的有 170 余种。按照金鱼的形态，将金鱼分为 4 大种类：草种金鱼、文种金鱼、龙种金鱼、蛋种金鱼（图 6-3）。

图 6-3　金鱼种类

A. 草种金鱼；B. 文种金鱼；C. 龙种金鱼；D. 蛋种金鱼

二、喂食

鱼的喂食是一件比较烦琐而又需要耐心的事情。给观赏鱼喂食时通常采用“四定”投饵法，这种方法不但可以培养观赏鱼的良好生活习性，而且有利于其健康成长。

（一）定时

饲养者要注意控制投食，以每天1～2次，每次3～5分钟内吃完为宜。一般每天早晨10：00左右投喂一次（春、夏宜早，深秋及冬季投食时间可稍迟一点）。即使鱼群觅食活跃，也应在下午3：00左右再少量投食为好。

需要注意的是：阴雨天应少给观赏鱼喂食，同时切忌在傍晚大量投食。

（二）定点

给鱼喂食，需在固定的位置投饵。时间一长，便可形成条件反射，每天到了固定时间，观赏鱼就会主动到固定投饵位置等候主人投食。

（三）定量

根据鱼的大小、摄食情况、季节特点等决定投喂的数量。投饵量一般为观赏鱼体重的1%～2%比较合适。随着鱼的长大，逐渐增加投食量，特别是人工饲料更应严格控制，不宜盲目增加。

（四）定质

给鱼喂食要保证饵料既新鲜又有营养，不可投喂变质或过期的饵料，有条件的话可用紫外线对饵料进行杀菌处理。

三、养水

有句专业术语叫“养鱼先养水”，养水是观赏鱼生长至关重要的环节。观赏鱼的大部分疾病都是由于水质不良引起，所以要时刻注意观赏鱼生活的水质。水质清澈、无混浊、无异物；观赏鱼在水中快乐地游弋，摄食积极，粪便正常，这些情况就说明水质是良好的。水质处理见表6-2。

表6-2　水质处理方法

养水	具体方法	具体操作
除氯	暴晒法	将自来水放在储水桶中，在阳光下晒3天左右，如放在室内，应放置一周左右
	化学除氯	往自来水中加入万分之一的硫代硫酸钠，又称“海波”，一般一桶放2～3颗即可
硬度的调整	纯水法	加入纯净水来降低自来水的硬度
酸度的调整	化学法	加入小苏打或磷酸二氢钠来调整水的酸碱度

续表

养水	具体方法	具体操作
排污换水	排污	先将鱼缸底部脏物连同水，用虹吸管轻轻吸出 1/10～1/5 的水，清除水面灰尘及浮出的粪便，然后沿缸壁注入同等温度的新水，保持水质的清洁
	部分换水	部分换水主要在如下两种情况下进行 一种情况在炎热的夏季和初秋，鱼缸中的水换了没有几天，而水色转绿极快，水质尚清洁的情况下，为了防止鱼烫尾，可把缸中的鱼全部捞出来，然后把缸中的水成螺旋形转动，待静止片刻后，把缸中的污物和陈水用虹吸管吸去 1/3～1/2，然后注入等温、等量的新水，再把鱼放入 另一种情况是缸中的水才换没有几天，水色尚好，可能是因为当天喂食量过多，出现“浮头”（鱼头露出水面吸氧）的情况下。尤其在梅雨季节易出现“闷缸”（鱼缸中缺氧）现象
	全部换水	水质严重败坏或青苔过长，鱼过密的情况下才采用彻底换水

四、饲料

观赏鱼的喂养饲料中，必须含有丰富的蛋白质、脂类、糖类，以及各种维生素和一定量的无机盐及微量元素等。

（一）动物性饲料

动物性饲料是观赏鱼最喜爱吃的，而且也是营养最丰富的饲料。它的种类很多，常见的有如下几种。

1. 剑水蚤　俗称青蹦，因它们游动快，所以难捕食，而且剑水蚤还能咬伤小鱼苗，所以，投喂前最好用开水烫一下。

2. 孑孓　蚊子的幼虫，（南方称为血虫，北方地区称为油蹦），体色血红，营养丰富，价格比较贵，需要冷藏，一般养鱼爱好者直接将其冷冻后投喂。

3. 水蚯蚓　是鱼最爱吃的饲料，种类很多，含有丰富的蛋白质、脂肪和维生素。

4. 鱼虫　俗称红虫、水蚤（图 6-4），是滋生在污水坑塘、池、江河中的浮游动物，是各种水蚤类的俗称。常用鲜活的红虫适当（不过剩）投喂的鱼要比投喂其他饲料的鱼发育快，颜色鲜艳、鱼的发病率也会大大地降低。

图 6-4　鱼虫饲料

5. 草履虫　俗称灰水，它是浮游生物中几种原生动物的俗称。草履虫最适宜投喂刚孵出的鱼苗。

（二）植物性饲料

观赏鱼的饲料以动物性饲料最为理想，但是，由于多种原因在缺乏动物性饲料的情况下，植物性饲料也可以成为救急或维持生命的辅助饲料。常见的植物性饲料有芜萍、水草等。但不可多喂，喂前要仔细检查有无害虫或虫卵，或用低浓度的高锰酸钾溶液浸泡片刻再喂，否则很容易带入病菌或害虫。

图 6-5　人工饲料

（三）人工饲料

市场上销售的人工饲料种类丰富，但质量参差不齐，建议购买知名品牌的人工饲料，不仅在质量上有保证，也有利于观赏鱼的健康（图 6-5）。

判断人工饲料质量优劣的简便方法如下所示。

1. 查看保质期，过期商品绝对不能购买。

2. 打开包装后闻闻是否有淡淡的香味，如果有香味，说明这种饲料一般比较新鲜。

3. 取少许饵料投喂，看观赏鱼是否喜欢吃，如果不喜欢吃，说明这种饵料的口感不太好。

4. 观察观赏鱼排出的粪便，如果粪便出现异常，说明饲料有问题。

链接

观赏鱼拒食原因

1. 水质老化。
2. 消化不良。饲养者掌握不好投喂量，一次喂太饱，容易引起消化不良。
3. 患病。这时可见各种疾病特征出现，如体表充血、腹胀。
4. 环境改变。包括移动了水族箱、更换了水族箱内的布置等。

五、疾病预防

对观赏鱼喂食的不科学、水质的变化及饲料选择的不合理，都有可能使观赏鱼感染疾病。所以对观赏鱼疾病的预防，要做到早发现、早治疗，才能有效提高观赏鱼疾病的治愈率。这就要求在饲养的过程中，每天都要密切注意观测水质，鱼的身体各部位的变化、游姿等情况，发现问题就要马上诊断，及早治疗，以防意外发生。

（一）发现

1. 观察水体　每天观察水体，如发现水质混浊，出现大量异物，水质突然变色等，就要引起注意。水质的恶化往往是引起各种疾病的根源。

2. 观察鱼体各部位　鱼体表黏液分泌不正常，出现白点、溃烂或寄生虫；鳞片无光泽，基部出血；鳍部有缺损等，都说明鱼已经有疾病发生。

3. 观察游姿　健康的鱼游动自如，健壮有力，如果总是躲在水族箱的一角，用身体摩擦水族箱底部或箱壁，说明鱼体可能附着寄生虫。如果鱼沉在水底不动或者异常活跃，则有可能是寄生虫或细菌感染，要及早治疗。

4. 观察食欲　鱼生病后食欲会大减，如果发现鱼不进食或者比平时吃得少，这可能是由某种疾病引起的。

5. 检查粪便 鱼正常的粪便应该是黑色的，能沉积在水族箱底部，会断裂开来，能够用虹吸管吸出来的。如果鱼出现拖着白色粪便的现象，或水族箱内出现浮在水体表面的粪便，说明观赏鱼的肠道可能有问题。

（二）预防

喂养鱼过程中常见疾病的防控措施如下所示。

1. 新鱼消毒 新购入的鱼可能会带有一些细菌和寄生虫，如不及时除去，会传染给其他健康的鱼。因此新鱼要经过药浴隔离后才能放入水族箱内，具体方法：用 0.3%的粗盐水进行药浴 5～10 分钟。药浴时要随时观察鱼的状态，如有浮头、呼吸困难、窒息、失去平衡、休克等现象，应立即停止药浴，并将鱼放进单独的水族箱中。

2. 器具消毒 养鱼使用的器具，如抄网、洗沙器、过滤器等都需要定期清洗、消毒、晾晒。最简单的消毒方法是用开水烫或放置在日光下暴晒。

3. 水体消毒 经过一段时间对鱼的饲养后，水族箱的水会积累很多有机物及悬浮物颗粒，造成水质恶化，病原体增加。所以水体应定期用粗盐水消毒（浓度为 2%）。

4. 饲料消毒 动物性饲料要反复清洗，洗去杂质，保证新鲜。最好进行紫外线杀菌处理，然后进行冷冻处理后再投喂。人工饲料要放置于干燥通风处储存，以防发霉变质。

（三）治疗

1. 药浴法 将病鱼放入一定的药水中浸泡，以达到治疗的目的。药浴通常有两种操作方法：一种是在原水族箱中直接加入一定浓度的药物，使病鱼长期浸泡其中；另一种是将病鱼放入医疗水族箱中短时间浸泡治疗。具体选择哪种方法，应视观赏鱼的病情而定。

2. 内服药饵法 这种治疗方法是将药物拌入饵料中喂养，主要用于治疗鱼的内脏感染及寄生虫病。在投喂药饵的前一天停止投喂饵料，等鱼有饥饿感后再投放药饵，将有很好的效果。一天投放药饵一次，在半小时内吃完效果较好。如果病情不严重，可以连续投放 3～5 天，病情好转了停止投放。如果病情不见好转，则停止投喂药饵一天，隔天再继续投喂，连续 3～5 天，直到病情好转。

3. 局部处理法 此方法主要用于清除鱼体表寄生虫和外伤的治疗，具体方法是用棉签蘸上药液或药膏直接涂抹伤口部位，然后用凡士林涂抹，以固定药液和药膏。

六、鱼缸清洁

鱼缸（图 6-6）经过一段时间的使用，由于生物排泄、食物残渣、腐败叶片、生物附着和落灰等因素，水体会变脏，缸内会滋生许多藻类物质，尽管人们会用各类型过滤系统进行水体过滤，但是沉积在缸底的污染物还是难以清理干净。

鱼缸的清理绝不只是简单的频繁消毒，只有将内壁、底层和水分别进行清理，才能为鱼儿保持良好的生长环境。鱼缸的具体清洁方法如下所示。

1. 内壁清洁 大多数鱼友的水族箱，在刚开始养鱼时都是非常干净的，看起来清澈无比。但随着鱼儿“安家”的时间越来越长，内壁就会长出一层脏东西，有时是带有小白点的黏液，有时是绿色的膜，更严重的还可能长出白色的虫子。

（1）鱼儿“清洁工”：清道夫鱼是一种鲇鱼，被誉为鱼儿中的“清洁工”（图 6-7）。它依靠吸食水族箱内壁的杂物、拾取其他鱼儿吃剩的饵料而生存，在游动吃食的过程中，就能清洁水族箱的垃圾。只要在水族箱里养 1～2 条清道夫，内壁就会变得清亮。

图 6-6 鱼缸

图 6-7 清道夫鱼

（2）水族箱消毒：若水族箱内壁出现小虫，清道夫就派不上用场了。这种情况说明水族箱生态环境不达标，需要给水族箱消毒。消毒前，首先要把鱼儿换到别的缸里，然后用盐水或高锰酸钾溶液，彻底的清洗水族箱。注意：溶液不宜过浓。等调好水质和水温后，再把鱼儿接回“家”。

2. 底层清洁 鱼儿越长越大，粪便也越来越多，水族箱底层的沉渣也会变多。沉渣积累到一定程度，不仅难看，而且不卫生。这时对水族箱底层清洁是非常必要的。

（1）过滤棉和过滤网：水族箱底层除了铺些沙石提供水草养分之外，在沙石下方还应铺置过滤棉和过滤网。这两样装置能起到吸附的作用，可以把鱼的粪便和残余食物网住，从而有利于硝化细菌的成长。而硝化细菌能够分解水族箱的有害物质，让鱼的生活环境变得更卫生。

（2）虹吸管和活性炭：每隔一段时间，可以把虹吸管深入水族箱底层，抽出污物。如果污物过多，单纯一个虹吸管还不够，可以加入少量的活性炭。

3. 水的清洁 很多养鱼的新手认为，水族箱的水应该是清澈透明的，不够透明就不好看，为此经常换水。其实，要保持水的清洁，并不意味着要经常换水。中国有句古话说“水至清则无鱼”，可见水的清洁也要适度。排污换水具体见表 6-2。

链接

水 温

1. 水是鱼赖以生存的环境，特别要注意昼夜温差及冬季和夏季的变化。

2. 每次换水时兑入鱼缸中的新水与缸中老水的温差不能超过 1℃，温差达到 5℃，鱼的健康就会受到影响。

3. 可以用加温设施来控制水的温度。

链接

雌鱼会吃掉小鱼吗

当小鱼孵化成功或平安产生后，很多鱼友都会暗暗担心，生怕雌鱼吃掉自己的宝宝。更有甚者会在箱边蹲守，出生一条就捞出一条。实际上，只有在受到惊吓或没有食物的情况下，雌鱼才会吃掉自己的孩子。如果没有外界的刺激，雌鱼绝对不会伤害小鱼。

有时我们看到，小鱼刚出生后迟迟不动，有些雌鱼就会触碰小鱼。不必紧张，雌鱼此举是为了让小鱼游动起来，这是母爱的表现。

第 2 节　宠物猫的饲养

猫是倍受人们喜爱的宠物之一，它与人类的日常生活紧密相连。现在，绝大多数猫不再只是为保护粮食、预防鼠害而生存，而是与人为伴，成为人类家庭中的一员。它们可爱活泼、温文尔雅、反应灵敏，给居家增加一道亮丽的风景，为人们的生活增添许多情趣（图 6-8）。

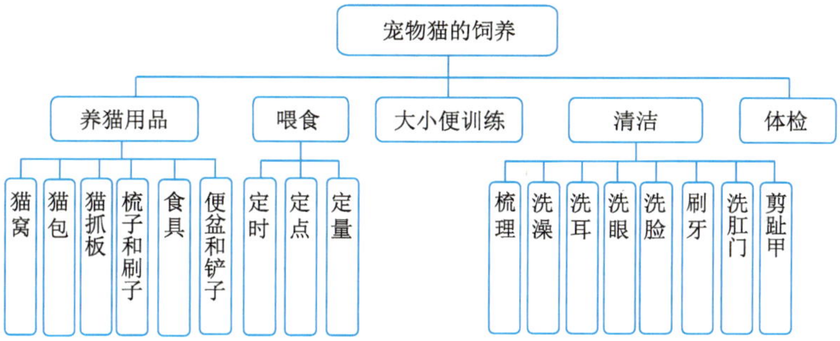

图 6-8　宠物猫的饲养

一、养猫用品

对养猫者来说，在买猫之前就应该准备猫的日常生活用品，这些用品一般在宠物店均可买到。当然主人也可以自己动手，合理利用家里现成的东西予以解决。

（一）猫窝

猫窝（图 6-9）是猫居住和睡觉的地方。如果没有猫窝，猫就会在屋内漫无目的地这里转转，那里卧卧，冷暖无常，既不卫生，也不利于猫的生长。

猫窝可以用小木箱、篮子、藤筐、塑料盒、硬纸箱做成。猫窝的内外表面及边缘必须光滑，无尖锐硬物，以免损伤猫的皮肤。猫窝尤以塑料、木藤制品为好，这样便于清洗和消毒。在猫窝底部垫上废旧报纸，上面再铺上旧毛巾或旧床单等，使猫窝既温暖又舒适，同时应经常更换猫窝的铺垫物。

猫窝应放在房间干燥、僻静、不引人注意的地方。因为猫喜暖，猫窝最好能照到阳光，不宜放在阴冷潮湿处。此外猫窝要高于地面，这样既能保持干燥、清洁，又通风良好，保持清爽。

（二）猫包

猫包（图 6-10）是为了运输猫而设计的一种工具，当需要带猫出门的时候可以用到。最好用防水材料制成，里面有防水衬，两侧有通风透气网眼。

图 6-9　猫窝

图 6-10　猫包

（三）猫抓板

猫有每天磨爪子的习惯，猫的玩具虽然很多，但必不可少的是猫抓板（图 6-11），猫抓板是帮助猫磨爪子的工具，可以防止猫在家具上磨爪子。猫抓板一般是麻绳制作的，也有使用瓦楞纸制作的。

（四）梳子和刷子

梳子和刷子（图 6-12）是给猫梳理清洁毛发必备的工具。长毛猫需要准备一把刷子和一把梳子用以梳理毛发；短毛猫只需准备刷子就可以了。购买梳子和刷子时最好选用防静电材质的。

（五）食具

猫是靠舌舔食的，所以喂猫的食具一定要选用浅底的。

猫天性爱洁净，这种特性在动物中较为突出，所以其食具必须保持清洁。食盆和水盆最好既要便于洗涤，又要结实、耐用，材质以瓷质、塑料、不锈钢制成的盆为首选。最好是选用二合一型的食盆，一边放猫食，一边放水。猫在吃食时有时故意将食物弄出盆外，故在盆下垫一张废纸，以便清理和保持地面干净。

（六）便盆和铲子

猫在排便时应准备一个与其体型相当的塑料便盆和专用猫铲，用猫铲来清理埋在猫砂中的粪便（图 6-13）。

图 6-11　猫抓板

图 6-12　梳子和刷子

图 6-13　便盆和铲子

二、喂食

（一）定时

每天在固定的时间给猫喂食，以养成良好的进食习惯。

（二）定量

每次喂多少，作为饲养者应该根据猫的实际情况来决定，每天的食粮不要或多或少，保证猫吃饱即可。

（三）定点

猫的食盆和水盆要放在房间的固定位置，不要移来移去。喂食的时候不要惊吓它，不然可能造成厌食。不同年龄阶段猫的喂食请见表 6-3。

表 6-3　不同年龄阶段猫的喂食

猫龄（相当于人的年龄）	喂食次数	喂食注意
1～12 周（5 岁）	4～5 餐	1. 可用猫咪专业奶 2. 幼猫专用干粮。可在猫用饭前约半个小时，将一般的猫干粮加水（也可用羊奶）泡软
3～6 月（5～11 岁）	3～4 餐	1. 快速成长期 2. 喂食易消化、味道鲜美的饲料（含有比例适当的蛋白质、脂肪、矿物质及维生素） 3. 幼猫粮
6～12 月（11～18 岁）	3 餐	1. 快速成长期 2. 喂食猫干粮 3. 猫罐头
一岁以上（18 岁以上）	2 餐	成猫粮

喂食有如下注意事项。

1. 猫的舌很怕烫，所以温度要适宜，最好让猫吃接近自己体温的食物，35℃就刚刚好。

2. 切忌给小猫（1～12 周）喂牛奶。小猫的肠胃中缺乏消化牛奶的酶，喝牛奶会导致消化不良和拉肚子。

3. 3～6 月的猫，除了猫粮之外建议每周给小猫吃少量肉类食物，如白水煮的鸡胸肉等，指甲盖大的几小块就可以了。

4. 不要给猫喂食犬饲料，因为猫比犬所需的蛋白质至少要多出两倍。

5. 不可直接喂食猫罐头。猫罐头一般是拌了米饭后再喂食，因为猫罐头是高能量、高蛋白质的食物，如果直接喂的话有可能引起消化不良。

6. 随时给猫准备可以饮用的清水，但不能用自来水，并注意每天更换。

三、大小便训练

每只新到家的宠物猫都需要接受一些基本训练，让它们养成良好的生活习惯，怎样训练猫大小便让它更快地适应新生活，是养猫的一个重要课题。一般在猫 3～4 周龄开始吃固定食物时，便可以对它进行大小便的训练。具体训练步骤如下所示。

1. 把猫的便盆放在一个合适的地方，便盆下面放上猫砂，上面再放些带猫尿味的猫砂。

2. 当发现猫焦虑不安、来回转圈、翘起尾巴、蹲下来等一些表现时，表明猫该便溺了。此时将猫带到便盆处，几次之后，猫就会自己去便盆处便溺了。

3. 如果发现猫在别处便溺时，切勿殴打、训斥，应耐心严肃地批评它，并将猫头轻轻压到粪尿处，指指粪便，告诉猫“不准在此拉”。同时还要带猫到放便盆的地方，让猫闻闻味，这样经过多次训练后，猫就会在固定地点便溺了。

4. 最好在卫生间给猫准备专用马桶，以便及时冲洗干净。也可特意为猫准备一块木板，搭在坐便器上让猫便溺，这样就不必使用猫砂了。

四、清洁

（一）梳理——每日必备

常常给猫梳理毛发有助其被毛健康。建议长毛猫每天梳理，短毛猫可每周一次。目前市场上有一种薄荷味猫用墙角自助梳毛器，把自助梳毛器放在猫爱待的角落，利用猫喜爱薄荷的特性，把它吸引过去自行梳毛。梳毛器能将猫脱落下来的毛屑留在收集器中，使家居更清洁。

（二）洗澡——不必常洗，但不能不洗

如果打算在家亲手为猫洗澡，请购买专用的猫用浴液或婴儿使用的无刺激配方浴液。给猫洗澡流程如图 6-14 所示。

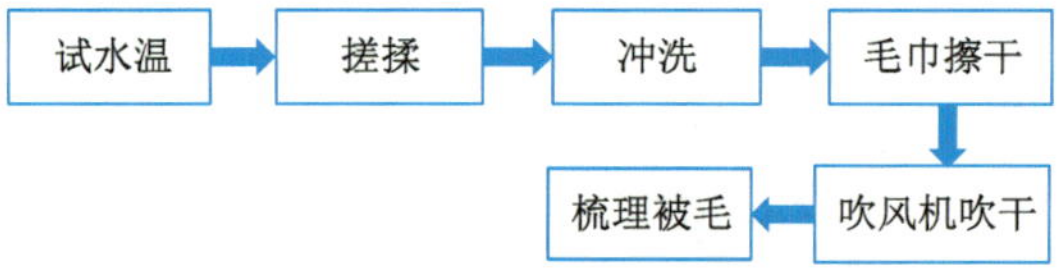

图 6-14　给猫洗澡流程

1. 准备物品　洗澡盆、猫咪专用浴液、梳子、毛巾（吸水性强）、浴巾、吹风机等。

2. 洗澡步骤（表 6-4）

表 6-4　洗澡步骤

洗澡步骤	具体操作
1. 试水温	水温控制在 37～40℃
2. 搓揉	将猫放入澡盆浇水，一手托着猫脖子，一手将其身上搓揉起泡
3. 冲洗	充分洗净后用水将泡沫冲洗干净，注意不要弄进猫鼻子、耳朵
4. 毛巾擦干	用吸水性好的毛巾将猫反复擦干，再用大浴巾将其包裹
5. 吹风机吹干	用吹风机将其吹干
6. 梳理被毛	用梳子梳理被毛

注意：如果天气许可，最好在室外给猫梳洗，可使污物、毛发和跳蚤留在屋外，这样对猫的毛发及皮屑过敏的人也有益处。如果不能在室外进行，选择门廊、浴室或屋内的公共场所。

（三）洗耳——预防耳部疾病

每次清洁的时候，都要使用专业的清洁耳液和棉球，清洗耳朵内的污垢，以保证猫的耳朵清洁健康。

（四）洗眼——降低眼部疾病的概率

清洁眼部时，可以使用毛巾蘸上温水，然后轻轻地擦拭猫的眼睛，在清洁过后为猫滴上几滴专用眼液，以防止猫眼睛发炎。

（五）洗脸——长毛猫每天的必修课

长毛猫容易有泪腺堵塞的情况发生，眼泪流到面颊上，脸上留下难看的黑色斑痕。为了清除污痕，应该用棉球蘸淡盐水擦脸颊上的毛。

（六）刷牙——口腔健康的保证

检查牙齿上有无牙垢。理想的做法是每星期给猫刷牙一次，以防止形成牙垢。给猫清洁牙齿的步骤如下所示。

1. 紧紧握住猫头部，撬开它的颌部。

2. 使用儿童牙刷或猫咪牙刷（其优势可以套在手指上）、猫咪特制牙膏（猫尤其喜欢肉味牙膏）。

3. 如果猫抗拒刷牙，请兽医开些漱口水，可以直接用于牙龈的护理。

（七）洗肛门——减少细菌感染

猫的臀部首先要用温开水进行简单的清洗，然后再将肛门处的毛发进行简单的修剪，以防止过长的毛发沾上猫排出的粪便，危害到猫的身体健康。

（八）剪趾甲——每月必修，防止伤人伤物

猫都需要定期剪趾甲，若趾甲太长，不但会滑倒，也容易藏细菌。趾甲太长还会刺进脚壁内，造成脚趾发炎或趾甲断裂，致走路疼痛。因此要定期替猫剪趾甲。

替猫剪趾甲需要准备：专用剪趾甲器、消毒药水、药棉、止血剂。

猫爪子间的毛发容易沾染污垢，因此这个部位的毛发也要进行适当的修剪。

给猫剪趾甲时，需要注意以下几点。

1. 不要剪得太深，以免流血。
2. 若不慎流血，便要立即用药棉加上止血剂止血。
3. 给猫剪完趾甲后，还要剪脚底毛。

五、体检

猫潜在的疾病在初期往往比较容易让人忽略，从而可能会引发更大的疾病。因此，为了避免这种情况的发生，猫的定期检查很重要。

猫的年检不仅仅是接种疫苗和疾病的治疗，更重要的是身体的监测和预防。猫很善于隐藏自己的不舒适，很多时候猫往往在病情恶化后主人才发现它的行为异常。定期的年检有利于尽早发现潜在的问题，并进行有目的的干预和预防。定期检查需要确定一个时间，一般来说，猫的1岁相当于人类的18岁，需要每年对其进行一次健康体检，当猫进入成年期后，应增加体检的频率。与人类一样，当猫进入老年期，应更加频繁地进行检查，以预防和提前治疗一些疾病。

猫语言

1. 身体语言

打招呼，撒娇——猫绕着你的脚，不断用头来磨蹭。

高兴——猫吃饱了，舔过脚掌，坐定，摇尾巴。

心情轻松平静——猫躺着或坐着，瞳孔缩成一条直线，眼睛半开。

信赖——猫四脚朝天，在地上打滚。

生气——猫全身压低，尾巴卷起来双耳后压，张嘴，露出牙齿，并且发出声音。

准备攻击——前低后高，尾巴平伸，双耳朝前倾，爪子全露出来。

2. 发声语言

呼噜呼噜——生病或痛苦，也可以用来表示友好。

喵喵——低沉而温柔，表示打招呼，欢迎。持久而洪亮，表示抱怨，有所乞求。

嘶叫——恐惧、愤怒。

咪哇——困惑、有所求。

链接

家里养猫后什么样的植物不能养

很多养猫的家庭喜欢种植一些植物来美化环境，但猫又天生喜欢吃草，所以为了猫的健康，选择花卉的时候就必须小心。对猫来说有害的植物有朱顶红、沙漠玫瑰、长春花、杜鹃花类、铁线蕨、绣球花、虞美人、中国水仙等。

第 3 节　宠物犬的饲养

现在，养宠物犬的家庭越来越多，大部分养犬人士都会遇到多种养犬困扰，如不懂得如何科学喂养、时间精力有限、对宠物犬的医疗和日常护理一无所知等，其中以不懂得如何科学喂养的主人居多，绝大多数的宠物犬主人在饲养宠物犬时依靠的是经验，而在众多养犬经验中，其实存在着不少致命误区。例如，犬最爱啃骨头，多喂一些骨头对其有帮助，其实这是一种错觉。猪骨头煮熟可以适量当作零食给犬吃，但是，在犬在吞咽时存在消化道堵塞的风险。所以，这种盲目的经验不仅不能科学的保证宠物的健康，还容易导致宠物营养不良，出现不同程度的疾病，甚至有致死的情况发生（图 6-15）。

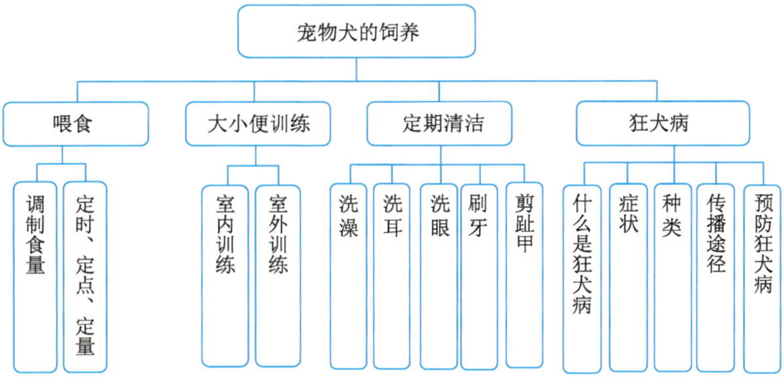

图 6-15　宠物犬的饲养项目

一、喂食

（一）调制食量

若想宠物犬健康成长，每日的饲养管理与保健工作就更显得很重要，其中最为重要的是宠物犬的营养要求。因此，在调制食粮时一定要对食谱配方不断进行完善，不同的原料都需经过一定程度的加工调配才能使用。

1. 1～3 月龄的幼犬食粮配方

（1）米饭 200 克，羊奶 300 克，蔬菜 200 克，鱼肝油 1～2 勺，鸡蛋 1 个，碎熟肉 200 克，将这些原料煮成粥状，分 4 次对宠物犬进行喂食。

（2）米饭 350 克，蔬菜 250 克，碎熟肉 150 克，食盐 5～10 克，鱼肉或骨粉 2～3

匀，将这些原料煮成粥状，分 4 次对宠物犬进行喂食。

2. 4～6 月龄幼犬的食粮配方　蔬菜 300 克，羊奶 300 克，谷类 350 克，熟肉 300 克，食盐 10～15 克，钙片或鱼肝油 2～4 勺，然后加工成饭团状，分 2～3 次对宠物犬进行喂食。

3. 成犬的食粮配方

（1）可饲喂成年犬粮。

（2）可喂食蔬菜 100 克，米或面 400 克，肉类 400 克，食盐 5 克。

（3）米或面 600 克，肉类 400 克，食盐 10 克。

（二）定时、定点、定量

1. 定时　定时喂食能养成宠物犬的定时条件反射，能让其按时分泌胃液、增加食欲，促进消化吸收。通常情况下，每天早、中、晚应该各喂 1 次，喂的次数应该根据犬年龄的大小而定，3 月龄以内的应该每天喂食 3～4 次，3～6 月龄的应该每天喂食 2～3 次，6 月龄至 1 岁的应该每天喂食 2 次，1 岁以上应该每天喂食 1～2 次。

2. 定点　宠物犬的喂食和饮水都应该在统一地点。饮食用的器皿应该选择比较容易清洗、无毒的器具。每只犬的食具要固定，不能乱用、混用。尤其是多犬喂养时，更要注意不能混用各犬的食盆，以防疾病传播。犬的食盆在喂食后应该及时清洗，并定期煮沸消毒。

3. 定量　每天的喂食要固定，不可以时多时少，以此来保障宠物犬不会暴食或者吃不饱。喂食时要注意不同犬种的不同饲喂量。每天喂食的分量一定不要超过八分饱，以宠物犬最后将碗内食物吃尽为标准。所喂的食物不管是素食还是肉食都应该煮熟再进行喂食。

链接

影响犬食欲的因素

1. 饲料方面　①佐料太多有异味或过咸；②食物变质；③口味单一。

2. 环境　如噪声、强光、其他动物或人的干扰。

3. 疾病　多数疾病都可以通过犬在食欲上的变化反映出来，如果犬出现连续两天都不进食的情形，就需要带它去就医。

链接

选择犬粮的技巧

1. 切忌人云亦云，因为每只犬的体质、口味和喜好都不同，别人的意见只能做参考。

2. 第一次买犬粮时，最好不要买大包装的，建议选择试吃装或者小包装的犬粮。

3. 根据自己的能力选择犬粮，不必攀比。

4. 优先选购知名厂家及市场销售良好的犬粮品牌。

二、大小便训练

犬在幼年时期，大小便都不规律，训练起来有一定难度，饲养者一定要有耐心。训练它在指定地点大小便之前，一定要确保其能听懂自己的名字，还要领会赞扬和批评的语气。早晨起床和每次喂食之后，带它到大小便的地方，等候它排便，如果做对了要及时表扬，如果没有在指定的地点排便，要用严厉的语气告诉它这是错误的，然后将地面彻底清洗，喷上除臭剂。反复多次，犬就能记住什么地方可以排便、什么地方不可以。

犬的本性是爱干净的，饲养者一定不要把排泄区域设在喂食区及犬窝旁边。睡觉、吃饭的地点固定下来之后一般不要轻易更改。

喂养犬的过程中一定要注意观察其排泄时间，幼犬通常在吃饭后、玩耍时、刚睡醒时排泄，所以幼犬要养成定时吃饭，一天 3 次的好习惯。观察犬排泄前的准备动作，小便是闻闻地面然后下蹲；大便是急促地转几圈闻地面。幼犬的排泄系统还不完善，次数会多一些，随时观察，以便把握好训练的机会。一般分为如下两种训练方式。

（一）室内训练

如果每天定时带犬出去散步 2 次解决大小便有困难，那最好在其刚到家的时候就备上专用的厕所，并开始对其进行训练，令其在家里专用的地盘上厕所，这样对犬的健康是非常有好处的。

1. 厕所由托盘和格栅（图 6-16）两部分组成。格栅放在托盘里，尿液就会通过格栅流入托盘，不会碰到臀部。

2. 在格栅的底部喷上一些诱导剂，在犬准备小便或是大便时把它带到厕所上。

3. 可以配合旧报纸进行训练，把犬专用厕所的格栅去除放上报纸，经过几次成功使用后，再将格栅放到托盘中的报纸上，当确信犬已经习惯使用自己的厕所了，就可以不在格栅下放报纸，这样清洁起来更方便。

图 6-16 格栅

4. 如果犬已经在报纸上训练过了，那你只需将它的厕所放置在它通常大小便的位置，再经过几次成功使用后，也就可以拿掉报纸，这时，犬即可自主使用厕所了。

（二）室外训练

若环境许可，可以在幼犬出现便意时，立即带着它往室外或指定地点排便。如果有封闭的花园，将它领出去并安置在一个适宜的地方。除此之外，每天早晨起床后、晚上临睡前、每顿饭后应将幼犬领到室外同一地方排便。

1. 有些幼犬要排泄时会在原地转圈，而另一些幼犬会嗅地面。

2. 排便时可以对它说“快一点”“保持干净”之类的语言，以训练幼犬依照命令排便。训练时应使用同一词语并保持同一声调，否则，幼犬会产生困惑。

3. 当幼犬熟悉路径后，它会自动往指定地点排便。饲养者应该同幼犬一起去并在它排泄时留在身边，直至排泄完，并对它进行表扬。

链接

犬的身体语言

耳朵向后拉紧——害怕或顺从。

耳朵向前——自信或感兴趣。

露出眼白，眼球变大——害怕。

嘴巴张得大大的，极速地喘气——害怕。

尾巴耷拉着——害怕或顺从。

尾巴翘起——自信。

摇尾——激动。

三、定期清洁

宠物犬定期清洁是非常重要的，能使其始终保持洁净、健康、温顺的状态。如果不能定期清洁，有可能使宠物犬感染疾病，如不注意保护牙齿引起牙周病；犬毛不梳理，纠缠的毛发引起真菌感染；耳垢过多引起耳朵感染等。

（一）刷牙

一直以来，很多人都把心思花在犬的仪容外表上，往往忽略了犬的口腔护理。由于犬是杂食动物，很易患各类牙齿疾病，这些牙齿疾病会影响到犬的健康，甚至有致命的危险。

1. 清洁牙齿的方法

（1）用纱布擦牙

1）剪下大小适中的纱布缠在手指上。

2）用没有缠纱布的手把犬的嘴唇翻起，再用纱布轻轻擦拭牙齿和牙龈。擦拭时，一边检查是否有脏物，一边上、下、左、右擦拭。

（2）用牙刷刷牙：用犬用或儿童牙刷给犬刷牙时，可能会因其乱动而发生伤害。这时，应让他人协助把犬的身体固定住或将其放在台子上，再进行刷牙。

2. 注意事项

（1）给宠物犬刷牙时，不要用自来水，一定要用纯净水。自来水有水碱，犬吃到肚子里会长结石。

（2）犬的牙齿和人类不同，都是尖锐的，注意不要让牙齿划伤自己的手。

（3）经常喂食富含维生素和高纤维的新鲜蔬菜和水果，不妨在犬粮之外再加一些粗糙的犬用饼干和咬胶，在咀嚼时可摩擦牙齿表面，有助于口腔清洁。

（二）洗眼

定期清洁宠物犬的眼部也是十分重要的，如果犬的眼部周围有分泌物或红点，可能是受到刺激或感染。

1. 每日的清洁工作

（1）毛巾擦洗：拿干净的毛巾，用温水每天擦拭犬眼睛周边，特别要注意的地方是眼窝处，这个地方特别容易藏污纳垢。

（2）修剪眼毛：修剪犬眼睛周边毛发，避免毛发刺激结膜而流泪。

（3）滴眼药水：若犬眼睛过于干涩或分泌物较多，可用人工泪液或生理盐水做冲洗清洁。

（4）眼部按摩：一周 3 次做眼部按摩，一方面可让犬感觉舒服、增进其与人之间的感情；另一方面可以帮助其鼻泪管畅通，减少泪痕出现。

2. 注意事项

（1）观察犬眼睛的变化：如眼睛是否湿润有神、结膜和角膜是否有充血、是否常用爪或脚搔抓眼睛及分泌物量是否增加。

（2）减少过多紫外线的伤害：犬需要晒太阳，但尽量避免在太阳光线最强的时间点（上午 11：00 到下午 3：00）出去遛犬。

（三）洗耳

犬的耳道呈 L 形，所以里面容易积聚尘垢或水分，需要清洁并保持其干燥。犬耳内的尘垢如不经常清洁，则很容易引起耳朵发炎。犬耳朵里有耳毛，如果不定期拔出容易滋生细菌形成耳螨。特别是对垂耳的犬来说更容易滋生细菌，所以一定要定时的给犬进行耳道内的清洁。清洗耳朵的步骤如下所示。

1. 修剪耳道内的耳毛。耳毛过密，影响通风，会导致犬耳发炎。首先捏住犬耳，然后用修眉的剪刀贴着耳皮慢慢把毛剪掉。

2. 用酒精擦拭耳道。先用酒精棉球将犬的外耳道擦干净，如果有污垢再用棉棒轻轻擦拭出来，棉棒不要插太深，以免伤到犬的内耳。

3. 硬的污垢，可用宠物专用洗耳水向犬耳内滴上 2～3 滴，然后盖上耳朵轻轻按摩 1 分钟，等耳垢变软了，再用棉棒轻轻地将其擦拭出来。

（四）洗澡

犬的皮脂腺会分泌出一种难闻的气味，还容易沾上污物，使被毛纠缠卷在一起。如果长期不给犬洗澡，就容易引起寄生虫及病原微生物的侵袭，导致犬生病。所以给犬洗澡不仅能保持毛发干净，而且对犬的健康也是十分有益的。洗澡流程如下所示。

1. 操作准备　梳子、沐浴剂、沐浴球、按摩刷、毛巾、浴巾、吹风机等（图 6-17）。

2. 操作步骤

（1）试水温：水温 40℃左右为最好。

（2）梳理毛发：洗之前要用梳子梳理一遍犬毛，这样可以让卷在一起的毛变得顺畅（图 6-18）。

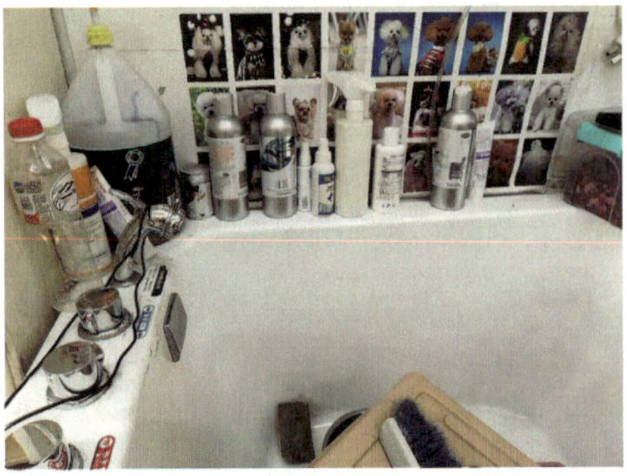

图 6-17 准备物品

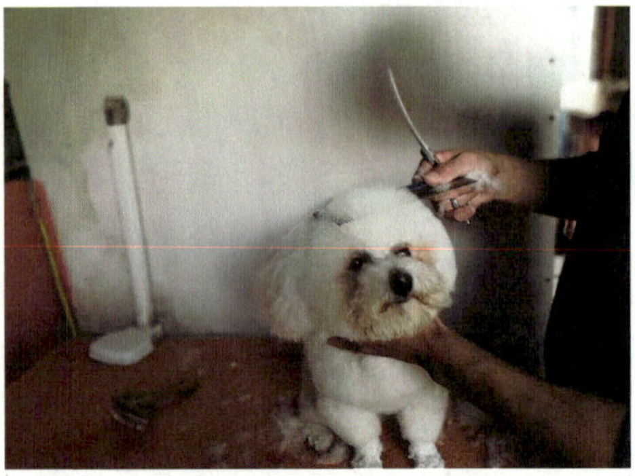

图 6-18 梳理毛发

（3）稀释沐浴剂，清洗躯干：先将沐浴剂稀释后，从背部开始涂上沐浴剂，不要让泡沫流进犬的眼睛和耳朵里。从背、颈、肩、腰、胸、脚、臀至尾巴等各个部位，都要仔细清洗。用手指按摩搓揉泡沫，特别注意的犬的腹部，腹部的皮肤很柔软却很容易脏，可以用海绵来清洗（图 6-19）。

（4）清洗头部：很多犬可能会害怕洗头，可以叫着犬的名字，用海绵由头顶向后轻轻擦洗，减少犬的抗拒。

（5）冲洗：全身经过沐浴剂清洗之后，很快用清水冲洗一遍，不要让沐浴剂留在爱犬身上（沐浴剂可能会引起皮肤炎）（图 6-20）。

图 6-19 清洗躯干

图 6-20 冲洗

（6）擦拭：先用手捏去毛发的水分，然后用浴巾擦干（图 6-21），犬多半会自行甩干毛发。

（7）吹干：用吹风机吹干毛发，这是非常必要的步骤，不然犬毛容易结球，也容易感冒。吹干脸附近的被毛时，要把风量调低，并离开约 10 厘米避免犬受到惊吓，而且不要将风直接往犬脸上吹（图 6-22）。

（8）梳理被毛：完全吹干后，记得再梳一次毛发。

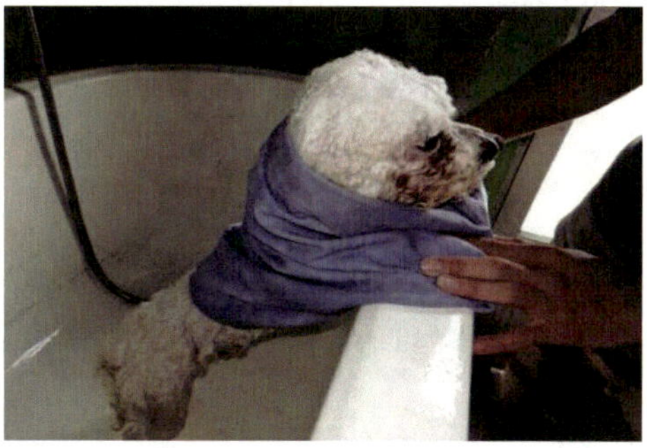

图 6-21　擦拭

图 6-22　吹干

3. 注意事项

（1）不论冬夏都应该用热水洗，并且洗完要吹干，吹到犬开始吐舌时最好。

（2）3 个月以内的幼犬不能洗澡，因为其免疫力很低，容易着凉诱发疾病。

（3）切记病犬不能洗澡。

（4）哺乳期的母犬也不能洗澡。可能会因洗澡受惊或刺激导致不泌乳，而且也容易生病。

（5）小型犬一般 2 周左右洗一次就可以，中大型犬 1 个月左右洗一次就可以。如果洗的频繁，会很容易得皮肤病，而且毛质也会变得粗糙。

（6）洗澡时避免水进入犬的眼睛里，如果沐浴液流进眼睛，要立刻用大量的水冲掉，并滴眼药水。

（五）剪趾甲

一般 2 周给犬剪一次趾甲，如果时间太长不剪趾甲会导致趾甲弯曲、变形最后长到肉里。不得剪过深，以免造成出血。剪趾甲的方法详述如下。

1. 给犬修剪趾甲的最佳时间是在其刚刚洗过澡之后，这时它的趾甲比平常要柔软很多，修剪起来比较容易。

2. 修剪犬趾甲时应注意不要剪到趾甲床，只要沿着趾尖的方向斜着剪几毫米就可以了。

3. 修剪犬爪底毛：将犬爪底部多余的毛剪掉，这样就不容易粘上脏东西，清洗起来也比较简单方便。尤其是可卡犬，如果不经常修剪爪底毛，会使脚掌不透气而容易滋生病菌。

四、狂犬病

（一）什么是狂犬病

狂犬病又称疯狗病、恐水症，是由狂犬病病毒引起的一种直接接触性传染病，包括人在内的所有温血动物（如犬、猫等）均可感染。

（二）症状

狂犬病的病死率几近百分之百。所以饲养宠物犬一定要注意狂犬病的免疫。患有狂犬病的病犬临床表现为极度兴奋、狂躁、流涎和意识丧失，最终全身麻痹死亡。

（三）种类

狂犬病分两种类型，即兴奋性和沉默型。

1. 兴奋型 较常见，初期表现主要是性格改变，病犬常两耳竖起、惊恐不安、饮食嗜好发生改变。数日后即明显发病，常无目的地奔跑咬叫、两眼直视、乱咬东西及人，熟人也会被咬。此时常有吞咽困难、不能饮水、吠声嘶哑、垂尾流涎、行动蹒跚。随后即可发生后腿瘫痪、呼吸衰竭而死亡。

2. 沉默型 较少见，发病后常离群独居，但受扰后亦常狂吠咬人，一般常迅速出现瘫痪而死亡。

发现犬有性格及行为的异常时应高度警惕，尽量避免与之接触，高度可疑时应捕杀后取脑组织送病理检查。

（四）传播途径

被带有狂犬病病毒的动物咬伤或者抓伤，或者人类受伤的皮肤接触到带狂犬病病毒的动物唾液，都很容易传染上狂犬病。

（五）预防狂犬病

首先，针对家养的宠物，要定期带其进行体检打针，不要过分逗宠物，出门最好给宠物系上绳子，避免伤及行人。其次，对于饲养的其他动物，不要喂食疑有狂犬病或者被疑似有狂犬病的动物咬过的肉，以免传染。

链接

被动物咬伤抓伤怎么办

凡不能确定伤人动物为健康动物的，应立即对受伤部位进行彻底清洗和消毒，局部处理越早越好。

1. 彻底冲洗 先用肥皂水、清水、洗涤剂溶液等彻底冲洗伤口至少 20 分钟。

2. 消毒 在彻底冲洗后，用 2%～3%碘酒或 75%酒精涂于伤口，以清除或杀灭局部的病毒。

3. 伤口处置 对未伤及大血管的伤口除止血外，先用狂犬病免疫血清或免疫球蛋白浸润伤口，数小时后（不低于 2 小时）再予以缝合和包扎；对较大伤口或比较严重的面部伤口，在清创消毒后，可放置引流条缝合，使用抗生素和破伤风抗毒素。

自测题

1. 如何挑选健康的观赏鱼？
2. 观赏鱼的喂食需要注意哪几个方面？

3. 饲养猫需要哪些基本用品？
4. 给猫剪趾甲时需要注意哪些方面？
5. 如何对宠物犬进行大小便训练？
6. 影响犬食欲的因素有哪几点？
7. 如何预防狂犬病？
8. 被动物抓伤咬伤怎么办？

参考文献

白冰, 2016. 家政服务员-初级. 北京：中国劳动社会保障出版社
樊岚岚, 蔡婷, 2016. 居室保卫战. 郑州：郑州大学出版社
国家标准化管理委员会, 2016. 家用电器. 北京：中国标准出版社、中国质检出版社
黄芝娴, 章临湘, 2006. 家政服务员（中级）. 北京：中国劳动社会保障出版社
济南市妇联, 2005. 家政服务使用手册. 济南：山东科学技术出版社
李文联, 张增常, 朱新民, 等, 2012. 家用电器问答. 西安：西安电子科技大学出版社
理想・宅, 2016. 家装热搜问题百问百答-家居软装. 北京：化学工业出版社
刘艾嘉, 2016. 家庭养花实用宝典. 北京：中国华侨出版社
马水学, 艾小雄, 2017. 家政服务员从入门到精通. 北京：化学工业出版社
马燕君, 2014. 家政服务. 北京：中国社会出版社
庞大春, 2015. 家政服务员-技师. 北京：中国劳动社会保障出版社
钱焕琦, 熊筱燕, 2017. 家政服务员-初级. 北京：机械工业出版社
钱焕琦, 熊筱燕, 2017. 家政服务员-中级. 北京：机械工业出版社
钱焕琦, 熊筱燕, 2017. 家政服务员-高级. 北京：机械工业出版社
全国家政服务员培训教材编委会, 2013. 家庭保洁. 北京：中国商务出版社
数码创意, 2013. 健康家装 200 招-软装篇. 北京：中国电力出版社
（日）水越美枝子, 2017. 意外简单的收纳术. 曹永洁, 译. 北京：中信出版集团股份有限公司
王婷, 2017. 养热带鱼&水草 你学得会. 福州：福建科学技术出版社
王君, 2006. 家政服务员-基础知识. 北京：中国劳动社会保障出版社
（日）文化出版局, 2015. 收纳全书. 游韵馨, 译. 北京：北京联合出版公司
（日）新津春子, 2017. 不烦不累扫一屋. 张艳辉, 译. 南京：江苏凤凰文艺出版社
徐连梅, 2011. 家庭保洁服务-职场指南. 北京：中央广播电视大学出版社
（美）雪瑞・孟德森, 2015. 家事的抚慰-上-食物、衣物以及合理的家事计划. 林惠珍, 译. 武汉：湖北科学技术出版社
（美）雪瑞・孟德森, 2015. 家事的抚慰-下-清洁、睡眠以及安全合宜的居家环境. 甘锡安, 译. 武汉：湖北科学技术出版社
杨永胜, 何红英, 2014. 家庭养花实用小百科. 汕头：汕头大学出版社
攸宜, 2014. 新编居家健康花草大全. 北京：北京联合出版公司
袁晓烈, 2014. 家政服务员. 北京：中国劳动社会保障出版社
张红, 2010. 保洁员-基础知识. 北京：北京中国劳动社会保障出版社
张红, 2010. 保洁员-中级. 北京：北京中国劳动社会保障出版社
张红, 2011. 保洁员-高级. 北京：北京中国劳动社会保障出版社
张晓江, 2011. 保洁员培训教程. 北京：中国农业科学技术出版社
朱凤莲, 王红, 2011. 家政服务员上岗手册. 北京：中国时代经济出版社
卓长立, 高玉芝, 2012. 家政服务员. 北京：中国劳动社会保障出版社
邹震, 庞大春, 李庆堂, 2011. 家庭保洁. 北京：中国工人出版社